普通高等教育"十二五"规划教材

微 积 分

（上册）

主　编　贺建辉
副主编　周　尉　葛美宝

 中国水利水电出版社
www.waterpub.com.cn

内 容 提 要

本书以培养学生的专业素质为目的，是按照教育部关于独立学院培养"本科应用型高级专门人才"的指示精神，面向独立学院经济管理类专业而编写的微积分课程教材。主要特点是把数学知识和经济学、管理学的有关内容有机结合起来，融经济、管理于数学，培养学生用数学知识和方法解决实际问题的能力。

全书共 10 章，分为上、下册两册。本书是上册，主要包括函数与极限、导数与微分、微分中值定理与导数的应用、不定积分、定积分及其应用等内容。每章后附有数学文化或数学建模的内容。

本书可作为独立学院经济类、管理类专业微积分课程的教材，也可作为本科院校或相关专业微积分课程的选用教材。

图书在版编目（CIP）数据

微积分．上册/贺建辉主编．—北京：中国水利
水电出版社，2015.8（2017.6 重印）
普通高等教育"十二五"规划教材
ISBN 978 - 7 - 5170 - 3460 - 5

Ⅰ.①微…　Ⅱ.①贺…　Ⅲ.①微积分-高等学校-教
材　Ⅳ.①O172

中国版本图书馆 CIP 数据核字（2015）第 174710 号

书　　名	普通高等教育"十二五"规划教材 **微积分（上册）**
作　　者	主编　贺建辉　副主编　周尉　葛美宝
出版发行	中国水利水电出版社 （北京市海淀区玉渊潭南路 1 号 D 座　100038） 网址：www.waterpub.com.cn E - mail：sales@waterpub.com.cn 电话：(010) 68367658（营销中心）
经　　售	北京科水图书销售中心（零售） 电话：(010) 88383994、63202643、68545874 全国各地新华书店和相关出版物销售网点
排　　版	中国水利水电出版社微机排版中心
印　　刷	北京瑞斯通印务发展有限公司
规　　格	184mm×260mm　16 开本　11.5 印张　272 千字
版　　次	2015 年 8 月第 1 版　2017 年 6 月第 2 次印刷
印　　数	2001—4000 册
定　　价	**30.00 元**

凡购买我社图书，如有缺页、倒页、脱页的，本社营销中心负责调换

前　言
PREFACE

本书充分考虑高等教育大众化教育阶段的现实状况，以教育部非数学专业数学基础课教学指导分委员会制定的新的"独立学院经济管理类本科数学基础课程教学基本要求"为依据，结合经管类研究生入学考试对数学的大纲要求而编写．参加本书编写的人员都是多年担任经济数学——微积分实际教学的老师，他们都有较深的理论造诣和较丰富的教学经验．本书在编写时，以培养应用型人才为目标，将数学基本知识和经济、管理学科中的实际应用有机结合起来，主要有以下几个特点：

（1）注重体现应用型本科院校特色，根据经济类和管理类的各专业对数学知识的需求，本着"轻理论、重应用"的原则制定内容体系．

（2）注重内容理论联系实际，在内容安排上由浅入深，与中学数学进行了合理的衔接．在引入概念时，注意了概念产生的实际背景，采用提出问题、讨论问题、解决问题的思路逐步展开知识点，使得学生能够从实际问题出发，激发学习兴趣；另外在微分学与积分学章节中，重点引入适当的经济、管理类的实际应用例题和课后练习题，以锻炼学生应用数学工具解决实际问题的意识和能力．

（3）本教材结构严谨，逻辑严密，语言准确，解析详细，易于学生阅读．由于抽象理论的弱化，突出理论的应用和方法的介绍，内容深广度适当，使得内容贴近教学实际，便于教师教与学生学．本书内容分上、下册，包括函数与极限，一元函数微积分学，微分方程，空间解析几何，多元函数微积分学，无穷级数等内容．

（4）本书在每一章的结束部分，附加了历史上有杰出贡献的伟大数学家的生平简介，通过了解数学家生平和事迹，可以让学生真正了解数学发展的基本过程，而且能让学生学习数学家追求真理、维护真理的坚韧不拔的科学精神．

参加本书编写的有浙江理工大学科技与艺术学院贺建辉（第 1～3、6、7章），浙江医学高等专科学校葛美宝（第 4、5 章），浙江理工大学科技与艺术学院周尉（第8、9章），浙江理工大学科技与艺术学院乾春涛（第10章）．全书由贺建辉统稿并多次修改定稿，最后由严克明教授审稿．本书在编写过程中，参考和借鉴了许多国内外有关文献资料，并得到了很多同行的帮助和指导，在此对所有关心和支持本书编写、修改工作的教师表示衷心的感谢．

　　限于编者编写水平，书中难免有错误和不足之处，殷切希望广大读者批评指正．

编　者

2015 年 5 月

目 录

CONTENTS

第1章 函数与极限

微积分研究的是变量与运动的学科.变量间的互相依赖关系称为函数关系,即微积分研究的对象是函数,所利用的工具是极限论.因此,函数的概念是微积分中最重要的概念之一.本章将介绍函数、极限与函数的连续性等基本内容.

1.1 函数的概念与性质

1.1.1 区间与邻域

1. 区间

在观察某一现象的过程时,常会遇到各种不同的量,其中有的量在过程中不起变化,称为常量;有的量在过程中是变化的,也就是可以取不同的数值,称为变量.需要注意的是,在过程中还有一种量,它虽然是变化的,但是它的变化相对于所研究的对象是极其微小的或不变的,也称为常量.

如果变量的变化是连续的,则常用区间来表示其变化范围.在数轴上来说,区间是指介于某两点之间的线段上点的全体.常见区间形式见表1.1.1.

表 1.1.1

区间名称	区间满足的不等式	区间记号	区间在数轴上的表示
闭区间	$a \leqslant x \leqslant b$	$[a, b]$	
开区间	$a < x < b$	(a, b)	
半开区间	$a < x \leqslant b$ 或 $a \leqslant x < b$	$(a, b]$ 或 $[a, b)$	

以上所述的都是有限区间,除此之外,还有无限区间:

(1) $[a, +\infty)$:表示不小于 a 的实数的全体,也可记为:$a \leqslant x < +\infty$.

(2) $(-\infty, b)$:表示小于 b 的实数的全体,也可记为:$-\infty < x < b$.

(3) $(-\infty, +\infty)$:表示全体实数,也可记为:$-\infty < x < +\infty$.

注 $-\infty$ 和 $+\infty$,分别读作"负无穷大"和"正无穷大",它们不是数,仅仅是记号.

2. 邻域

以点 a 为中心,$\delta > 0$ 为半径的开区间,称为点 a 的 δ 邻域,记作:

$$U(a, \delta) = (a-\delta, a+\delta) = \{x \mid |x-a| < \delta\}$$

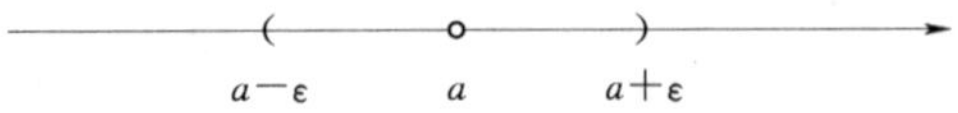

图 1.1.1

有时用到的邻域需要把邻域的中心去掉，点 a 的 δ 邻域 $U(a,\delta)$ 去掉中心 a 后，称为去（空）心邻域，记作 $\overset{\circ}{U}(a,\delta)$，如图 1.1.1 所示.

$$\overset{\circ}{U}(a,\delta)=(a-\delta,a)U(a,a+\delta)=\{x\,|\,0<|x-a|<\delta\}$$

为了方便，有时把开区间 $(a-\delta,a)$ 称为点 a 的**左 δ 邻域**，把开区间 $(a,a+\delta)$ 称为点 a 的**右 δ 邻域**.

1.1.2　函数

1. 函数的概念

在实际问题中，常常涉及到多个变量并不是彼此孤立存在，而是按照一定规律相互联系的情况. 例如，圆的面积 S 与圆的半径 r 之间的关系就是 $S=\pi r^2$；某商店销售某种商品的过程中，销售收入 R 与该商品销售量 Q 之间的关系就是 $R=PQ$，其中 P 为该商品单价. 这种存在于变量之间的相依关系，就是函数关系.

定义 1.1.1　设 D，B 是两个非空数集，如果存在一个对应法则 f，使得对 D 中任何一个实数 x，在 B 中都有唯一确定的实数 y 与 x 对应，则称对应法则 f 是 D 上的函数，记为

$$y=f(x),x\in D$$

其中 x 称为**自变量**，y 称为**因变量**，D 称为**定义域**，$f(x)$ 称为与 x 对应的**函数值**，集合 $f(D)=\{y\,|\,y=f(x),x\in D\}$ 称为函数的**值域**.

2. 函数相等

由函数的定义可知，一个函数的构成要素为：定义域、对应关系和值域. 由于值域是由定义域和对应关系决定的，所以，如果两个函数的定义域和对应关系完全一致，我们就称两个**函数相等**，与自变量及因变量用什么字母表示无关.

函数定义域的确定取决于两种不同的研究背景：一是有实际应用背景的函数，其定义域取决于变量的实际意义；二是由抽象的算式表达的函数，其定义域就是使得算式有意义的一切实数所组成的集合，这种定义域称为函数的**自然定义域**. 在求函数的自然定义域时，常考虑以下几点：

（1）分母不能为零.

（2）偶次方根下被开方数大于或等于零.

（3）对数的真数大于零.

（4）在 $y=\tan x$ 中，$x\neq k\pi+\dfrac{\pi}{2}$；$y=\cot x$ 中，$x\neq k\pi$.

（5）在 $y=\arcsin x$，$y=\arccos x$ 中，$|x|\leqslant 1$.

若一个函数是由有限个函数经过四则运算而得，其定义域是这有限个函数的定义域的交集，并去掉使分母为零的点.

例 1.1.1　求函数 $f(x)=\dfrac{\lg(3-x)}{\sin x}+\sqrt{5+4x-x^2}$ 的定义域.

解　要使 $f(x)$ 有意义，显然 x 要满足

$$\begin{cases} 3-x>0 \\ \sin x \neq 0 \\ 5+4x-x^2 \geqslant 0 \end{cases} \quad 即 \quad \begin{cases} x<3 \\ x \neq k\pi \quad (k \text{ 为整数}) \\ -1 \leqslant x \leqslant 5 \end{cases}$$

所以 $f(x)$ 的定义域为 $D=[-1,0) \bigcup (0,3)$.

例 1.1.2 判断下列每组函数的两函数是否表示同一个函数:

(1) $y=\sqrt{x^2}$, $y=x$ (2) $y=\ln t^2$, $S=2\ln|x|$

解 (1) 函数 $y=\sqrt{x^2}$ 的值域是 $[0,+\infty)$. 而函数 $y=x$ 的值域是 $(-\infty,+\infty)$, 即两个函数的值域不同, 所以不是同一函数.

(2) 函数 $y=\ln t^2$ 的定义域是 $(-\infty,0) \bigcup (0,+\infty)$; 而函数 $S=2\ln|x|$ 的定义域是 $(-\infty,0) \bigcup (0,+\infty)$, 所以两个函数的定义域相同. 又 $y=\ln t^2 = 2\ln|t|$, 所以两个函数的对应法则也相同. 尽管两个函数的自变量、因变量所用的字母不同, 但两个函数还是表示同一个函数.

3. 函数的表示法

函数的表示法有公式法 (解析法)、图像法、表格法. 微积分常用的是公式法, 即用数学式子表达的函数.

公式法包含一类函数, 称为**分段函数**, 它是一个在其定义域的不同部分用不同的数学表达式表示的函数. 注意分段函数不是由几个函数组成, 而是一个函数.

下面介绍几个常用的函数.

例 1.1.3 绝对值函数

$$y=|x|=\begin{cases} x & (x \geqslant 0) \\ -x & (x<0) \end{cases}$$

图形如图 1.1.2 所示。

例 1.1.4 取整函数

$$y=[x], x \in (-\infty,+\infty)$$

符号 $[x]$ 表示不超过 x 的最大整数, 其图形如图 1.1.3 所示. 如 $[3]=3$, $[3.1]=3$, $[-\sqrt{2}]=-2$. 易知, 取整函数 $y=[x]$ 有如下性质

$$[x] \leqslant x \leqslant [x]+1$$

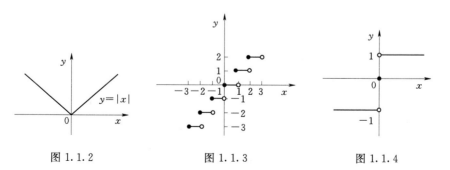

图 1.1.2   图 1.1.3   图 1.1.4

例 1.1.5　符号函数

$$y = \mathrm{sgn}x = \begin{cases} 1 & (x>0) \\ 0 & (x=0) \\ -1 & (x<0) \end{cases}$$

图形如图 1.1.4 所示.

在以上 3 个例子中看到,有的函数在自变量的不同变化范围中,对应法则用不同数学表达式来表示,这类函数称为**分段函数**.在自然科学、工程技术和经济学中,经常会遇到分段函数的情形.

例 1.1.6　自 2011 年 9 月 1 日起,我国执行新的个人所得税税率,起征点 3500 元,累进税率见表 1.1.2.

表 1.1.2

级数	含　税　级　距	税率/%	速算扣除数
1	不超过 1500 元的部分	3	0
2	超过 1500 元至 4500 元的部分	10	105
3	超过 4500 元至 9000 元的部分	20	555
4	超过 9000 元至 35000 元的部分	25	1005
5	超过 35000 元至 55000 元的部分	30	2755
6	超过 55000 元至 80000 元的部分	35	5505
7	超过 80000 元的部分	45	13505

试建立收入 x 与应缴个人所得税 y 之间的函数关系.怎样解释速算扣除数?若李某本月扣除五险一金后的收入是 15000 元,他应缴个人所得税多少元?

解　个人所得税是分段累进计税,所以收入与应缴个人所得税之间的函数关系可以用分段函数表示.

当 $x \leqslant 3500$ 时,$y=0$;

当 $3500 < x \leqslant 5000$ 时,$y = 0.03(x-3500)$;

当 $5000 < x \leqslant 8000$ 时,$y = 0.03 \times 1500 + 0.1(x-5000) = 0.1x - 455$;

当 $8000 < x \leqslant 12500$ 时,$y = 0.03 \times 1500 + 0.1(4500-1500) + 0.2(x-8000) = 0.2x - 1255$;

第 4、5、6、7 级类似计算,可得如下结果

$$y = \begin{cases} 0 & (x \leqslant 3500) \\ 0.03x - 105 & (3500 < x \leqslant 5000) \\ 0.1x - 455 & (5000 < x \leqslant 8000) \\ 0.2x - 1255 & (8000 < x \leqslant 12500) \\ 0.25x - 1880 & (12500 < x \leqslant 38500) \\ 0.3x - 3850 & (38500 < x \leqslant 58500) \\ 0.35x - 6730 & (58500 < x \leqslant 83500) \\ 0.45x - 15080 & (83500 < x) \end{cases}$$

怎样解释速算扣除数?以 $5000 < x \leqslant 8000$,$8000 < x \leqslant 12500$ 两段为例.

当 $5000 < x \leqslant 8000$ 时，$y = 0.1x - 455$ 又可以表示为

$$y = 0.1(x - 3500) - 105 \qquad (1.1)$$

当 $8000 < x \leqslant 12500$，$y = 0.2x - 1255$ 又可以表示为

$$y = 0.2(x - 3500) - 555 \qquad (1.2)$$

式（1.1）、式（1.2）中的 105 和 555 就是相应级数所对应的速算扣除数．税务部门在计算个人所得税时，就是先将收入 x 归入相应的级数，然后用该级数对应的税率乘以收入 x 与 3500 的差，再减去该级数对应的速算扣除数．

李某本月扣除五险一金后的收入是 15000 元，应归入第 4 级，税率为 25%，所以应缴个人所得税为

$$y = 0.25(15000 - 3500) - 1005 = 1870(元)$$

1.1.3 函数的基本特性

研究函数的目的就是为了了解它所具有的一些性质，以便掌握它的变化规律．函数的基本特性主要包含奇偶性、单调性、周期性和有界性等．

1. 函数的奇偶性

设 D 是关于原点对称的实数集，f 是定义在 D 上的函数，

（1）若对每一个 $x \in D$，都有 $f(-x) = f(x)$，则称 f 为 D 上的**偶函数**．

（2）若对每一个 $x \in D$，都有 $f(-x) = -f(x)$，则称 f 为 D 上的**奇函数**．

从几何直观上看，偶函数的图形关于 y 轴是对称的，奇函数的图形关于原点是对称的．例如，$y = x^2$ 是偶函数（图 1.1.5），而 $y = x^3$ 是奇函数（图 1.1.6）．

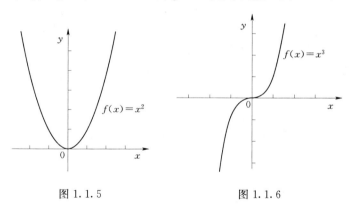

图 1.1.5   图 1.1.6

例 1.1.7 判断函数 $f(x) = \ln(x + \sqrt{1+x^2})$ 的奇偶性．

解 函数 $f(x)$ 的定义域是 $R = (-\infty, +\infty)$，关于原点对称，由于

$$f(-x) = \ln[-x + \sqrt{1+(-x)^2}] = \ln[-x + \sqrt{1+(x)^2}]$$

$$= \ln\left(\frac{1+x^2-x^2}{x+\sqrt{1+x^2}}\right) = -\ln(x + \sqrt{1+x^2}) = -f(x)$$

所以 $f(x)$ 是奇函数．

2. 函数的单调性

设 $f(x)$ 是定义在 D 上的函数．区间 $I \subset D$，对任意 x_1，$x_2 \in I$：当 $x_1 < x_2$ 时，恒有 $f(x_1) \leqslant f(x_2)$，则称 $f(x)$ 在 I 上**单调增加**，I 称为**单调增区间**；当 $x_1 < x_2$ 时，恒有

$f(x_1) \geqslant f(x_2)$，则称 $f(x)$ 在 I 上**单调减少**，I 称为**单调减区间**.

在定义域上单调增加和单调减少函数统称为**单调函数**，I 称为**单调区间**. 若严格不等式成立，则分别称为**严格单调增加**和**严格单调减少**.

从几何直观上看，单调增加函数的图形是随 x 轴的增加而上升的曲线，单调减少函数的图形是随 x 轴的增加而下降的曲线，分别如图 1.1.7 和图 1.1.8 所示.

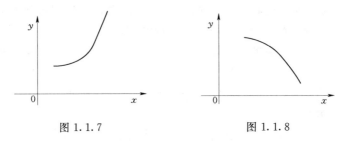

图 1.1.7　　　　　　　　　　图 1.1.8

例如：

(1) $y = x^3$ 在 $(-\infty, +\infty)$ 上严格单调增加.

(2) $y = \dfrac{1}{x}$ 在 $(-\infty, 0)$，$(0, +\infty)$ 上分别严格单调减少，但在定义域 $(-\infty, 0)$ $\bigcup (0, +\infty)$ 内不具有单调性.

(3) $y = [x]$ 在 $(-\infty, +\infty)$ 上单调增加，但非严格单调增加.

3. 函数的周期性

设函数 $f(x)$ 在区间 I 上有定义. 若存在正数 $T > 0$，对任意 $x \in I$，有 $x + T \in I$，且 $f(x+T) = f(x)$，则称 $f(x)$ 是周期函数，T 称为 $f(x)$ 的一个周期.

若 T 是函数 $f(x)$ 的周期，则 kT 也是函数 $f(x)$ 的周期，$k \in Z$. 通常函数的周期是指它的最小正周期. 例如函数 $\sin x$，$\cos x$ 是以 2π 为周期的周期函数；函数 $\tan x$ 是以 π 为周期的周期函数.

若 $f(x)$ 是周期为 T 的函数，则在长度为 T 的两个相邻的区间上，函数的图像有相同的形状. 所以，只要知道了周期函数 $f(x)$ 在一个周期内的局部性态就可以推知它的全局性态.

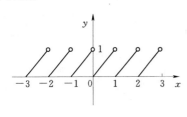

图 1.1.9

例如 $f(x) = x - [x]$，$x \in (-\infty, +\infty)$ 的周期为 1，如图 1.1.9 所示.

4. 函数的有界性

设函数 $f(x)$ 为定义在 D 上的函数，数集 $X \subset D$. 如果存在常数 M_1、M_2，使得对任一 $x \in X$，都有

$$M_1 \leqslant f(x) \leqslant M_2$$

就称函数 $f(x)$ 在 X 内有界，且称 M_1 为 $f(x)$ 在 X 内的一个**下界**，M_2 为 $f(x)$ 在 X 内的一个**上界**，如果这样的 M_1，M_2 不存在（或其中一个不存在），就称函数 $f(x)$ 在 X 内无界.

例如，函数 $f(x) = \cos x$ 在 $(-\infty, +\infty)$ 内是有界的. 又如 $f(x) = \dfrac{1}{x}$ 在 $[1, +\infty)$

上有界,在(0,1)上无界.

不难知道,有界函数必有上界和下界.几何上,有界函数 $f(x)$ 的图形完全位于直线 $y=M_1$ 和 $y=M_2$ 之间,如图1.1.10所示.

1.1.4 反函数

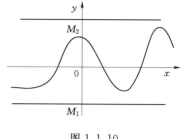

图 1.1.10

在匀速直线运动中,若已知速度,则测得时间,可求出路程 $s=vt$,路程作为时间 t 的函数.反之测得路程,可求得时间 $t=s/v$,时间作为路程的函数.

自变量与因变量的转化,就是反函数的概念.

1. 反函数的定义

定义 1.1.2 设 $y=f(x)$ 是定义在 D 上的函数.如果对值域 $f(D)$ 的每个 y,都有唯一的 $x\in D$,使得 $f(x)=y$,则这样定义的 x 作为 y 的函数,称为 f 的反函数,记为 f^{-1},即

$$f^{-1}:y\rightarrow x \quad 或 \quad x=f^{-1}(y)$$

由于习惯上用 x 表示自变量,y 表示因变量,所以常把上述反函数改写成

$$y=f^{-1}(x)$$

由函数、反函数的定义可知,反函数的定义域是原函数的值域,值域是原函数的定义域.函数 $y=f(x)$ 与 $y=f^{-1}(x)$ 的图像关于直线 $y=x$ 对称.

例如函数 $y=2^x$ 与函数 $y=\log_2 x$ 互为反函数,则它们的图形在同一直角坐标系中是关于直线 $y=x$ 对称的,如图1.1.11所示.

2. 反函数的存在定理

若 $y=f(x)$ 在 (a,b) 上严格单调增加(减少),其值域为 R,则它的反函数必然在 R 上确定,且严格单调增加(减少).

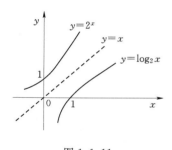

图 1.1.11

例如 $y=x^2$,其定义域为 $(-\infty,+\infty)$,值域为 $[0,+\infty)$.对于 y 取定的非负值,可求得 $x=\pm\sqrt{y}$.若不加条件,由 y 的值就不能唯一确定 x 的值,也就是在区间 $(-\infty,+\infty)$ 上,函数不是严格单调增加(减少),故其没有反函数.如果加上条件,要求 $x\geq 0$,则对 $y\geq 0$、$x=\sqrt{y}$ 就是 $y=x^2$ 在要求 $x\geq 0$ 时的反函数,即,函数在此要求下严格单调增加(减少).

1.1.5 基本初等函数 初等函数 复合函数

1. 基本初等函数

在中学数学课程中,我们已经熟悉了以下几类函数:

(1)常值函数:$y=c$,$x\in(-\infty,+\infty)$.

(2)指数函数:$y=a^x$,$x\in(-\infty,+\infty)$,其中 $a>0$,$a\neq 1$.

函数的值域是 $(0,+\infty)$,图形总经过点 $(0,1)$.

当 $a>1$ 时,函数严格单调上升;(实线)

当 $0<a<1$ 时,函数严格单调下降.(虚线)

a^x 与 $\left(\dfrac{1}{a}\right)^x$ 的图形关于 y 轴对称，如图 1.1.12 所示．

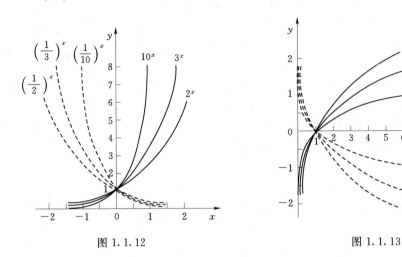

图 1.1.12　　　　　　　　　　　　图 1.1.13

（3）对数函数：$y=\log_a x$，$x\in(0,+\infty)$，其中 $a>0$，$a\neq1$．

对数函数与指数函数互为反函数，由反函数性质知对数函数与指数函数的图形关于直线 $y=x$ 对称．

对数函数的值域是 $(-\infty,+\infty)$，图形总经过点 $(1,0)$．

当 $a>1$ 时，函数严格单调上升；

当 $0<a<1$ 时，函数严格单调下降．

$\log_a x$ 与 $\log_{\frac{1}{a}} x$ 的图形关于 x 轴对称（见图 1.1.13）．

（4）幂函数：$y=x^{\mu}$，其中 $\mu\neq0$．

幂函数的定义域根据 μ 值的不同而不同．

函数 x^{μ} 和 $x^{\frac{1}{\mu}}$ 互为反函数，图形关于直线 $y=x$ 对称，如图 1.1.14 和图 1.1.15 所示．

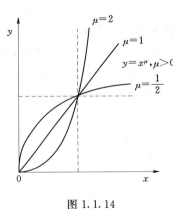
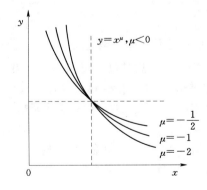

图 1.1.14　　　　　　　　　　　　图 1.1.15

（5）三角函数．

正弦函数：$y=\sin x$，$x\in(-\infty,+\infty)$；

余弦函数：$y=\cos x$，$x\in(-\infty,+\infty)$；

正切函数：$y=\tan x$，$x\neq k\pi+\dfrac{\pi}{2}$，其中 $k=0，\pm1，\pm2，\cdots$；

余切函数：$y=\cot x$，$x\neq k\pi+\pi$，其中 $k=0，\pm1，\pm2，\cdots$．

正弦和余弦函数的周期为 2π，值域为 $[-1，1]$，如图 1.1.16 所示．

正切和余切函数的周期为 π，值域为 $(-\infty，+\infty)$，如图 1.1.17 所示．

注意，在微积分中，三角函数的自变量 x 一般总是用弧度．

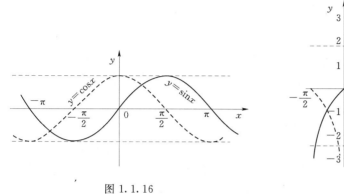

图 1.1.16   图 1.1.17

（6）反三角函数．

因为三角函数在定义域内非严格单调，因此我们只能分别在它们的一个严格单调分支上来讨论反函数．

反正弦函数：$y=\arcsin x$，$x\in[-1，1]$，$y\in\left[-\dfrac{\pi}{2}，\dfrac{\pi}{2}\right]$

反余弦函数：$y=\arccos x$，$x\in[-1，1]$，$y\in[0，\pi]$

反正切函数：$y=\arctan x$，$x\in(-\infty，+\infty)$，$y\in\left(-\dfrac{\pi}{2}，\dfrac{\pi}{2}\right)$

反余切函数：$y=\text{arccot}\,x$，$x\in(-\infty，+\infty)$，$y\in(0，\pi)$

反正弦和反正切函数在定义域内严格单调上升且是奇函数，而反余弦和反余切函数在定义域内严格单调下降．它们的图形分别如图 1.1.18～图 1.1.21 所示．

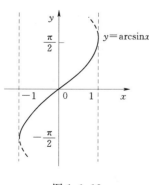

图 1.1.18

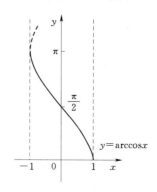

图 1.1.19

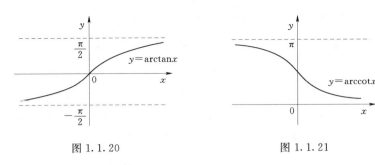

图 1.1.20　　　　　　　　　　图 1.1.21

以上六类函数统称为基本初等函数.

2. 复合函数

定义 1.1.3　设函数 $y = f(u)$ 的定义域为 U，函数 $u = g(x)$ 的定义域为 X，且 $g(X) \subset U$，则 $y = f[g(x)]$ 是定义在 X 上的函数，称为 f 与 g 的复合函数. 有时也记为 $f \circ g$ 或 $f \circ g(x)$，$x \in X$. u 称为中间变量.

例如，$y = \mathrm{e}^u$ 与 $u = x^2$ 构成复合函数 $y = \mathrm{e}^{x^2}$. 而 $u = g(x) = 1 + a^x$，$y = f(u) = \sqrt{1 - u^2}$，显然函数 f 的定义域为 $[-1, 1]$，而 $g(x) > 1$，因此不可能通过 u 复合为函数.

在微积分的学习中，我们要学会分析复合函数的复合结构，既要会把几个函数复合成一个复合函数，又要会把一个复合函数分拆成几个函数的复合.

例 1.1.8　将下列复合函数分解成简单函数（由基本初等函数或其四则运算所构成的函数）.

（1）$y = \cos^2 x$　　　　（2）$y = \mathrm{e}^{\sqrt{x^2 + 1}}$

解　（1）函数 $y = \cos^2 x$ 由函数 $y = u^2$，$u = \cos x$ 复合而成.

（2）函数 $y = \mathrm{e}^{\sqrt{x^2 + 1}}$ 由函数 $y = \mathrm{e}^u$，$u = \sqrt{v}$，$v = x^2 + 1$ 复合而成.

3. 初等函数

定义 1.1.4　由基本初等函数经有限次的四则运算和有限次的复合运算所构成，并用一个式子表示的函数称为初等函数，否则称为非初等函数.

例如 $y = \arctan 2^{-x}$，$y = \cos \ln x + \dfrac{x}{1 + \mathrm{e}^{x^2}}$ 都是初等函数.

分段函数通常不是初等函数，如前面提到的符号函数. 但个别分段函数除外，例如 $y = |x| = \begin{cases} x, & x \geqslant 0 \\ -x, & x < 0 \end{cases}$，由于它的表达式为 $y = \sqrt{x^2}$，故可看作是初等函数.

形如 $f(x)^{g(x)}$ [其中 $f(x) > 0$，$f(x) \neq 1$，$f(x)$、$g(x)$ 都是初等函数] 的函数称为幂指函数. 由于

$$f(x)^{g(x)} = \mathrm{e}^{g(x) \ln f(x)}$$

因此幂指函数是初等函数.

1.1.6　常用经济函数

1. 需求函数

在某段时间内，消费者对某种产品的需求量为 Q，该产品的单价为 P，在其他因素（消费者的收入、偏好及季节因素等）不变的假定下，需求量 Q 和单价 P 之间的函数关

系，称为需求函数．即

$$Q = f(P)$$

需求函数的图像称为需求曲线．值得提出的是：需求函数都是递减函数，当价格下跌时，需求增加；价格上涨时，需求下降．

例 1.1.9 某种产品每台售价 500 元时，每月可销售 1500 台，每台售价降为 450 元时，每月可增销 250 台．试求该产品的线性需求函数．

解 设该产品的线性需求函数为

$$Q_d = a - bP$$

其中 Q_d 为需求量；P 为单位售价．由题设有

$$\begin{cases} 1500 = a - 500b \\ 1750 = a - 450b \end{cases}$$

解得 $a = 4000$，$b = 5$，从而求得需求函数为 $Q_d = 4000 - 5P$．

2. 供给函数

一商品的市场供给量 Q_s 与价格 P 的关系是涨价使得供给量增加，降价使得供给量减小，从而可以认为供给量 Q_s 是价格 P 的单调增加函数，称为供给函数，记为 $Q_s = f_s(P)$．

最简单的供给函数是线性函数，即

$$Q_s = dP - c$$

其中 c 与 d 均为正的常数．

若市场上某种商品的供给量与需求量相等，我们说这种商品的供需达到了平衡．此时该商品的价格称为均衡价格，常用 P_0 表示．

3. 成本函数

在一定时间内，生产产品所消耗费用的总和称为总成本．总成本 C 是产量 x 的函数，称为总**成本函数**．记为

$$C = f(x)$$

总成本函数的定义域、值域都是 $[0, +\infty)$，总成本函数是随着产量的增加而增加的．最简单的总成本函数的线性形式为

$$C = vx + C_0$$

其中 v 为单位可变成本（如需用的劳力、原材料等）；C_0 为固定成本（如地租、保险费、管理人员工资等）．

总成本函数 C 除以产量 x 称为平均成本函数．记为 $\overline{C}(x)$，即

$$\overline{C}(x) = \frac{f(x)}{x}$$

4. 收益函数

收益函数为

$$R = Pq$$

式中 P——单价；

  q——产品销量．

5. 利润函数

总利润函数为总收入减去总成本，即

$$L = R - C$$

类似于平均成本函数，平均利润函数为

$$\overline{L} = \frac{R - C}{q}$$

例 1.1.10 某种产品每台售价 90 元，成本为 60 元，厂家为鼓励销售商大量采购，决定凡是定购量超过 100 台以上的，多出的产品实行降价，其中降价比例为每多出 100 台则每台降价 1 元（例如某商场定购 300 台，定购量比 100 台多 200 台，于是多出的这 200 台每台就降价 $0.01 \times 200 = 2$ 元，商场可以按 88 元/台的价格购进这多出的 200 台），但最低价为 75 元/台.

（1）试将每台的实际售价 P 表示为定购量 x 的函数.

（2）把利润 L 表示为定购量 x 的函数.

（3）当一商场定购 1000 台时，厂家可获利润多少？

解 （1）由题设，当 $x \leqslant 100$ 时，实际售价

$$P = 90 \text{ 元/台}$$

当 $x > 100$ 时，由于产品最低价为 75 元/台，所以 $90 - (x-100) \times 0.01 \geqslant 75$，即 $x \leqslant 1600$. 故当 $100 < x \leqslant 1600$ 时，实际售价

$$P = 90 - (x-100) \times 0.01 \quad \text{（元/台）}$$

而当 $x > 1600$ 时，实际售价

$$P = 75 \text{ 元/台}$$

综上可知，实际售价 P 与定购量 x 关系如下

$$P = \begin{cases} 90 & (x \leqslant 100) \\ 90 - (x-100) \times 0.01 & (100 < x \leqslant 1600) \\ 75 & (x > 1600) \end{cases}$$

（2）由于销售 x 台总收入为

$$R(x) = \begin{cases} 90x & (x \leqslant 100) \\ [90 - (x-100) \times 0.01](x-100) + 9000 & (100 < x \leqslant 1600) \\ 75(x-100) + 9000 & (x > 1600) \end{cases}$$

x 台总成本 $C(x) = 60x$，因此销售 x 台的利润为

$$L(x) = R(x) - C(x) = \begin{cases} 30x & (x \leqslant 100) \\ 30x - (x-100)^2 \times 0.01 & (100 < x \leqslant 1600) \\ 15x + 1500 & (x > 1600) \end{cases}$$

（3）由（2）可知，当商场定购 1000 台时，厂家可获利润为 21900 元.

习   题   1.1

1. 求下列函数的定义域.

（1）$y = \ln(2x+3)$ （2）$y = \sqrt{x^3 - 1} + \dfrac{1}{\sqrt{4 - x^2}}$ （3）$y = \dfrac{\arctan x}{\log_5 \sqrt{x+2}}$

2. 求函数 $y=\arctan x+\arcsin x$ 的值域.

3. 设 $f(x)=\begin{cases} 2 & (x\leqslant 0) \\ \log_2 x & (x>0) \end{cases}$，求 $f(-1)$，$f(0)$，$f(1)$，$f(2)$，并作出 $f(x)$ 图形.

4. 判断下列函数是否相同，为什么？

(1) $f(x)=|x|$，$g(x)=\sqrt{x^2}$　　　　　(2) $f(x)=\ln x^2$，$g(x)=2\ln x$

5. 判断下列函数的奇偶性.

(1) $y=\dfrac{e^x-e^{-x}}{2}$　　　　　(2) $y=\sin\dfrac{x}{2}\cos\dfrac{x}{2}$

(3) $y=|x+1|$　　　　　(4) $y=\tan x\ln\dfrac{1+x}{1-x}$

6. 判断下列函数是否为周期函数？若是，请求出最小正周期.

(1) $f(x)=2+\cos^2 x$　　　　　(2) $f(x)=3(\sin^2 x+\cos^2 x)$

(3) $f(x)=x\tan x$　　　　　(4) $f(x)=1+\cos\pi x$

7. 证明：若 $f(x)$ 为定义在 $(-l，l)$ 上的函数，则 $f(x)$ 可以由一个奇函数与一个偶函数表示.

8. 指出下列函数是由哪些简单函数复合而成的.

(1) $y=\sin\dfrac{1}{x}$　　　　　(2) $y=\tan^3\sqrt{3-x^5}$

(3) $y=e^{1-x^2}$　　　　　(4) $y=\arctan\sqrt{x^2-5}$

9. 求 $f(x)$，已知：

(1) $f(\sqrt{e^x})=x$　　　　　(2) $f(\sin x)=3-\cos 2x$

10. 市场中某种商品的需求函数为 $Q_d=30-P$，而该商品的供给函数为 $Q_s=7P-34$，试求市场均衡价格和市场均衡数量.

11. 设某商品的成本函数和受益函数分别为 $C(Q)=18-7Q+Q^2$，$R(Q)=4Q$，试求：

(1) 该商品的利润函数.

(2) 销售量为 4 单位时的总利润.

(3) 销售量为多少时是盈利的？

1.2 数 列 极 限

1.2.1 数列极限概念

先来回忆一下初等数学中学习的数列的概念.

若按照一定的法则，有第一个数 a_1，第二个数 a_2，…，依次排列下去，使得任何一个正整数 n 对应着一个确定的数 a_n，那么，称这列有次序的数 a_1，a_2，…，a_n，…为数列.数列中的每一个数称为数列的项.第 n 项 a_n 称为数列的一般项或通项.

我们也可以把数列 a_n 看作自变量为正整数 n 的函数，即 $a_n=f(n)$，它的定义域是全体正整数.

那么当 n 无限增大（记作 $n\to\infty$，读作 n 趋向于无穷大），数列的项有怎样的变化趋向呢？

我国古代《庄子·天下篇》中记载着梁国宰相惠施的一段话："一尺之棰，日取其半，万世不竭"，其意思是一尺长的木棒，每一天取下其前一天剩下的一半，依次做下去，永远也取不完．将每次取下部分长度排列如下：

$$\frac{1}{2}, \frac{1}{4}, \frac{1}{8}, \cdots, \frac{1}{2^n}, \cdots$$

这是一个无穷数列，通项为 $\frac{1}{2^n}$，当 n 无限增大时，$\frac{1}{2^n}$ 的值会越来越小，虽然永远不会等于 0，但是会无限接近于 0．这充分反映了中国古代对于"极限"概念的朴素、直观的理解．

又例如数列：$1, \frac{1}{2}, \frac{1}{3}, \frac{1}{4}, \cdots$，不难看出，数列 $\left\{\frac{1}{n}\right\}$ 的通项随着 n 的无限增大而无限接近于 0．

数列：$-1, 1, -1, 1, \cdots$，数列 $\{(-1)^n\}$ 的通项随着 n 的无限增大但不能无限接近于某一个常数．

从上面的例子可以看出，数列有两类：一类是 $\{a_n\}$ 中的 a_n 随着 n 的无限增大而无限接近于某一个常数，称为极限存在；另一类 $\{a_n\}$ 中的 a_n 随着 n 的无限增大而不能无限接近于某一个常数，称为极限不存在．

在实践中，这两类数列哪一类对我们更重要呢？

例如，我国古代数学家刘徽（公元 3 世纪）利用圆内接正多边形来推算圆面积的方法——割圆术，就是极限思想在几何上的应用．

设有一圆，首先作圆内接正六边形，把它的面积记为 A_1；再作圆的内接正十二边形，其面积记为 A_2；再作圆的内接正二十四边形，其面积记为 A_3；依次循环下去（一般把内接正 $6 \times 2^{n-1}$ 边形的面积记为 A_n）可得一系列内接正多边形的面积：

$$A_1, A_2, A_3, \cdots, A_n, \cdots$$

它们就构成一列有序数列．可以发现，当内接正多边形的边数无限增加时，A_n 也无限接近某一确定的数值（圆的面积），这个确定的数值在数学上称为数列 $A_1, A_2, A_3, \cdots,$ $A_n, \cdots$，当 $n \to \infty$ 的极限．

定义 1.2.1　已知数列 $\{a_n\}$，当 n 无限增大（即 $n \to \infty$）时，若 a_n 无限接近于一个确定的常数 a，则称 a 是数列 $\{a_n\}$ 的极限，记作

$$\lim_{n \to \infty} a_n = a \quad \text{或} \quad a_n \to a(n \to \infty)$$

一个数列存在极限，称该数列收敛，否则，称该数列发散．

例 1.2.1　观察下列各数列的变化趋势，判别其敛散性．

(1) $\left\{\dfrac{1}{n^2}\right\}$ 　　(2) $\left\{\left(\dfrac{1}{2}\right)^n\right\}$ 　　(3) $\left\{2^{\frac{1}{n}}\right\}$ 　　(4) $\{(-1)^n\}$

解　(1) 当 $n \to \infty$ 时，$\dfrac{1}{n^2}$ 无限接近于常数 0．因此有 $\lim\limits_{n \to \infty} \dfrac{1}{n^2} = 0$．

该结论可推广，一般的，有

$$\lim_{n \to \infty} \frac{1}{n^p} = 0 \quad (p > 0)$$

（2）当 $n \to \infty$ 时，$\left(\dfrac{1}{2}\right)^n$ 无限接近于常数 0. 因此有 $\lim\limits_{n \to \infty} \left(\dfrac{1}{2}\right)^n = 0$.

该结论可推广，一般的，有

$$\lim_{n \to \infty} q^n = 0 \quad (|q| < 1)$$

（3）当 $n \to \infty$ 时，$2^{\frac{1}{n}}$ 无限接近于常数 1. 因此有 $\lim\limits_{n \to \infty} 2^{\frac{1}{n}} = 1$.

该结论可推广，一般的，有

$$\lim_{n \to \infty} a^{\frac{1}{n}} = 1 \quad (a > 0)$$

（4）当 $n \to \infty$ 时，数列 $\{(-1)^n\}$ 的项始终在 1 和 -1 间跳跃，故由定义 $\{(-1)^n\}$ 发散.

1.2.2 收敛数列的性质

下面给出收敛数列的几个性质. 由于证明涉及数列极限的分析定义，故略去证明.

性质 1（唯一性） 若数列 $\{a_n\}$ 收敛，则数列 $\{a_n\}$ 的极限唯一.

性质 2（有界性） 若数列 $\{a_n\}$ 收敛，则数列 $\{a_n\}$ 必有界.

对数列 $\{a_n\}$，若存在正数 M，使得一切自然数 n，恒有 $|a_n| \leqslant M$ 成立，则称数列 $\{a_n\}$ 有界；否则，称为无界.

例如，数列 $\left\{\dfrac{n}{1+n}\right\}$，$\{(-1)^n\}$ 为有界数列；$\{2^n\}$ 为无界数列.

有界性只是数列收敛的必要条件，而非充分条件. 例如，数列 $\{(-1)^n\}$ 有界，但它并不收敛，但该性质的逆否命题为真，即

推论 若数列 $\{a_n\}$ 无界，则数列 $\{a_n\}$ 必发散.

性质 3（保号性） 若 $\lim\limits_{n \to \infty} a_n = a$，且 $a > 0$（或 $a < 0$），则从某项起（即存在正整数 N，当 $n > N$ 时），恒有 $a_n > 0$（或 $a_n < 0$）.

该性质表明，若数列的极限为正（或负），则该数列从某一项开始以后的所有项也为正（或负）.

性质 4（不等式） 若 $\lim\limits_{n \to \infty} a_n = a$，$\lim\limits_{n \to \infty} b_n = b$，且存在正整数 N，当 $n > N$ 时，都有 $a_n \geqslant b_n$，则 $a \geqslant b$.

在数列 $\{a_n\}$ 中任取其无穷多项并保持这些项原有的先后顺序不变，这样所构成的数列称为原数列 $\{a_n\}$ 的**子数列**，简称为**子列**，例如：

$$\{a_{2n-1}\}: a_1, a_3, a_5, \cdots, a_{2n-1}, \cdots$$

$$\{a_{2n}\}: a_2, a_4, a_6, \cdots, a_{2n}, \cdots$$

均为 $\{a_n\}$ 的子列，分别称为 $\{a_n\}$ 的奇数列和偶数列.

性质 5（收敛数列与其子数列间的关系） 若数列 $\{a_n\}$ 收敛于 a，则其任意子数列也收敛，且极限也为 a.

根据性质 5，若数列 $\{a_n\}$ 有两个子数列收敛于不同的极限，则数列 $\{a_n\}$ 就发散.

例如，数列 $\{(-1)^n\}$ 的奇数列 $\{a_{2n-1}\}$ 收敛于 -1，而偶数列 $\{a_{2n}\}$ 收敛于 1. 因

此，数列 $\{(-1)^n\}$ 是发散的.

性质 6（数列极限的四则运算）　若 $\lim\limits_{n\to\infty}a_n=a$，$\lim\limits_{n\to\infty}b_n=b$，则数列 $\{a_n\pm b_n\}$，$\{a_nb_n\}$，

$\left\{\dfrac{a_n}{b_n}\right\}(b\neq0)$ 的极限都存在，且满足：

(1) $\lim\limits_{n\to\infty}(a_n\pm b_n)=\lim\limits_{n\to\infty}a_n\pm\lim\limits_{n\to\infty}b_n=a\pm b.$

(2) $\lim\limits_{n\to\infty}(a_nb_n)=\lim\limits_{n\to\infty}a_n\lim\limits_{n\to\infty}b_n=ab.$

当 k 为常数时，有 $\lim\limits_{n\to\infty}ka_n=k\lim\limits_{n\to\infty}a_n=ka.$

(3) $\lim\limits_{n\to\infty}\dfrac{a_n}{b_n}=\dfrac{\lim\limits_{n\to\infty}a_n}{\lim\limits_{n\to\infty}b_n}=\dfrac{a}{b}(b\neq0).$

注意：数列极限的四则运算前提是两个数列的极限都存在，并可推广到有限项极限的四则运算，但不能推广到无限项.

例 1.2.2　$\lim\limits_{n\to\infty}\Big(\underbrace{\dfrac{1}{n}+\dfrac{1}{n}+\cdots+\dfrac{1}{n}}_{\text{共}n\text{项}}\Big)\neq\lim\limits_{n\to\infty}\dfrac{1}{n}+\lim\limits_{n\to\infty}\dfrac{1}{n}+\cdots+\lim\limits_{n\to\infty}\dfrac{1}{n}=0$

实际上　　　　　　　　　　$\lim\limits_{n\to\infty}\Big(\dfrac{1}{n}+\dfrac{1}{n}+\cdots+\dfrac{1}{n}\Big)=1$

例 1.2.3　求 $\lim\limits_{n\to\infty}\dfrac{4n^2+1}{2n^2+5n-6}.$

解　$\lim\limits_{n\to\infty}\dfrac{4n^2+1}{2n^2+5n-6}=\lim\limits_{n\to\infty}\dfrac{4+\dfrac{1}{n^2}}{2+\dfrac{5}{n}-\dfrac{6}{n^2}}$

$$=\frac{\lim\limits_{n\to\infty}\Big(4+\dfrac{1}{n^2}\Big)}{\lim\limits_{n\to\infty}\Big(2+\dfrac{5}{n}-\dfrac{6}{n^2}\Big)}=\frac{4+\lim\limits_{n\to\infty}\dfrac{1}{n^2}}{2+\lim\limits_{n\to\infty}\dfrac{5}{n}-\lim\limits_{n\to\infty}\dfrac{6}{n^2}}=2$$

更一般的，若 $a_0\neq0$，$b_0\neq0$，k，l 是正整数，$k\leqslant l$，则

$$\lim_{n\to\infty}\frac{a_0n^k+a_1n^{k-1}+\cdots+a_k}{b_0n^l+b_1n^{l-1}+\cdots+b_l}=\lim_{n\to\infty}n^{k-l}\frac{a_0+\dfrac{a_1}{n}+\cdots+\dfrac{a_k}{n^k}}{b_0+\dfrac{b_1}{n}+\cdots+\dfrac{b_l}{n^l}}=\begin{cases}\dfrac{a_0}{b_0}&(k=l)\\[2mm]0&(k<l)\end{cases}$$

这个例子表明当分子最高次幂和分母的最高次幂相同时，这个分式的极限就是分子、分母最高幂的系数之比；当分子最高次幂小于分母的最高次幂时，这个分式的极限为 0.

习　题　1.2

1. 观察下列数列的变化趋势，指出哪些数列收敛，哪些数列发散. 如果收敛，请写出它们的极限.

(1) $\left\{\left(\dfrac{3}{5}\right)^n\right\}$　　　　(2) $\left\{\ln\dfrac{1}{n}\right\}$　　　　(3) $\left\{\dfrac{n+1}{n-1}\right\}$

(4) $\{\arctan 2n\}$　　　(5) $\left\{\sin\dfrac{1}{n}\right\}$　　　(6) $\left\{2^{(-1)^n}\right\}$

2. 根据数列极限的性质，说明下列函数的极限不存在．

(1) $\left\{(-1)^{n-1}-\dfrac{1}{n}\right\}$ 　　　　(2) $\left\{\sin\dfrac{n\pi}{4}\right\}$

1.3 函 数 的 极 限

1.3.1 函数极限的概念

1.2 节介绍了数列的极限，因为数列 $\{a_n\}$ 看作自变量为正整数 n 的函数 $a_n = f(n)$，把数列的极限问题推广到一般的函数上，就得到了一般函数的极限问题，函数极限就是研究自变量在某种变化过程中函数值的变化趋势．下面分别就两种情形来研究函数的极限．

1. 自变量趋向无穷大时函数的极限

自变量趋向无穷大，指自变量 x 的绝对值 $|x|$ 无限增大，记为 $x \to \infty$（读作 x 趋向于无穷大）．它包括两种趋势：$x \to +\infty$（读作 x 趋向于正无穷大）和 $x \to -\infty$（读作 x 趋向于负无穷大）．因此，考虑趋势 $x \to \infty$ 意味着同时考虑趋势 $x \to +\infty$ 和 $x \to -\infty$．

先看一个大家都非常熟悉的函数 $y = \dfrac{1}{x}$，其图像如图 1.3.1 所示．从图像可以看出，当 $x \to +\infty$ 与 $x \to -\infty$ 时，曲线 $y = \dfrac{1}{x}$ 都无限接近于 x 轴，即对应的函数值 y 都无限地接近于 0，这时，我们就说常数 0 是函数 $y = \dfrac{1}{x}$ 当 $x \to \infty$ 的极限，记为 $\lim\limits_{x \to \infty} \dfrac{1}{x} = 0$．

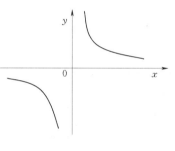

图 1.3.1

定义 1.3.1 设函数 $f(x)$ 当 $|x|$ 充分大时有定义．若当 $x \to \infty$ 时，函数值 $f(x)$ 无限接近于某一确定的常数 A，则称 A 是函数 $f(x)$ 当 $x \to \infty$ 时的极限，记为

$$\lim_{x \to \infty} f(x) = A \quad \text{或} \quad f(x) \to A(x \to \infty)$$

类似地，可给出 $x \to +\infty$ 与 $x \to -\infty$ 时函数的极限定义，分别记为

$$\lim_{x \to +\infty} f(x) = A \quad \text{与} \quad \lim_{x \to -\infty} f(x) = A$$

统称为单侧极限．

定理 1.3.1 $\lim\limits_{x \to \infty} f(x) = A$ 的充要条件是 $\lim\limits_{x \to +\infty} f(x) = \lim\limits_{x \to -\infty} f(x) = A$．

例如：$\lim\limits_{x \to +\infty} \arctan x = \dfrac{\pi}{2}$，$\lim\limits_{x \to -\infty} \arctan x = -\dfrac{\pi}{2}$，所以 $\lim\limits_{x \to \infty} \arctan x = \dfrac{\pi}{2}$ 不存在．

一条伸展到无穷远的曲线 $y = f(x)$，当点 $P[x, f(x)]$ 沿曲线无限远离原点时，点 P 到直线 $y = A$ 的距离趋向于 0，称直线 $y = A$ 是曲线 $y = f(x)$ 的水平渐近线，如图 1.3.2 所示．

一般的，若 $\lim\limits_{x \to \infty} f(x) = A$ 或 $\lim\limits_{\substack{x \to +\infty \\ (x \to -\infty)}} f(x) = A$，则 $y = A$ 为曲线 $y = f(x)$ 的水平渐近线．

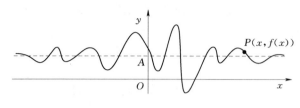

图 1.3.2

2. 自变量 $x \to x_0$ 时函数 $f(x)$ 的极限

我们经常要研究 $x \to x_0$ 时函数 $f(x)$ 的变化趋势，其中自变量 $x \to x_0$ 是指 x 无限接近于 x_0，但 $x \neq x_0$. 在 $x \to x_0$ 的过程中，函数 $f(x)$ 能否与某一常数无限接近，与函数在 $x = x_0$ 处是否有定义，或与函数值是多少都没有关系.

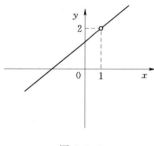

图 1.3.3

例如函数 $f(x) = \dfrac{x^2 - 1}{x - 1}$，观察其图形如图 1.3.3 所示，函数在 $x = 1$ 处无定义，当 $x \to 1$ 时函数值的变化趋势如何？对实数来讲，在数轴上任何一个有限的范围内，都有无穷多个点，把 $x \to 1$ 时函数值的变化趋势用表列出，见表 1.3.1.

表 1.3.1

x	$\cdots$	0.9	0.99	0.999	$\cdots$	1	$\cdots$	1.001	1.01	1.1	$\cdots$
$f(x)$	1.9	1.99	1.999	$\cdots$		2		2.001	2.01	2.1	$\cdots$

从中可以看出 $x \to 1$ 时，$f(x) \to 2$. 而且只要 x 与 1 有多接近，$f(x)$ 就与 2 有多接近. 这时我们就说常数 2 是函数 $f(x) = \dfrac{x^2 - 1}{x - 1}$ 当 $x \to 1$ 时的极限，记为 $\lim\limits_{x \to 1} \dfrac{x^2 - 1}{x - 1} = 2$.

定义 1.3.2 设函数 $f(x)$ 在某点 x_0 的某个去心邻域内有定义，且存在常数 A，若当 $x \to x_0$ 时，函数 $f(x)$ 无限接近于常数 A，则称 A 是函数当 $x \to x_0$ 时的极限，记为

$$\lim_{x \to x_0} f(x) = A \quad \text{或} \quad f(x) \to A(x \to x_0)$$

从上面例题可以看出，$x \to x_0$ 时，它包含两种趋势：

若 $x < x_0$ 且趋于 x_0（记为 $x \to x_0^-$）时，$f(x) \to A$，则称常数 A 是函数 $f(x)$ 当 $x \to x_0$ 时的**左极限**，记为

$$\lim_{x \to x_0^-} f(x) = A \quad \text{或} \quad f(x_0 - 0) = A$$

若 $x > x_0$ 且趋于 x_0（记为 $x \to x_0^+$）时，$f(x) \to A$，则称常数 A 是函数 $f(x)$ 当 $x \to x_0$ 时的**右极限**，记为

$$\lim_{x \to x_0^+} f(x) = A \quad \text{或} \quad f(x_0 + 0) = A$$

左右极限统称为单侧极限.

考虑趋势 $x \to x_0$ 意味着同时考虑趋势 $x \to x_0^-$ 和 $x \to x_0^+$. 在研究分段函数在分界点 x_0 处是否存在极限时，由于在 x_0 的两侧函数表达式不同，无法直接求极限 $\lim\limits_{x \to x_0} f(x)$. 因此，

有必要考虑 x 仅从点 x_0 的一侧趋于 x_0 时函数 $f(x)$ 的极限，即单侧极限.

定理 1.3.2 $\lim\limits_{x \to x_0} f(x) = A$ 的充分必要条件为 $\lim\limits_{x \to x_0^-} f(x) = \lim\limits_{x \to x_0^+} f(x) = A$.

此定理也说明：若 $\lim\limits_{x \to x_0^-} f(x)$ 与 $\lim\limits_{x \to x_0^+} f(x)$ 中只要有一个不存在，或者虽然都存在，但不相等，则 $\lim\limits_{x \to x_0} f(x)$ 也不存在.

例 1.3.1 设函数 $f(x) = \begin{cases} x-1 & (x<0) \\ x+1 & (x \geqslant 0) \end{cases}$，讨论 $\lim\limits_{x \to 0} f(x)$.

解 作出函数 $f(x)$ 的图形，如图 1.3.4 所示，可知

左极限 $\lim\limits_{x \to 0^-} f(x) = \lim\limits_{x \to 0^-} (x-1) = -1$

右极限 $\lim\limits_{x \to 0^+} f(x) = \lim\limits_{x \to 0^+} (x+1) = 1$

由于 $\lim\limits_{x \to 0^-} f(x) \neq \lim\limits_{x \to 0^+} f(x)$，所以 $\lim\limits_{x \to 0} f(x)$ 不存在.

例 1.3.2 设函数 $f(x) = \begin{cases} \mathrm{e}^x + a & (x \geqslant 0) \\ \sin x & (x < 0) \end{cases}$，问 a 为何值时，$\lim\limits_{x \to 0} f(x)$ 存在？

解 左极限 $f(0-0) = \lim\limits_{x \to 0^-} \sin x = 0$，右极限 $f(0+0) = \lim\limits_{x \to 1^+} (\mathrm{e}^x + a) = 1 + a$，所以只有当 $1 + a = 0$，即 $a = -1$ 时，极限存在.

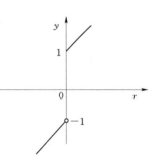

图 1.3.4

1.3.2 函数极限的性质

相应于数列，我们不加证明地给出收敛函数的几个性质.

性质 1（唯一性） 若 $\lim\limits_{x \to x_0} f(x)$ 存在，则其极限唯一.

性质 2（局部有界性） 若 $\lim\limits_{x \to x_0} f(x) = A$，则 $f(x)$ 在 x_0 处局部有界. 即存在常数 $M > 0$ 和 $\delta > 0$，使得当 $x \in \overset{\circ}{U}(x_0, \delta)$ 时，有 $|f(x)| \leqslant M$.

性质 3（局部保号性） 若 $\lim\limits_{x \to x_0} f(x) = A$，且 $A > 0$（或 $A < 0$），则存在常数 $\delta > 0$，使得当 $x \in \overset{\circ}{U}(x_0, \delta)$ 时，有 $f(x) > 0$ [或 $f(x) < 0$].

推论 若 $\lim\limits_{x \to x_0} f(x) = A$，且在 x_0 的某去心领域内有 $f(x) \geqslant 0$ [或 $f(x) \leqslant 0$]，则有 $A \geqslant 0$（或 $A \leqslant 0$）.

以上性质及推论对于 $x \to \infty$ 的情形相应成立.

习 题 1.3

1. 指出下列函数极限是否存在，若存在，求其极限值.

(1) $\lim\limits_{n \to -\infty} \mathrm{e}^x$

(2) $\lim\limits_{x \to \infty} 2^{\frac{1}{x}}$

(3) $\lim\limits_{x \to +\infty} \arctan x$

(4) $\lim\limits_{x \to 0} \sin \dfrac{1}{x}$

(5) $\lim\limits_{x \to 0^+} 3^{\frac{1}{x}}$ (6) $\lim\limits_{x \to \infty} \dfrac{x^4 - x^3 - x^2 - 2}{x^4 - 36}$

2. 对图1.3.6所示的函数 $f(x)$，求下列极限，如极限不存在，说明理由.

(1) $\lim\limits_{x \to 0} f(x)$ (2) $\lim\limits_{x \to 1} f(x)$ (3) $\lim\limits_{x \to 2} f(x)$

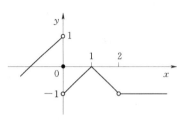 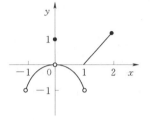

图1.3.5　　　　　　　　　　　图1.3.6

3. 对图1.3.7所示的函数 $f(x)$，下列说法哪些是对的，哪些是错的？

(1) $\lim\limits_{x \to -1^-} f(x)$ 不存在 (2) $\lim\limits_{x \to -1^+} f(x) = -1$

(3) $\lim\limits_{x \to 0} f(x)$ 不存在 (4) $\lim\limits_{x \to 0} f(x) = 1$

(5) $\lim\limits_{x \to 0} f(x) = 0$ (6) $\lim\limits_{x \to 0.999^+} f(x) = 0$

(7) $\lim\limits_{x \to 1} f(x) = 1$ (8) $\lim\limits_{x \to 1} f(x)$ 不存在

(9) $\lim\limits_{x \to 2^-} f(x) = 1$ (10) $\lim\limits_{x \to 2} f(x) = 1$

4. 求下列函数 $f(x)$ 在点 $x = 0$ 处的左极限和右极限，若极限存在，写出极限值.

(1) $f(x) = \dfrac{x}{x}$ (2) $f(x) = \dfrac{|x|}{x}$

(3) $f(x) = \arctan \dfrac{1}{x}$ (4) $f(x) = \begin{cases} e^x - 1 & (x < 0) \\ \sin x & (x \geq 0) \end{cases}$

5. 当 a 为何值时，函数 $f(x)$ 在点 $x = 1$ 处的极限值存在？

(1) $f(x) = \begin{cases} 3x - 2 & (x \leq 1) \\ a & (x > 1) \end{cases}$ (2) $f(x) = \begin{cases} x + 2a & (x \leq 1) \\ \ln x & (x > 1) \end{cases}$

1.4 函数极限的运算法则

用观察法可以解决部分函数的极限问题，但有较大的局限性. 本节建立函数极限的四则运算法则和复合函数的极限运算法则，利用这些法则，可以求某些函数的极限.

1.4.1 函数极限的四则运算法则

在本节及以后的讨论中，记号"lim"下面没有标明自变量的变化趋势，是指对 $x \to x_0$，$x \to \infty$ 以及单侧极限均成立.

定理1.4.1 设 $\lim f(x) = A$，$\lim g(x) = B$，则

(1) $\lim[f(x) \pm g(x)] = A \pm B = \lim f(x) \pm \lim g(x)$.

(2) $\lim[f(x)g(x)] = AB = \lim f(x) \lim g(x)$.

$$(3) \lim \frac{f(x)}{g(x)} = \frac{A}{B} = \frac{\lim f(x)}{\lim g(x)} (B \neq 0).$$

其中法则（1）、（2）可推广到有限多个函数的情形. 例如，设 $\lim f(x)$，$\lim g(x)$，$\lim h(x)$ 都存在，则有

$$\lim [f(x)+g(x)-h(x)] = \lim f(x)+\lim g(x)-\lim h(x)$$

$$\lim [f(x)g(x)h(x)] = \lim f(x)\lim g(x)\lim h(x)$$

推论 设 $\lim f(x)$ 存在，则

(1) $\lim [Cf(x)] = C\lim f(x)$（$C$ 为常数）

(2) $\lim [f(x)]^n = [\lim f(x)]^n$（$n$ 为常数）

在运用函数极限的四则运算法则时，应注意前提条件是函数的极限存在，对定理 1.4.1（3）还须满足分母的极限 $B \neq 0$.

例 1.4.1 求 $\lim\limits_{x \to 1}(x^2-2x+3)$.

解 $\lim\limits_{x \to 1}(x^2-2x+3) = \lim\limits_{x \to 1}x^2 - \lim\limits_{x \to 1}2x + \lim\limits_{x \to 1}3 = (\lim\limits_{x \to 1}x)^2 - 2\lim\limits_{x \to 1}x + \lim\limits_{x \to 1}3$

$$= 1^2 - 2 \times 1 + 3 = 2$$

例 1.4.2 求 $\lim\limits_{x \to 2}\dfrac{x^2+2}{2x^3-5x+3}$.

解 因为 $\lim\limits_{x \to 2}2x^3-5x+3 = 9 \neq 0$，即分母的极限不为 0，故

$$\lim_{x \to 2}\frac{x^2+2}{2x^3-5x+3} = \frac{\lim\limits_{x \to 2}(x^2+2)}{\lim\limits_{x \to 2}(2x^3-5x+3)} = \frac{\lim\limits_{x \to 2}x^2 + \lim\limits_{x \to 2}2}{2(\lim\limits_{x \to 2}x^3) - 5\lim\limits_{x \to 2}x + \lim\limits_{x \to 2}3}$$

$$= \frac{2^2+2}{2 \times 2^3 - 5 \times 2 + 3} = \frac{2}{3}$$

一般的，设有理数函数（多项式）

$$P(x) = a_0 x^n + a_1 x^{n-1} + \cdots + a_n$$

则有

$$\lim_{x \to x_0} P(x) = a_0 (\lim_{x \to x_0}x)^n + a_1 (\lim_{x \to x_0}x)^{n-1} + \cdots + \lim_{x \to x_0}a_n$$

$$= a_0 x^n + a_1 x^{n-1} + \cdots + a_n$$

$$= P(x_0)$$

求多项式当 $x \to x_0$ 时的极限，只需将 x_0 代替函数中的 x 即可.

又设有理分式函数

$$\frac{P(x)}{Q(x)}$$

其中 $P(x)$，$Q(x)$ 都是多项式，于是

$$\lim_{x \to x_0} P(x) = P(x_0), \lim_{x \to x_0} Q(x) = Q(x_0)$$

如果 $Q(x_0) \neq 0$，则有

$$\lim_{x \to x_0} \frac{P(x)}{Q(x)} = \frac{\lim\limits_{x \to x_0} P(x)}{\lim\limits_{x \to x_0} Q(x)} = \frac{P(x_0)}{Q(x_0)}$$

求有理分式函数 $x \to x_0$ 时的极限时，若分母的极限不为 0，也只要将 x_0 代替函数中的 x 即可.

如果分母的极限为 0，则不能直接运用关于商的极限运算法则，来看下面的几个例题.

例 1.4.3　求 $\lim\limits_{x \to 1} \dfrac{x+1}{x^2+x-2}$.

解　因为 $\lim\limits_{x \to 1}(x^2+x-2)=0$，因此不能直接用商的极限运算法则. 又由于 $\lim\limits_{x \to 1}(x+1)$ $=2 \neq 0$，故该极限不存在，且函数趋于无穷大，我们把它记为

$$\lim_{x \to 1} \frac{x+1}{x^2+x-2} = \infty$$

$\lim f(x) = \infty$ 表示的是，函数 $f(x)$ 在自变量的某一变化趋势下趋于无穷大，此时，极限不存在.

例 1.4.4　求 $\lim\limits_{x \to 3} \dfrac{x^2-2x-3}{x^2-5x+6}$.

解　因为 $\lim\limits_{x \to 3}(x^2-5x+6)=0$，因此，不能直接用商的极限运算法则. 由于分子与分母有公因子 $x-3$，故应先约去不为 0 的公因子 $x-3$ 后再求极限.

$$\lim_{x \to 3} \frac{x^2-2x-3}{x^2-5x+6} = \lim_{x \to 3} \frac{(x-3)(x+1)}{(x-3)(x-2)} = \lim_{x \to 3} \frac{(x+1)}{(x-2)} = 4$$

例 1.4.5　求 $\lim\limits_{x \to 3} \dfrac{x^2-2x-3}{x^2-6x+9}$.

解　易知 $\lim\limits_{x \to 3}(x^2-6x+9)=0, \lim\limits_{x \to 3}(x^2-2x-3)=0$，故

$$\lim_{x \to 3} \frac{x^2-2x-3}{x^2-6x+9} = \lim_{x \to 3} \frac{(x-3)(x+1)}{(x-3)^2} = \lim_{x \to 3} \frac{x+1}{x-3} = \infty$$

由例 1.4.4 及例 1.4.5 可知，在自变量的某一变化趋势下，若函数 $f(x)$ 与 $g(x)$ 都趋向于 0，那么 $\lim \dfrac{f(x)}{g(x)}$ 可能存在，也可能不存在. 通常把这类极限称为**未定式**，记为 $\dfrac{0}{0}$，$\dfrac{0}{0}$ 是一类未定式.

求有理分式函数的极限，若是 $\dfrac{0}{0}$ 型未定式，应先设法约去不为 0 的公因子，再求极限.

例 1.4.6　求 $\lim\limits_{x \to 0} \dfrac{\sqrt{1+x}-\sqrt{1-x}}{x}$.

解　这是 $\dfrac{0}{0}$ 型未定式，可通过分子有理化约去公因子后再求极限.

$$\lim_{x \to 0} \frac{\sqrt{1+x}-\sqrt{1-x}}{x} = \lim_{x \to 0} \frac{2x}{x(\sqrt{1+x}+\sqrt{1-x})} = \lim_{x \to 0} \frac{2}{\sqrt{1+x}+\sqrt{1-x}} = 1$$

求无理分式函数的极限，若是 $\frac{0}{0}$ 型未定式，应先设法约去不为 0 的公因子，再求极限．

例 1.4.7 求 $\lim\limits_{x \to \infty} \dfrac{2x^3+3x+2}{5x^3-11x^2-7}$．

解 因为 $\lim\limits_{x \to \infty}(5x^3-11x^2-7)=\infty$，$\lim\limits_{x \to \infty}(2x^3+3x+2)=\infty$，故不能直接运用商的极限运算法则．先将分子分母同除以分子分母的最高次幂 x^3，再按商的极限运算法则求极限．

$$\lim_{x \to \infty} \frac{2x^3+3x+2}{5x^3-11x^2-7} = \lim_{x \to \infty} \frac{2+\dfrac{3}{x^2}+\dfrac{2}{x^3}}{5-\dfrac{11}{x^2}-\dfrac{7}{x^3}} = \frac{\lim\limits_{x \to \infty}\left(2+\dfrac{3}{x^2}+\dfrac{2}{x^3}\right)}{\lim\limits_{x \to \infty}\left(5-\dfrac{11}{x^2}-\dfrac{7}{x^3}\right)} = \frac{2}{5}$$

类似地，运用例 1.4.7 的方法，可求得

$$\lim_{x \to \infty} \frac{2x^2+3x+2}{5x^3-11x^2-7}=0, \lim_{x \to \infty} \frac{2x^3+3x+2}{5x^2-11x^2-7}=\infty$$

一般地，设有理分式函数 $\dfrac{P(x)}{Q(x)}$，其中

$$P(x)=a_0x^n+a_1x^{n-1}+\cdots+a_n, Q(x)=b_0x^m+b_1x^{m-1}+\cdots+b_m$$

都是多项式，则有

$$\lim_{x \to \infty} \frac{P(x)}{Q(x)} = \lim_{x \to \infty} \frac{a_0x^n+a_1x^{n-1}+\cdots+a_n}{b_0x^m+b_1x^{m-1}+\cdots+b_m} = \begin{cases} \dfrac{a_0}{b_0} & (n=m) \\ 0 & (n<m) \\ \infty & (n>m) \end{cases}$$

其中 $a_0 \neq 0$，$b_0 \neq 0$，m 和 n 为非负整数．

在自变量的某一变化趋势下，若函数 $f(x)$ 与 $g(x)$ 都趋向于无穷大，那么 $\lim\dfrac{f(x)}{g(x)}$ 可能存在，也可能不存在，通常把这类极限记为 $\dfrac{\infty}{\infty}$，$\dfrac{\infty}{\infty}$ 也是一类未定式．

$\dfrac{0}{0}$，$\dfrac{\infty}{\infty}$ 是两类基本未定式．

例 1.4.8 求 $\lim\limits_{x \to 2}\left(\dfrac{1}{x-2}-\dfrac{4}{x^2-4}\right)$．

解 因为 $\lim\limits_{x \to 2}\dfrac{1}{x-2}=\infty$，$\lim\limits_{x \to 2}\dfrac{4}{x^2-4}=\infty$，因此，不能直接用差的极限运算法则．可先通分化为有理分式函数，再求极限．

$$\lim_{x \to 2}\left(\frac{1}{x-2}-\frac{4}{x^2-4}\right) = \lim_{x \to 2}\frac{x-2}{x^2-4} = \lim_{x \to 2}\frac{1}{x+2} = \frac{1}{4}$$

通常将这类极限形式记为 $\infty-\infty$．在本例中，$\infty-\infty$ 转化为了 $\dfrac{0}{0}$ 型未定式，因此，$\infty-\infty$ 也是一类未定式．

例 1.4.9 求 $\lim\limits_{x \to +\infty} (\sqrt{x^2+x} - x)$.

解 这是 $\infty - \infty$ 型未定式，不能直接运用差的极限运算法则．可先有理化，再设法求极限．

$$\lim\limits_{x \to +\infty} (\sqrt{x^2+x} - x) = \lim\limits_{x \to +\infty} \frac{x}{\sqrt{x^2+x}+x} = \lim\limits_{x \to +\infty} \frac{1}{\sqrt{1+\dfrac{1}{x}}+1} = \frac{1}{2}$$

在本例中，$\infty - \infty$ 转化为了 $\dfrac{\infty}{\infty}$ 型未定式．

对于 $\infty - \infty$ 型未定式，一般先根据函数的特点，设法化为 $\dfrac{0}{0}$ 或 $\dfrac{\infty}{\infty}$ 型基本未定式，再求极限．

例 1.4.10 求 $\lim\limits_{x \to \infty} \dfrac{3^n - (-1)^n}{2^n + 3^{n+1}}$.

解 这是 $\dfrac{\infty}{\infty}$ 型未定式，不能直接运用商的极限运算法则．可依照例 1.4.7 的方法，将分子分母同除以 3^n，再按商的极限运算法则求极限．

$$\lim\limits_{x \to \infty} \frac{3^n - (-1)^n}{2^n + 3^{n+1}} = \lim\limits_{x \to \infty} \frac{1 - \left(-\dfrac{1}{3}\right)^n}{\left(\dfrac{2}{3}\right)^n + 3} = \frac{1}{3}$$

例 1.4.11 求 $\lim\limits_{x \to \infty} \dfrac{1+2+\cdots+n}{n^2}$.

解 $\lim\limits_{x \to \infty} \dfrac{1+2+\cdots+n}{n^2} = \lim\limits_{x \to \infty} \dfrac{\dfrac{1}{2}n(n+1)}{n^2} = \dfrac{1}{2} \lim\limits_{x \to \infty} \left(1 + \dfrac{1}{n}\right) = \dfrac{1}{2}$

本例若这样求：

$$\lim\limits_{x \to \infty} \frac{1+2+\cdots+n}{n^2} = \lim\limits_{x \to \infty} \frac{1}{n^2} + \lim\limits_{x \to \infty} \frac{2}{n^2} + \cdots + \lim\limits_{x \to \infty} \frac{n}{n^2} = 0 + 0 + \cdots + 0 = 0$$

则是错解．因为法则（1）不能推广到无限多个函数的情形．

1.4.2 复合函数的极限运算法则

定理 1.4.2 设函数 $y = f(u)$ 与 $u = \varphi(x)$ 在点 x_0 的某去心邻域构成复合函数

$$y = f[\varphi(x)]$$

满足

(1) $\lim\limits_{x \to x_0} u = \lim\limits_{x \to x_0} \varphi(x) = u_0$，且 $x \neq x_0$ 时，$\varphi(x) \neq u_0$.

(2) $\lim\limits_{u \to u_0} f(u) = A$.

则

$$\lim\limits_{x \to x_0} f[\varphi(x)] = \lim\limits_{u \to u_0} f(u) = A$$

证明略．

定理 1.4.2 中，将 u_0 或 x_0 改为 ∞，可得相应的结论．

定理 1.4.2 表明，若函数 $f(u)$ 和 $\varphi(x)$ 满足该定理的条件，作代换 $u = \varphi(x)$，则可

把求 $\lim\limits_{x \to x_0} f[\varphi(x)]$ 化为求 $\lim\limits_{u \to u_0} f(u)$，其中 $u_0 = \lim\limits_{x \to x_0} \varphi(x)$.

例 1.4.12 求 $\lim\limits_{x \to 0} \mathrm{e}^{\cos x}$.

解 令 $u = \cos x$，由于 $\lim\limits_{x \to 0} \cos x = 1$，故 $\lim\limits_{x \to 0} \mathrm{e}^{\cos x} = \lim\limits_{u \to 1} \mathrm{e}^{u} = \mathrm{e}$.

习 题 1.4

1. 求下列极限.

(1) $\lim\limits_{x \to 2} \dfrac{x^2 - 1}{x + 2}$

(2) $\lim\limits_{x \to \sqrt{2}} \dfrac{x^2 - 2}{x^2 + 1}$

(3) $\lim\limits_{x \to 3} \dfrac{x^2 - 2x - 3}{x^2 - 4x + 3}$

(4) $\lim\limits_{h \to 0} \dfrac{(x + h)^2 - x^2}{h}$

(5) $\lim \dfrac{x^2 + x - 2}{x^2 - 3x + 2}$ （ⅰ）当 $x \to 1$，（ⅱ）当 $x \to -2$，（ⅲ）当 $x \to 2$.

(6) $\lim\limits_{x \to 2} \dfrac{x - 2}{\sqrt{x + 2} - 2}$

(7) $\lim\limits_{x \to 1} \dfrac{\sqrt{3 - x} - \sqrt{1 + x}}{x^2 - 1}$

(8) $\lim\limits_{x \to 1} \dfrac{\sqrt{2 - x} - x}{\sqrt{x} - 1}$

(9) $\lim\limits_{x \to 1} \left(\dfrac{1}{x - 1} - \dfrac{3}{x^3 - 1} \right)$

2. 求下列极限.

(1) $\lim\limits_{x \to \infty} \left(1 + \dfrac{1}{x} \right) \left(2 - \dfrac{1}{x^2} \right)$

(2) $\lim\limits_{x \to \infty} \dfrac{x^n + 1}{x^m - 2}$ （ⅰ）$n = 1$，$m = 2$，（ⅱ）$n = m = 1$，（ⅲ）$n = 2$，$m = 1$.

(3) $\lim\limits_{x \to \infty} \dfrac{(4x - 3)^{30} (9x - 7)^{20}}{(4 - 6x)^{50}}$

(4) $\lim\limits_{n \to \infty} \dfrac{n(n + 1)(n + 2)}{2n^3}$

(5) $\lim\limits_{n \to \infty} \left(1 + \dfrac{1}{2} + \dfrac{1}{4} + \cdots + \dfrac{1}{2^n} \right)$

(6) $\lim\limits_{n \to \infty} \dfrac{4^{n+1} - 2^{n+1}}{4^n + (-2)^n}$

(7) $\lim\limits_{x \to +\infty} \left[\sqrt{x(x - 3)} - x \right]$

(8) $\lim\limits_{x \to +\infty} \left(\sqrt{x^2 + x} - \sqrt{x^2 - x} \right)$

3. 求下列极限.

(1) $\lim\limits_{x \to 1} \sin \ln x$

(2) $\lim\limits_{x \to 0} \left(\sqrt{\arctan x} + \mathrm{e}^x \right)$

4. 下列说法哪些是正确的，哪些是错误的？如果是正确的，说明理由；如果是错误的，试给出一个反例.

(1) 如果 $\lim\limits_{x \to x_0} f(x)$ 存在，但 $\lim\limits_{x \to x_0} g(x)$ 不存在，那么 $\lim\limits_{x \to x_0} [f(x) + g(x)]$ 不存在.

(2) 如果 $\lim\limits_{x \to x_0} f(x)$ 和 $\lim\limits_{x \to x_0} g(x)$ 都不存在，那么 $\lim\limits_{x \to x_0} [f(x) + g(x)]$ 不存在.

1.5 两 个 重 要 极 限

本节讨论两个重要极限：$\lim\limits_{x \to 0} \dfrac{\sin x}{x} = 1$ 与 $\lim\limits_{x \to \infty} \left(1 + \dfrac{1}{x} \right)^x = \mathrm{e}$. 为此，先介绍判定极限存在的两个准则.

1.5.1 极限存在准则

准则 1.5.1（函数极限的夹逼准则） 设函数 $f(x)$，$g(x)$ 和 $h(x)$ 满足

(1) 当 $0 < |x - x_0| < \delta$（或 $|x| > M$）时，有

$$g(x) \leqslant f(x) \leqslant h(x)$$

(2) $\lim\limits_{\substack{x \to x_0 \\ (x \to \infty)}} g(x) = A$，$\lim\limits_{\substack{x \to x_0 \\ (x \to \infty)}} h(x) = A$

则

$$\lim\limits_{\substack{x \to x_0 \\ (x \to \infty)}} f(x) = A$$

函数极限的夹逼准则也适用于数列极限.

准则 1.5.1$'$（数列极限的夹逼准则） 设数列 $\{x_n\}$，$\{y_n\}$ 和 $\{z_n\}$ 满足

(1) 从某项起（即存在正整数 N，当 $n > N$ 时），有

$$y_n \leqslant x_n \leqslant z_n$$

(2) $\lim\limits_{n \to \infty} y_n = a$，$\lim\limits_{n \to \infty} z_n = a$

则

$$\lim\limits_{n \to \infty} x_n = a$$

例 1.5.1 求 $\lim\limits_{n \to \infty} \left(\dfrac{1}{n^2 + n + 1} + \dfrac{2}{n^2 + n + 2} + \cdots + \dfrac{n}{n^2 + n + n} \right)$.

解 因为

$$\frac{1 + 2 + \cdots + n}{n^2 + n + n} \leqslant \frac{1}{n^2 + n + 1} + \frac{2}{n^2 + n + 2} + \cdots + \frac{n}{n^2 + n + n} \leqslant \frac{1 + 2 + \cdots + n}{n^2 + n + 1}$$

又

$$\lim_{n \to \infty} \frac{1 + 2 + \cdots + n}{n^2 + n + n} = \lim_{n \to \infty} \frac{\frac{1}{2} n(n+1)}{n^2 + n + n} = \frac{1}{2} \lim_{n \to \infty} \frac{1 + \dfrac{1}{n}}{1 + \dfrac{2}{n}} = \frac{1}{2}$$

$$\lim_{n \to \infty} \frac{1 + 2 + \cdots + n}{n^2 + n + 1} = \lim_{n \to \infty} \frac{\frac{1}{2} n(n+1)}{n^2 + n + n} = \frac{1}{2} \lim_{n \to \infty} \frac{1 + \dfrac{1}{n}}{1 + \dfrac{1}{n} + \dfrac{1}{n^2}} = \frac{1}{2}$$

由夹逼准则得

$$\lim_{n \to \infty} \left(\frac{1}{n^2 + n + 1} + \frac{2}{n^2 + n + 2} + \cdots + \frac{n}{n^2 + n + n} \right) = \frac{1}{2}$$

利用夹逼准则求极限，关键是构造两个函数 $g(x)$ 和 $h(x)$（或数列 $\{y_n\}$ 和 $\{z_n\}$），$g(x)$ 和 $h(x)$（或数列 $\{y_n\}$ 和 $\{z_n\}$）满足条件：极限易求且相等.

准则 1.5.2（单调有界准则） 单调有界数列必有极限.

由本章 1.2 节的性质 2，收敛数列必有界. 但同时指出，有界数列未必收敛. 准则 1.5.2 则表明，如果数列不仅有界，而且单调，则该数列必收敛.

对准则 1.5.2 我们给出如下的几何解释.

从数轴上看，对应于单调数列的点 x_n 只可能向一个方向移动，所以只有两种可能情形：或者点 x_n 沿数轴移向无穷远（$x_n \to +\infty$ 或 $x_n \to -\infty$），或者点 x_n 无限趋近于某一个

定点 A，如图 1.5.1 所示，也就是数列 $\{x_n\}$ 趋向于一个极限．但现在假定数列是有界的，而有界数列的点 x_n 都落在数轴上某一个区间 $[-M, M]$ 内，那么上述第一种情形就不可能发生了．这就表示这个数列趋于一个极限，并且这个极限的绝对值不超过 M．

图 1.5.1

1.5.2 两个重要极限

1. $\lim\limits_{x \to 0} \dfrac{\sin x}{x} = 1$

函数 $\dfrac{\sin x}{x}$ 对一切 $x \neq 0$ 都有定义．

如图 1.5.2 所示的单位圆中，设 $\angle AOB = x$，$x \in \left(0, \dfrac{\pi}{2}\right)$，点 A 处的切线与 OB 的延长线相交于 D，又 $BC \perp OA$（C 位于 x 轴上），则
$$\sin x = CB, \quad x = \overset{\frown}{AB}, \quad \tan x = AD$$
由于

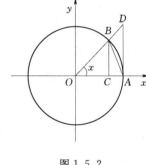

图 1.5.2

$$S_{\triangle AOB} < S_{\text{扇形} AOB} < S_{\triangle AOD}$$
所以
$$\frac{1}{2}\sin x < \frac{1}{2}x < \frac{1}{2}\tan x$$
即
$$\sin x < x < \tan x$$
不等式各边都除以 $\sin x$，得
$$1 < \frac{x}{\sin x} < \frac{1}{\cos x}$$
即
$$\cos x < \frac{\sin x}{x} < 1$$
由于 $\cos x$ 和 $\dfrac{\sin x}{x}$ 都是偶函数，故上式对 $x \in \left(-\dfrac{\pi}{2}, 0\right)$ 也成立．由 $\lim\limits_{x \to 0}\cos x = 1$ 及夹逼准则即得
$$\lim_{x \to 0} \frac{\sin x}{x} = 1$$

由于极限 $\lim\limits_{x \to 0}\dfrac{\sin x}{x}$ 是 $\dfrac{0}{0}$ 型未定式，因此，某些 $\dfrac{0}{0}$ 型未定式可以运用该重要极限来求．

例 1.5.2 求 $\lim\limits_{x \to 0}\dfrac{\tan x}{x}$．

解 这是 $\dfrac{0}{0}$ 型未定式．
$$\lim_{x \to 0}\frac{\tan x}{x} = \lim_{x \to 0}\frac{\sin x}{x}\lim_{x \to 0}\frac{1}{\cos x} = 1$$

例 1.5.3 求 $\lim\limits_{x \to 0}\dfrac{\arcsin 3x}{x}$．

解 这是 $\dfrac{0}{0}$ 型未定式. 令 $u=\arcsin 3x$，则 $x=\dfrac{1}{3}\sin u$，当 $x\to 0$ 时，有 $u\to 0$. 由复合函数的极限运算法则，得

$$\lim_{x\to 0}\frac{\arcsin 3x}{x}=\lim_{u\to 0}\frac{u}{3\sin u}=\frac{1}{3}$$

例 1.5.4 求 $\lim\limits_{x\to 0}\dfrac{1-\cos x}{x^2}$.

解 这是 $\dfrac{0}{0}$ 型未定式.

$$\lim_{x\to 0}\frac{1-\cos x}{x^2}=\lim_{x\to 0}\frac{2\sin^2\dfrac{x}{2}}{x^2}=\frac{1}{2}\lim_{x\to 0}\frac{\sin^2\dfrac{x}{2}}{\left(\dfrac{x}{2}\right)^2}=\frac{1}{2}\times 1^2=\frac{1}{2}$$

本例也用到了复合函数的极限运算法则.

一般的，有

$$\lim_{u\to 0}\frac{\sin u}{u}=1,u=u(x)$$

2. $\lim\limits_{x\to\infty}\left(1+\dfrac{1}{x}\right)^x=\mathrm{e}$

我们先运用准则 1.5.2 来证明数列 $u_n=\left(1+\dfrac{1}{n}\right)^n$，$n=1$，2，$\cdots$的极限存在.

先证 $\{u_n\}$ 单调增加. 利用平均不等式

$$\sqrt[n+1]{a_1a_2\cdots a_na_{n+1}}\leqslant\frac{a_1+a_2+\cdots+a_n+a_{n+1}}{n+1}$$

其中 a_1，a_2，$\cdots$，a_n，a_{n+1} 都是正数.

取 $a_1=a_2=\cdots=a_n=1+\dfrac{1}{n}$ 及 $a_{n+1}=1$，有

$$\sqrt[n+1]{\left(1+\frac{1}{n}\right)^n\cdot 1}\leqslant\frac{n\left(1+\dfrac{1}{n}\right)+1}{n+1}=\frac{n+2}{n+1}=1+\frac{1}{n+1}$$

从而

$$u_n=\left(1+\frac{1}{n}\right)^n\leqslant\left(1+\frac{1}{n+1}\right)^{n+1}=u_{n+1},n=1,2,\cdots$$

即数列 $\{u_n\}$ 单调增加.

再证 $\left\{\left(1+\dfrac{1}{n}\right)^n\right\}$ 有上界. 证明 $\left(1+\dfrac{1}{n}\right)^n<4$，即要证明 $\left(\dfrac{1}{4}\right)^{\frac{1}{n}}<\dfrac{n}{n+1}$. 此式当 $n=1$ 时，显然成立. 而当 $n\geqslant 2$ 时，由平均值不等式，有

$$\sqrt[n]{\frac{1}{4}}=\sqrt[n]{\underbrace{\frac{1}{2}\times\frac{1}{2}\times 1\times\cdots\times 1}_{n-2}}\leqslant\frac{\dfrac{1}{2}+\dfrac{1}{2}+(n-2)}{n}=1-\frac{1}{n}<1-\frac{1}{n+1}=\frac{n}{n+1}$$

因此，$\{u_n\}$ 有上界，由单调有界准则知数列 $\{u_n\}=\left\{\left(1+\dfrac{1}{n}\right)^n\right\}$ 为收敛数列，即极限

$\lim\limits_{n\to\infty}\left(1+\dfrac{1}{n}\right)^n$ 存在，通常用字母 e 来表示这个极限，即

$$\lim_{u\to\infty}\left(1+\frac{1}{n}\right)^n=e$$

利用上述数列极限，可以证明对一般的实数 x，仍有

$$\lim_{x\to\infty}\left(1+\frac{1}{x}\right)^x=e$$

其中 $e=2.718\,281\,828\,459\,045\cdots$ 是数学中一个重要的无理数，在 1.1 节中提到的指数函数 $y=e^x$ 以及自然对数函数 $y=\ln x$ 中的底 e 都是这个常数.

利用复合函数的极限运算法则，若令 $x=\dfrac{1}{z}$，则有

$$\lim_{z\to0}(1+z)^{\frac{1}{z}}=\lim_{x\to\infty}\left(1+\frac{1}{x}\right)^x=e$$

一般的，有

$$\lim_{u\to\infty}\left(1+\frac{1}{u}\right)^u=e$$

及

$$\lim_{u\to0}(1+u)^{\frac{1}{u}}=e,\quad u=u(x)$$

极限 $\lim\limits_{u\to\infty}\left(1+\dfrac{1}{u}\right)^u$ 或 $\lim\limits_{u\to0}(1+u)^{\frac{1}{u}}$ 都是 1^∞ 型，1^∞ 是一类未定式. 因此，某些 1^∞ 型未定式可以运用该重要极限来求.

例 1.5.5　求 $\lim\limits_{x\to\infty}\left(1-\dfrac{1}{x}\right)^x$.

解　这是 1^∞ 型未定式. 令 $u=-x$，则有

$$\lim_{x\to\infty}\left(1-\frac{1}{x}\right)^x=\lim_{u\to\infty}\left[\left(1+\frac{1}{u}\right)^u\right]^{-1}=e^{-1}$$

例 1.5.6　求 $\lim\limits_{x\to0}(1+3x)^{\frac{2}{x}}$.

解　这是 1^∞ 型未定式.

$$\lim_{x\to0}(1+3x)^{\frac{2}{x}}=\lim_{x\to0}\left[(1+3x)^{\frac{1}{3x}}\right]^6=e^6$$

用类似方法可得到，$\lim\limits_{x\to\infty}\left(1+\dfrac{m}{x}\right)^{nx}=e^{mn}$ 和 $\lim\limits_{x\to\infty}(1+mx)^{\frac{n}{x}}=e^{mn}$，其中 m，$n\neq0$.

例 1.5.7　求 $\lim\limits_{x\to\infty}\left(\dfrac{x+3}{x-2}\right)^x$.

解　这是 1^∞ 型未定式.

$$\lim_{x\to\infty}\left(\frac{x+3}{x-2}\right)^x=\lim_{x\to\infty}\frac{\left(1+\dfrac{3}{x}\right)^x}{\left(1-\dfrac{2}{x}\right)^x}=\frac{e^3}{e^{-2}}=e^5$$

习　题　1.5

1. 求下列极限.

(1) $\lim\limits_{x\to0}\dfrac{x}{\sin3x}$

(2) $\lim\limits_{x\to0}x\cot2x$

(3) $\lim\limits_{x \to 0} \dfrac{\tan 2x}{\tan 5x}$

(4) $\lim\limits_{x \to 0} \dfrac{\sin x^2}{(\sin x)^2}$

(5) $\lim\limits_{x \to 0} \dfrac{\arctan(-x)}{x}$

(6) $\lim\limits_{x \to 0} \dfrac{1 - \cos 2x}{x \sin x}$

(7) $\lim\limits_{x \to 0} \dfrac{\tan x - \sin x}{x^3}$

(8) $\lim\limits_{x \to \infty} 2^n \sin \dfrac{x}{2^n}$

(9) $\lim\limits_{x \to \pi} \dfrac{\sin x}{\pi - x}$

(10) $\lim\limits_{x \to 0} \dfrac{x - \sin x}{x + \sin x}$

2. 求下列极限.

(1) $\lim\limits_{x \to \infty} \left(1 + \dfrac{3}{x}\right)^{2x}$

(2) $\lim\limits_{x \to 0} (1 - 2x)^{\frac{5}{x}}$

(3) $\lim\limits_{x \to 0} (1 + 2\tan x)^{\cot x}$

(4) $\lim\limits_{t \to 0} \left(\dfrac{1-t}{1+t}\right)^{\frac{1}{t}}$

(5) $\lim\limits_{x \to \infty} \left(\dfrac{x+1}{x}\right)^{2x}$

(6) $\lim\limits_{x \to \infty} \left(\dfrac{x}{x+1}\right)^{x+2}$

3. 已知 $x_0 = 0, x_1 = 1,$ 且 $x_{n+1} = \dfrac{1}{2}(x_n + x_{n-1})$, 求 $\lim\limits_{n \to \infty} x_n$.

1.6　无穷小与无穷大　无穷小的比较

1.6.1　无穷小

定义 1.6.1　如果函数 $f(x)$ 当 $x \to x_0$ (或 $x \to \infty$) 时的极限为 0, 即

$$\lim_{\substack{x \to x_0 \\ (x \to \infty)}} f(x) = 0$$

则称函数 $f(x)$ 是当 $x \to x_0$ (或 $x \to \infty$) 时的无穷小.

例如, 因为 $\lim\limits_{x \to \infty} \dfrac{1}{x} = 0$, 所以函数 $\dfrac{1}{x}$ 是当 $x \to \infty$ 时的无穷小; 因为 $\lim\limits_{x \to 1}(x - 1) = 0$, 所以函数 $x - 1$ 是当 $x \to 1$ 时的无穷小.

注　(1) 无穷小不是指很小的数, 0 是可以作为无穷小的唯一的常数.

(2) 无穷小的概念与自变量的变化过程有关, 如 $\dfrac{1}{x}$ 是当 $x \to \infty$ 时的无穷小, 但 $\dfrac{1}{x}$ 不是当 $x \to 1$ 时的无穷小.

无穷小与函数极限有以下的关系.

定理 1.6.1　$\lim f(x) = A$ 的充分必要条件是

$$f(x) = A + \alpha(x)$$

其中 $\alpha(x)$ 是同一变化过程中的无穷小.

证　若 $\lim f(x) = A$, 则 $\lim[f(x) - A] = 0$, 令 $\alpha(x) = f(x) - A$, 即 $f(x) = A + \alpha(x)$, 则有 $\lim \alpha(x) = 0$; 反之, 若 $f(x) = A + \alpha(x)[\lim \alpha(x) = 0]$, 则有 $\lim f(x) = \lim[A + \alpha(x)] = A + 0 = A.$

1.6.2　无穷大

定义 1.6.2　如果函数 $f(x)$ 当 $x \to x_0$ (或 $x \to \infty$) 时的绝对值 $|f(x)|$ 无限增大, 即

$$\lim_{\substack{x \to x_0 \\ (x \to \infty)}} f(x) = \infty$$

则称函数 $f(x)$ 是当 $x \to x_0$（或 $x \to \infty$）时的无穷大.

若 $\lim\limits_{\substack{x \to x_0 \\ (x \to \infty)}} f(x) = +\infty (-\infty)$，则称函数 $f(x)$ 当 $x \to x_0$（或 $x \to \infty$）时的正（负）无穷大.

在几何上，若 $\lim\limits_{x \to x_0} f(x) = \infty$ 或 $\lim\limits_{x \to x_0^+} f(x) = \infty$ 或 $\lim\limits_{x \to x_0^-} f(x) = \infty$，则直线 $x = x_0$ 是曲线 $y = f(x)$ 的铅直渐近线.

例如，因为 $\lim\limits_{x \to \infty} \dfrac{1}{x} = \infty$，所以 $x = 0$ 是曲线 $y = \dfrac{1}{x}$ 的铅直渐近线；因为 $\lim\limits_{x \to 1^+} \ln(x-1) = -\infty$，所以 $x = 1$ 是曲线 $y = \ln(x-1)$ 的铅直渐近线.

无穷大与无穷小有如下的关系：在自变量的同一变化过程中，如果 $f(x)$ 为无穷大，则 $\dfrac{1}{f(x)}$ 为无穷小；反之，如果 $f(x)$ 为无穷小，且 $f(x) \neq 0$，则 $\dfrac{1}{f(x)}$ 为无穷大.

根据这个关系，可以将关于无穷大的讨论转化为关于无穷小的讨论.

1.6.3　无穷小的性质

定理 1.6.2　有限个无穷小的代数和仍是无穷小.

运用关于和、差的极限运算法则即可验证.

注　无限个无穷小的代数和未必是无穷小.

定理 1.6.3　有界函数与无穷小的乘积是无穷小.

推论 1　常数与无穷小的乘积是无穷小.

推论 2　有限个无穷小的乘积也是无穷小.

无穷小的性质对 $x \to x_0$ 及 $x \to \infty$ 都成立.

例 1.6.1　求 $\lim\limits_{x \to \infty} \dfrac{\sin x}{x}$.

解　由于 $\lim\limits_{x \to \infty} \dfrac{1}{x} = 0$，$\dfrac{1}{x}$ 是 $x \to \infty$ 时的无穷小，且 $|\sin x| \leqslant 1$，$\sin x$ 是有界函数，因此，由无穷小的性质知

$$\lim_{x \to \infty} \frac{\sin x}{x} = 0$$

例 1.6.2　求 $\lim\limits_{x \to 0} \left(x \sin \dfrac{3}{x} + \dfrac{2}{x} \sin x \right)$.

解　由于 $\lim\limits_{x \to 0} x = 0$，$x$ 是 $x \to 0$ 时的无穷小，且 $\left| \sin \dfrac{3}{x} \right| \leqslant 1$，$\sin \dfrac{3}{x}$ 是有界函数，因此，由无穷小的性质知

$$\lim_{x \to 0} x \sin \frac{3}{x} = 0$$

又由第一个重要极限知

$$\lim_{x \to 0} \frac{2}{x} \sin x = 2, \quad \lim_{x \to 0} \frac{\sin x}{x} = 2$$

所以

$$\lim_{x \to 0}\left(x\sin\frac{3}{x}+\frac{2}{x}\sin x\right)=0+2=2$$

1.6.4　无穷小的阶

由无穷小的性质，我们已经知道，两个无穷小的和、差、积仍是无穷小，但两个无穷小的商，却会出现不同的情况．例如，当 $x \to 0$ 时，x，x^2，$\sin 2x$ 都是无穷小，而

$$\lim_{x \to 0}\frac{x^2}{x}=0,\lim_{x \to 0}\frac{x}{x^2}=\infty,\lim_{x \to 0}\frac{\sin 2x}{x}=2$$

从中可以看出，无穷小在同趋于 0 的过程中，"速度"有"快""慢"之分．

定义 1.6.3　设 $\alpha=\alpha(x)$，$\beta=\beta(x)$ 都是自变量在同一变化过程中的两个无穷小，且 $\alpha \neq 0$．

(1) 如果 $\lim\dfrac{\beta}{\alpha}=0$，则称 β 是比 α **高阶的无穷小**，记作 $\beta=o(\alpha)$．

(2) 如果 $\lim\dfrac{\beta}{\alpha}=\infty$，则称 β 是比 α **低阶的无穷小**．

(3) 如果 $\lim\dfrac{\beta}{\alpha}=C \neq 0$，则称 β 与 α 是**同阶无穷小**．特别地，如果 $\lim\dfrac{\beta}{\alpha}=1$，则称 β 与 α 是**等价无穷小**，记作 $\alpha \sim \beta$．

(4) 如果 $\lim\dfrac{\beta}{\alpha^k}=C \neq 0$，$k>0$，则称 β 是 α 的 **k 阶的无穷小**．

例如，当 $x \to 0$ 时，x^2 是比 x 高阶的无穷小，即 $x^2=o(x)$；x 是比 x^2 低阶的无穷小；$\sin 2x$ 与 x 是同阶无穷小．

例 1.6.3　当 $x \to 0$ 时，求 $\tan x^2$ 关于 x 的阶数．

解　因为 $\lim\limits_{x \to 0}\dfrac{\tan x^2}{x^2}=1$，所以 $\tan x^2$ 是 x 的 2 阶无穷小．

1.6.5　等价无穷小的替代

当 $x \to 0$ 时，有以下几个常用的等价无穷小关系：

$\sin x \sim x$，　　$\tan x \sim x$，　　$\arcsin x \sim x$，　　$\arctan x \sim x$，

$1-\cos x \sim \dfrac{x^2}{2}$，　　$\ln(1+x) \sim x$，　　$\mathrm{e}^x-1 \sim x$，　　$(1+x)^\alpha-1 \sim \alpha x$（$\alpha$ 为常数）．

我们来验证 $\mathrm{e}^x-1 \sim x$．

令 $u=\mathrm{e}^x-1$，则 $x=\ln(1+u)$，当 $x \to 0$ 时，$u \to 0$，于是

$$\lim_{u \to 0}\frac{\mathrm{e}^x-1}{x}=\lim_{u \to 0}\frac{u}{\ln(1+u)}=\lim_{u \to 0}\frac{1}{\ln(u+1)^{\frac{1}{u}}}=\frac{1}{\ln \mathrm{e}}=1$$

上述证明同时也给出了等价关系：$\ln(1+x) \sim x$，其他等价关系也可以根据等价无穷小的概念证明．

设 $u=u(x)$，则当 $u(x) \to 0$ 时，以 $u(x)$ 替代上述等价关系中的 x，结论仍成立．

例如，当 $x \to 0$ 时，$\ln(1-3x) \sim -3x$；$2^x-1=\mathrm{e}^{x\ln 2}-1 \sim x\ln 2$；$\sqrt{1+\sin x^2}-1 \sim \dfrac{\sin x^2}{2} \sim \dfrac{x^2}{2}$．

定理 1.6.4（等价无穷小替代定理）　设 α、α'、β、β' 是自变量同一变化过程中的无穷

小，且 $\alpha\sim\alpha'$，$\beta\sim\beta'$，$\lim\dfrac{\beta'}{\alpha'}$ 存在，则

$$\lim\frac{\beta}{\alpha}=\lim\frac{\beta'}{\alpha'}$$

证 $\lim\dfrac{\beta}{\alpha}=\lim\left(\dfrac{\beta}{\beta'}\cdot\dfrac{\alpha'}{\alpha}\cdot\dfrac{\beta'}{\alpha'}\right)=\lim\dfrac{\beta}{\beta'}\cdot\lim\dfrac{\alpha'}{\alpha}\cdot\lim\dfrac{\beta'}{\alpha'}=\lim\dfrac{\beta'}{\alpha'}$

由定理 1.6.4 可知，运用"等价无穷小替代"求极限的前提条件是：函数为无穷小之商，即极限是 $\dfrac{0}{0}$ 型未定式.

在运用"等价无穷小替代"求两个无穷小之商的极限时，分子与分母都可用等价无穷小来替代，因此，如果用来替代的无穷小选择恰当，则可以简化极限的计算.

不难证明，若 $\alpha\sim\alpha'$，$\beta\sim\beta'$，$\gamma\sim\gamma'$，则

$$\lim\frac{\alpha\beta}{\gamma}=\lim\frac{\alpha'\beta'}{\gamma'}$$

该结论可推广到有限个无穷小乘积之商的极限.

例 1.6.4 求 $\lim\limits_{x\to0}\dfrac{\sin3x}{\arctan2x}$.

解 当 $x\to0$ 时，$\sin3x\sim3x$，$\arctan2x\sim2x$，所以

$$\lim_{x\to0}\frac{\sin3x}{\arctan2x}=\lim_{x\to0}\frac{3x}{2x}=\frac{3}{2}$$

例 1.6.5 求 $\lim\limits_{x\to0}\dfrac{\sqrt{1+4x^2}-1}{(3^x-1)\ln(1-2x)}$.

解 当 $x\to0$ 时，$\sqrt{1+4x^2}-1\sim2x^2$，$3^x-1=\mathrm{e}^{x\ln3}-1\sim x\ln3$，$\ln(1-2x)\sim-2x$，所以

$$\lim_{x\to0}\frac{\sqrt{1+4x^2}-1}{(3^x-1)\ln(1-2x)}=\lim_{x\to0}\frac{2x^2}{x\ln3\times(-2x)}=-\frac{1}{\ln3}$$

例 1.6.6 求 $\lim\limits_{x\to0}\dfrac{\mathrm{e}^{x^2}-\cos2x}{x\arcsin x}$.

解 当 $x\to0$ 时，$\mathrm{e}^{x^2}-1\sim x^2$，$1-\cos2x\sim\dfrac{(2x)^2}{2}=2x^2$，$\arcsin x\sim x$

所以
$$\lim_{x\to0}\frac{\mathrm{e}^{x^2}-\cos2x}{x\arcsin x}=\lim_{x\to0}\frac{(\mathrm{e}^{x^2}-1)+(1-\cos2x)}{x\arcsin x}$$
$$=\lim_{x\to0}\frac{\mathrm{e}^{x^2}-1}{x\arcsin x}+\lim_{x\to0}\frac{1-\cos2x}{x\arcsin x}$$
$$=\lim_{x\to0}\frac{x^2}{x\,x}+\lim_{x\to0}\frac{2x^2}{x\,x}=1+2=3$$

本例中，分子为和、差运算，先用和、差的极限运算法则，再用等价无穷小替代.

例 1.6.7 求 $\lim\limits_{x\to0}\dfrac{\tan x-\sin x}{x^3}$.

解 当 $x\to0$ 时，$\tan x-\sin x=\tan x(1-\cos x)\sim x\dfrac{x^2}{2}=\dfrac{x^3}{2}$，所以

$$\lim_{x \to 0} \frac{\tan x - \sin x}{x^3} = \lim_{x \to 0} \frac{\dfrac{x^3}{2}}{x^3} = \frac{1}{2}$$

在本例中，若由 $\tan x \sim x$，$\sin x \sim x$ 推得

$$\lim_{x \to 0} \frac{\tan x - \sin x}{x^3} = \lim_{x \to 0} \frac{x - x}{x^3} = 0$$

则为错解．因为按等价无穷小的定义，$\tan x - \sin x \sim 0$ 是错误的．事实上，无穷小 0 是任何其他无穷小的高阶无穷小．

若按例 1.6.6 方法，用和、差的极限运算法则和等价无穷小替代，推得

$$\lim_{x \to 0} \frac{\tan x - \sin x}{x^3} = \lim_{x \to 0} \frac{\tan x}{x^3} - \lim_{x \to 0} \frac{\sin x}{x^3} = \lim_{x \to 0} \frac{x}{x^3} - \lim_{x \to 0} \frac{x}{x^3} = \lim_{x \to 0} \frac{x - x}{x^3} = 0$$

也为错解．因为拆分后的极限不存在，所以不满足运用和、差的极限运算法则和等价无穷小替代定理的条件．

例 1.6.8　求 $\lim\limits_{x \to \infty} x\left[\left(1 + \dfrac{1}{x}\right)^3 - 1 \right]$.

解　令 $t = \dfrac{1}{x}$，有

$$\lim_{x \to \infty} x\left[\left(1 + \frac{1}{x}\right)^3 - 1 \right] = \lim_{x \to \infty} \frac{\left(1 + \dfrac{1}{x}\right)^3 - 1}{\dfrac{1}{x}} = \lim_{t \to 0} \frac{(1 + t)^3 - 1}{t} = \lim_{t \to 0} \frac{3t}{t} = 3$$

由于 $\lim\limits_{x \to \infty} x = \infty$，$\lim\limits_{x \to \infty} x\left[\left(1 + \dfrac{1}{x}\right)^3 - 1 \right] = 0$，故通常将这类极限形式记为 $0 \cdot \infty$．在本例中，我们将 $0 \cdot \infty$ 转化为了 $\dfrac{0}{0}$ 型未定式，因此，$0 \cdot \infty$ 是一类未定式．

习　题　1.6

1. 下列说法哪些是对的？哪些是错的？

(1) $10^{-100000}$ 是无穷小　　　　(2) 常数一定不是无穷小

(3) 10^{100000} 是无穷大　　　　　(4) 常数一定不是无穷大

(5) 无穷小是一个数　　　　　　(6) 无穷小是一个函数

(7) 两个无穷小的和、差、积、商都是无穷小

2. 下列极限结果哪些是正确的？哪些是错误的？如果错误，请写出正确结果．

(1) $\lim\limits_{x \to 0} x \sin \dfrac{1}{x} = 0$　　　　(2) $\lim\limits_{x \to \infty} x \sin \dfrac{1}{x} = 0$　　　　(3) $\lim\limits_{x \to \infty} \dfrac{1}{x} \sin \dfrac{1}{x} = 0$

(4) $\lim\limits_{x \to \infty} \dfrac{\sin x}{x} = 1$　　　　(5) $\lim\limits_{x \to 0} \dfrac{1}{x} \sin x = 0$　　　　(6) $\lim\limits_{x \to \infty} x \sin x = \infty$

(7) $\lim\limits_{x \to \infty} \left(\dfrac{\arctan x}{x} + x \sin \dfrac{1}{x} \right) = 1 + 1 = 2$

(8) $\lim\limits_{x \to 0} \left(x \arctan \dfrac{1}{x} + \dfrac{x}{\sin 2x} \right) = 0 + \dfrac{1}{2} = \dfrac{1}{2}$

3. 当 $x \to 0$ 或 $x \to 0^+$ 时，以 x 为基本无穷小量，指出下列无穷小量的阶．

(1) $\sin x^2$ (2) $\tan\sqrt{x}$ (3) $\tan x-\sin x$ (4) x^2+x

4. 利用等价无穷小替代, 求下列极限.

(1) $\lim\limits_{x\to0}\dfrac{\sin 3x}{\tan 2x}$

(2) $\lim\limits_{x\to0}\dfrac{\sin x^2}{(\sin x)^2}$

(3) $\lim\limits_{x\to0}\dfrac{\mathrm{e}^{-x^2}-1}{x\arctan x}$

(4) $\lim\limits_{x\to0}\dfrac{\sqrt[3]{1+\sin x}-1}{\ln(1+x+x^2)}$

(5) $\lim\limits_{x\to0}x^2\left(1-\cos\dfrac{1}{x}\right)$

(6) $\lim\limits_{x\to0}\dfrac{2^{\sin x}-1}{\sqrt{1+\arcsin 2x}-1}$

(7) $\lim\limits_{x\to0}\dfrac{1-\cos(1-\cos\sqrt{x})}{\ln(1-x^2)}$

(8) $\lim\limits_{x\to0}\dfrac{\mathrm{e}^{x^2}-\cos x}{(3^x-1)\sin x}$

(9) $\lim\limits_{x\to1}\dfrac{\ln x}{1-x}$

(10) $\lim\limits_{x\to0}\dfrac{1}{x}\left(\dfrac{1}{\sin x}-\dfrac{1}{\tan x}\right)$

5. 试证明等价无穷小关系: 当 $x\to0$ 时, $(1+x)^a-1\sim ax$ (a 为常数).

1.7 函 数 的 连 续 性

1.7.1 函数的连续性的概念

自然界中的很多现象, 如空气和水的流动、气温的变化、植物的生长等, 都是随时间不断变化的, 这在数学中构成了一个个函数. 而这些现象的特点是, 当时间变化很微小时, 相关量的变化也很微小, 这种特性体现在数学上, 就是所谓的函数的连续性.

为了描述函数的连续性, 先引入函数增量的概念.

定义 1.7.1 设函数 $y=f(x)$ 在点 x_0 的某一个邻域内有定义, 自变量 x 从初值 x_0 变到终值 x, 称 $x-x_0$ 为**自变量的改变量**, 记为 $\Delta x=x-x_0$. 此时, 函数 $y=f(x)$ 相应地从初值 $f(x_0)$ 变到终值 $f(x)$, 称 $f(x)-f(x_0)$ 为**函数的改变量**, 记作

$$\Delta y=f(x)-f(x_0) \text{ 或 } \Delta y=f(x_0+\Delta x)-f(x_0).$$

Δx 可能为正, 也可能为负, 但不能为零; Δy 可能为正, 可能为负, 也可能为零, 记号 Δx 或 Δy 是一个不可分割的整体记号.

定义 1.7.2 设函数 $y=f(x)$ 在点 x_0 的某一个邻域内有定义, 若

$$\lim\limits_{\Delta x\to0}\Delta y=0$$

则称函数 $y=f(x)$ 在点 x_0 处**连续**.

从几何上直观理解, 如果函数 $y=f(x)$ 在点 x_0 的某一个邻域内有定义, 当 x 在 x_0 处取得微小增量 Δx 时, 函数 $y=f(x)$ 对应的增量 Δy 也很微小, 且 Δx 趋于零时, Δy 也趋于零, 则函数 $y=f(x)$ 在点 x_0 处连续, 如图 1.7.1 所示.

如果当 Δx 趋于零时, 函数 $y=f(x)$ 对应的增量 Δy 不趋于零, 则函数 $y=f(x)$ 在点 x_0 处间断, 即不连续, 如图 1.7.2 所示.

在定义 1.7.2 中, 记 $x=x_0+\Delta x$, 则当 $x_0\to0$ 时, $x\to x_0$, 此时

$$\Delta y=f(x_0+\Delta x)-f(x_0)=f(x)-f(x_0)$$

于是

$$\lim\limits_{\Delta x\to0}\Delta y=\lim\limits_{x\to x_0}[f(x)-f(x_0)]=0$$

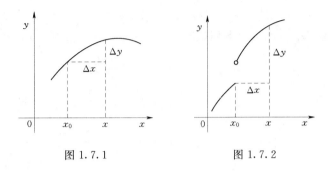

图 1. 7. 1   图 1. 7. 2

定义 1. 7. 2 公式可写为 $\lim\limits_{x \to x_0} f(x) = f(x_0)$

因而，函数在点 x_0 处连续又可叙述为

定义 1. 7. 2$'$ 设函数 $y = f(x)$ 在点 x_0 的某一个邻域内有定义，若

$$\lim\limits_{x \to x_0} f(x) = f(x_0)$$

则称函数 $y = f(x)$ 在点 x_0 处**连续**.

可见，函数 $y = f(x)$ 若在点 x_0 处连续，则在点 x_0 处极限存在.

极限式 $\lim\limits_{x \to x_0} f(x) = f(x_0)$ 表示 $\lim\limits_{x \to x_0^-} f(x) = \lim\limits_{x \to x_0^+} f(x) = f(x_0)$. 如果 $f(x_0 - 0) = \lim\limits_{x \to x_0^-} f(x) = f(x_0)$，称函数 $f(x)$ 在点 x_0 处**左连续**. 如果 $f(x_0 + 0) = \lim\limits_{x \to x_0^+} f(x) = f(x_0)$，称函数 $f(x)$ 在点 x_0 处**右连续**.

在区间上每一点都连续的函数，称为**在该区间上的连续函数**，或者说**函数在该区间上连续**，如果区间包括端点，那么，函数在右端点连续是指左连续，在左端点连续是指右连续.

函数 $f(x)$ 在开区间 (a, b) 内连续是指 $f(x)$ 在 (a, b) 内每一点都连续. 函数 $f(x)$ 在闭区间 $[a, b]$ 上连续是指 $f(x)$ 在开区间 (a, b) 内连续，且在左端点 a 右连续，在右端点 b 左连续.

若函数 $f(x)$ 在其定义域内连续，则称函数 $f(x)$ 为连续函数. 连续函数的图形是一条连续而不间断的曲线.

例 1. 7. 1 确定常数 a，使函数 $f(x) = \begin{cases} \dfrac{1 - \cos x}{x^2} & (x \neq 0) \\ a & (x = 0) \end{cases}$ 在 $x = 0$ 处连续.

解 因为

$$\lim\limits_{x \to 0} f(x) = \lim\limits_{x \to 0} \frac{1 - \cos x}{x^2} = \lim\limits_{x \to 0} \frac{x^2}{2x^2} = \frac{1}{2}, f(0) = a$$

所以由定义 1. 7. 2 知，当 $a = \dfrac{1}{2}$ 时，函数 $f(x)$ 在 $x = 0$ 处连续.

1. 7. 2 函数的间断点及分类

设函数 $f(x)$ 在点 x_0 的某个去心邻域内有定义，如果 x_0 不是函数 $f(x)$ 的连续点，就称 x_0 是 $f(x)$ 的**间断点**或**不连续点**.

由函数 $f(x)$ 在点 x_0 处连续的定义 1. 7. 2$'$ 可知，函数 $f(x)$ 在点 x_0 处连续（如图

1.7.3 所示）必须满足下列三个条件：

(1) $f(x)$ 在点 x_0 处有定义，即 $f(x_0)$ 有确定的值。

(2) $\lim\limits_{x \to x_0} f(x)$ 存在，即 $f(x_0-0)=f(x_0+0)$.

(3) $\lim\limits_{x \to x_0} f(x)=f(x_0)$，即 $f(x_0-0)=f(x_0+0)=f(x_0)$.

进一步讨论，如果 x_0 是 $f(x)$ 的间断点，那么无非是下列几种情形之一：

(1) $\lim\limits_{x \to x_0} f(x)$ 存在，即 $f(x_0-0)=f(x_0+0)$.

1) $f(x)$ 在点 x_0 处无定义.

2) $f(x)$ 在点 x_0 处有定义，但 $\lim\limits_{x \to x_0} f(x) \neq f(x_0)$.

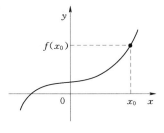

图 1.7.3

(2) $\lim\limits_{x \to x_0} f(x)$ 不存在.

1) $f(x_0-0)$，$f(x_0+0)$ 都存在，但 $f(x_0-0) \neq f(x_0+0)$.

2) $f(x_0-0)$ 与 $f(x_0+0)$ 中至少有一个不存在.

函数的间断点分为以下两类：

第一类间断点 设点 x_0 为 $f(x)$ 的间断点，但左极限 $f(x_0-0)$ 及右极限 $f(x_0+0)$ 都存在，则称 x_0 为 $f(x)$ 的第一类间断点.

(1) 若 $f(x_0-0)=f(x_0+0)$，则称 x_0 为 $f(x)$ 的**可去间断点**，即凡符合情形（1）的间断点（如图 1.7.4 和图 1.7.5 所示）.

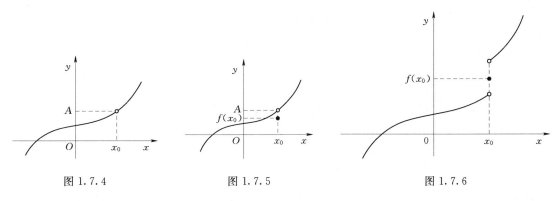

图 1.7.4　　　　　　图 1.7.5　　　　　　图 1.7.6

(2) 若 $f(x_0-0) \neq f(x_0+0)$，则称 x_0 为 $f(x)$ 的**跳跃间断点**，即凡符合情形（2）第 1) 种情况的间断点（如图 1.7.6 所示）.

第二类间断点 如果 $f(x)$ 在点 x_0 处的左极限 $f(x_0-0)$ 与右极限 $f(x_0+0)$ 中至少有一个不存在，则称点 x_0 为函数 $f(x)$ 的第二类间断点，即凡符合情形（2）第 2) 种情况的间断点.

例 1.7.2 设函数 $f(x)=\begin{cases} \dfrac{1-x^2}{1+x} & (x \neq -1) \\ 0 & (x=-1) \end{cases}$，讨论 $f(x)$ 在 $x=-1$ 处的连续性，若间断，指出其间断点的类型.

37

解　因为 $\lim\limits_{x\to-1}f(x)=\lim\limits_{x\to-1}\dfrac{1-x^2}{1+x}=\lim\limits_{x\to-1}(1-x)=2$，而 $f(-1)=0$，故

$$\lim\limits_{x\to-1}f(x)\neq f(-1)$$

所以，$f(x)$ 在 $x=-1$ 处不连续，且 $x=-1$ 是 $f(x)$ 的可去间断点（如图 1.7.7 所示）.

如果改变函数 $f(x)$ 在 $x=-1$ 处的定义：令 $f(-1)=2$，则 $f(x)$ 在 $x=-1$ 处连续.

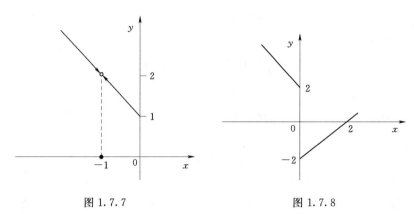

图 1.7.7　　　　　　　　　　图 1.7.8

例 1.7.3　讨论函数 $f(x)=\begin{cases}2-x & (x<0)\\ x-2 & (x\geqslant0)\end{cases}$ 在 $x=0$ 处的连续性，若间断，指出其间断点的类型.

解　因为 $f(0-0)=\lim\limits_{x\to 0^-}(2-x)=2$，$f(0+0)=\lim\limits_{x\to 0^+}(x-2)=-2$，故

$$f(0-0)\neq f(0+0)$$

所以，$f(x)$ 在 $x=0$ 处不连续，且 $x=0$ 是 $f(x)$ 的跳跃间断点，如图 1.7.8 所示.

例 1.7.4　正切函数 $y=\tan x$ 在点 $\dfrac{\pi}{2}$ 处无定义，且因为

$$\lim\limits_{x\to\frac{\pi}{2}}\tan x=\infty$$

所以，$x=\dfrac{\pi}{2}$ 是函数 $y=\tan x$ 的第二类间断点，我们称 $x=\dfrac{\pi}{2}$ 为 $y=\tan x$ 的**无穷间断点**，如图 1.7.9 所示.

例 1.7.5　函数 $y=\sin\dfrac{1}{x}$ 在点 $x=0$ 处无定义，$\lim\limits_{x\to 0}\sin\dfrac{1}{x}$ 不存在，所以，$x=0$ 是函数 $y=\sin\dfrac{1}{x}$ 的第二类间断点.

由于当 $x\to0$ 时，$\sin\dfrac{1}{x}$ 的函数值在 -1 与 1 之间变动无限多次，我们称 $x=0$ 为 $y=\sin\dfrac{1}{x}$ 的振荡间断点，如图 1.7.10 所示.

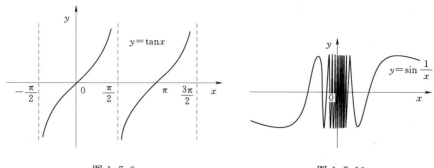

图 1.7.9 　　　　　　　　　　　　　　图 1.7.10

例 1.7.6　$x=-1$ 与 $x=2$ 是函数 $f(x)=\dfrac{x^2+2x-8}{x^2-x-2}$ 的间断点，判断其类型.

解　$f(x)=\dfrac{x^2+2x-8}{x^2-x-2}=\dfrac{(x+4)(x-2)}{(x+1)(x-2)}$，由于

$$\lim_{x\to-1}f(x)=\lim_{x\to-1}\frac{(x+4)(x-2)}{(x+1)(x-2)}=\lim_{x\to-1}\frac{x+4}{x+1}=\infty$$

因此，$x=-1$ 是函数 $f(x)$ 的无穷间断点. 由于

$$\lim_{x\to2}f(x)=\lim_{x\to2}\frac{(x+4)(x-2)}{(x+1)(x-2)}=\lim_{x\to2}\frac{x+4}{x+1}=2$$

因此，$x=2$ 是函数 $f(x)$ 的可去间断点.

如果补充定义，令 $f(2)=2$，则函数 $f(x)$ 在 $x=2$ 处连续.

1.7.3　初等函数的连续性

定理 1.7.1　基本初等函数在其定义域内是连续的.

由连续的定义不难证明.

定理 1.7.2（连续函数和、差、积、商的连续性）　设函数 $f(x)$ 和 $g(x)$ 在点 x_0 处连续，则它们的和（差）$f(x)\pm g(x)$、积 $f(x)g(x)$ 及商 $\dfrac{f(x)}{g(x)}$ $\left[g(x)\neq0\right]$ 也都在点 x_0 处连续.

由函数极限的四则运算法则即可证明.

定理 1.7.3　设 $\lim\limits_{x\to x_0}\varphi(x)=u_0$，函数 $f(u)$ 在 $u=u_0$ 处连续，则

$$\lim_{x\to x_0}f[\varphi(x)]=\lim_{u\to u_0}f(u)=f(u_0)$$

上式表明，在定理 1.7.3 的条件下，如果作代换 $u=\varphi(x)$，那么求 $\lim\limits_{x\to x_0}f[\varphi(x)]$ 就化为求 $f(u_0)$，这里 $u_0=\lim\limits_{x\to x_0}\varphi(x)$.

上式又可以写为

$$\lim_{x\to x_0}f[\varphi(x)]=f\Big[\lim_{x\to x_0}\varphi(x)\Big]$$

上式表明，在定理 1.7.3 的条件下，求复合函数 $f[\varphi(x)]$ 的极限时，函数符号 f 与极限 $\lim\limits_{x\to x_0}$ 可以交换次序.

把定理 1.7.3 中的 $x\to x_0$ 换成 $x\to\infty$，可得类似结论.

例 1.7.7　求 $\lim\limits_{x \to x_0} \dfrac{\ln(1+x)}{x}$.

解　$\lim\limits_{x \to 0} \dfrac{\ln(1+x)}{x} = \lim\limits_{x \to 0} \ln(1+x)^{\frac{1}{x}} = \ln\left[\lim\limits_{x \to 0}(1+x)^{\frac{1}{x}}\right] = \ln e = 1$

在定理 1.7.3 中，将条件 $\lim\limits_{x \to x_0} \varphi(x) = u_0$ 换为 $\lim\limits_{x \to x_0} \varphi(x) = \varphi(x_0)$，则可得下列结论：

定理 1.7.4（连续函数的复合函数的连续性）　设函数 $y = f[\varphi(x)]$ 由 $y = f(u)$ 与 $u = \varphi(x)$ 复合而成，若函数 $u = \varphi(x)$ 在点 x_0 处连续，且函数 $y = f(u)$ 在点 $u_0 = \varphi(x_0)$ 处连续，则复合函数 $y = f[\varphi(x)]$ 在点 x_0 处连续.

于是，由初等函数的定义及定理 1.7.1、定理 1.7.2、定理 1.7.4 即得.

定理 1.7.5　一切初等函数在其定义区间内都是连续的.

这里的定义区间，是指包含在定义域内的区间.

定理 1.7.5 提供了求极限的一个方法. 若 $f(x)$ 是初等函数，且 x_0 是 $f(x)$ 的定义区间内的点，则

$$\lim_{x \to x_0} f(x) = f(x_0)$$

这样，对初等函数来说，将极限运算问题转化为求函数值 $f(x_0)$ 的问题.

例 1.7.8　求 $\lim\limits_{x \to x_0} \dfrac{e^{x^2}\cos x}{\arcsin(1+x)}$.

解　$\lim\limits_{x \to x_0} \dfrac{e^{x^2}\cos x}{\arcsin(1+x)} = \dfrac{e^0 \cos 0}{\arcsin 1} = \dfrac{1}{\frac{\pi}{2}} = \dfrac{2}{\pi}$

由于幂指函数 $u(x)^{v(x)}\left[u(x) > 0, u(x) \neq 1\right]$ 可化为复合函数

$$u(x)^{v(x)} = e^{v(x)\ln u(x)}$$

若 $\lim u(x) = a > 0$，$\lim v(x) = b$，则

$$\lim u(x)^{v(x)} = \lim e^{v(x)\ln u(x)} = e^{\lim v(x)\ln u(x)} = e^{b\ln a} = a^b$$

即有

$$\lim u(x)^{v(x)} = \lim u(x)^{\lim v(x)}$$

例 1.7.9　求 $\lim\limits_{x \to 1}(x^2 + 2^x)^{2x}$.

解　$\lim\limits_{x \to 1}(x^2 + 2^x)^{2x} = \lim\limits_{x \to 1}(x^2 + 2^x)^{\lim\limits_{x \to 1} 2x} = 3^2 = 9$

例 1.7.10　求 $\lim\limits_{x \to 0^+}(\cos\sqrt{x})^{\frac{\pi}{x}}$.

解　这是 1^∞ 型未定式.

$$
\begin{aligned}
\lim_{x \to 0^+}(\cos\sqrt{x})^{\frac{\pi}{x}} &= \lim_{x \to 0^+}\left[1 + (\cos\sqrt{x} - 1)\right]^{\frac{1}{\cos\sqrt{x}-1} \cdot \frac{\pi(\cos\sqrt{x}-1)}{x}} \\
&= \lim_{x \to 0^+}\left[1 + (\cos\sqrt{x} - 1)\right]^{\frac{1}{\cos\sqrt{x}-1} \cdot \lim\limits_{x \to 0^+}\frac{\pi(\cos\sqrt{x}-1)}{x}} \\
&= e^{\pi \lim\limits_{x \to 0^+}\frac{-\frac{x}{2}}{x}} = e^{-\frac{\pi}{2}}
\end{aligned}
$$

1.7.4　闭区间上连续函数的性质

闭区间上的连续函数有一些重要性质，它们常常作为分析问题的理论依据，由于证明涉及实数理论，故略去证明，而借助几何来直观理解.

先说明最大值和最小值的概念. 对于在区间 I 上有定义的函数 $f(x)$，如果有 $x_0 \in I$，

使得对于任一 $x \in I$ 都有

$$f(x) \leqslant f(x_0) \quad [f(x) \geqslant f(x_0)]$$

则称 $f(x_0)$ 是函数 $f(x)$ 在区间 I 上的**最大值**（最小值）.

定理 1.7.6（最大值最小值定理） 在闭区间上连续的函数在该区间上一定有最大值和最小值.

定理 1.7.6 表明：若函数 $f(x)$ 在闭区间 $[a, b]$ 上连续，则至少存在一点 $\xi_1 \in [a, b]$，使 $f(\xi_1)$ 是 $f(x)$ 在 $[a, b]$ 上的最大值；又至少存在一点 $\xi_2 \in [a, b]$，使 $f(\xi_2)$ 是 $f(x)$ 在 $[a, b]$ 上的最小值，如图 1.7.11 所示，即

$$f(\xi_1) = \max_{x \in [a,b]} f(x), f(\xi_2) = \min_{x \in [a,b]} f(x)$$

当定理中的条件"闭区间"或"连续"不满足时，定理的结论可能不成立.

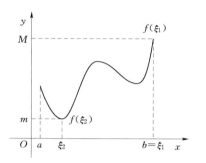

图 1.7.11

例如，函数 $f(x) = \dfrac{1}{x}$ 在开区间 $(1, 2)$ 内连续，在 $(1, 2)$ 内既无最大值又无最小值. 该函数在闭区间 $[-1, 1]$ 上有间断点 $x = 0$，在 $[-1, 1]$ 上既无最大值又无最小值.

由定理 1.7.6 可知，在闭区间上连续的函数在该区间上有界.

若 $f(x_0) = 0$，则称 x_0 为函数 $f(x)$ 的**零点**.

定理 1.7.7（零点定理） 设函数 $f(x)$ 在闭区间 $[a, b]$ 上连续，且 $f(a)$ 与 $f(b)$ 异号 [即 $f(a) \cdot f(b) < 0$]，则在开区间 (a, b) 内至少有函数 $f(x)$ 的一个零点，即至少存在一点 $\xi \in (a, b)$，使

$$f(\xi) = 0$$

定理 1.7.7 表明：如果连续曲线 $y = f(x)$ 的两个端点位于 x 轴的不同侧，那么这段曲线与 x 轴至少有一个交点，如图 1.7.12 所示.

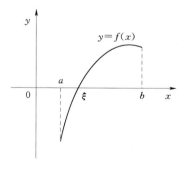

图 1.7.12

由于 $f(x)$ 的零点 x_0 就是满足方程 $f(x) = 0$ 的实根，因此，零点定理也称**方程实根的存在性定理**.

定理 1.7.8（介值定理） 设函数 $f(x)$ 在闭区间 $[a, b]$ 上连续，且在端点取不同的函数值

$$f(a) = A \ \text{及} \ f(a) = B$$

那么，对于 A 与 B 之间的任意一个数 C，在开区间 (a, b) 内至少有一点 ξ，使得

$$f(\xi) = C, \xi \in (a, b)$$

定理 1.7.8 表明：连续曲线 $y = f(x)$ 与水平直线 $y = C$ 至少相交于一点. 如图 1.7.13 所示，在闭区间 $[a, b]$ 上连续的曲线 $y = f(x)$ 与直线 $y = C$ 有三个交点 ξ_1，ξ_2，ξ_3，即

$$f(\xi_1) = f(\xi_2) = f(\xi_3) = C, \ \xi_1, \xi_2, \xi_3 \in (a, b)$$

推论 在闭区间上连续的函数必取得介于最大值 M 与最小值 m 之间的任何值.

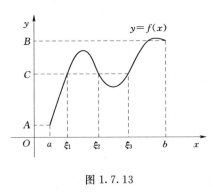

图 1.7.13

例 1.7.11 证明方程 $x^5 - 3x + 1 = 0$ 在区间 $(0，1)$ 内至少有一个实根.

证 设 $f(x) = x^5 - 3x + 1$，则 $f(x)$ 在闭区间 $[0，1]$ 上连接，又

$$f(0) = 1 > 0, f(1) = -1 < 0$$

得 $$f(0)f(1) < 0$$

由零点定理，在 $(0，1)$ 内至少有一点 ξ，使得

$$f(\xi) = 0$$

即 $$\xi^5 - 3\xi + 1 = 0, \xi \in (0,1)$$

因此，方程 $x^5 - 3x + 1 = 0$ 在 $(0，1)$ 内至少有一个实根 ξ.

例 1.7.12 设 $f(x)$ 在闭区间 $[0，1]$ 上连接，且 $f(0) = 1$，$f(1) = 0$. 试证明：至少存在一点 $\xi \in (0，1)$，使得 $f(\xi) = \xi$ [ξ 称为函数 $f(x)$ 的**不动点**].

证 构造辅助函数 $F(x) = f(x) - x$，则 $F(x)$ 在 $[0，1]$ 上连续，且

$$F(0) = f(0) - 0 = 1 > 0, F(1) = f(1) - 1 = -1 < 0$$

由零点定理，存在 $\xi \in (0，1)$，使

$$F(\xi) = f(\xi) - \xi = 0, 即 \ f(\xi) = \xi$$

习 题 1.7

1. 设 $f(x)$ 的图形如图 1.7.14 所示，试指出 $f(x)$ 的全部间断点及间断点的类型，并对可去间断点补充或改变函数值的定义，使它成为连续点.

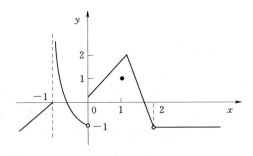

图 1.7.14

2. 试确定常数 a 和 b，使下列函数在 $x = 0$ 点处连续.

(1) $f(x) = \begin{cases} (1-2x)^{\frac{1}{x}} & (x \neq 0) \\ a & (x = 0) \end{cases}$

(2) $f(x) = \begin{cases} \mathrm{e}^{\frac{1}{x}} & (x < 0) \\ x + a & (x \geqslant 0) \end{cases}$

(3) $f(x) = \begin{cases} \dfrac{\arcsin x}{x} & (x < 0) \\ a - a^x & (x \geqslant 0) \end{cases}$

(4) $f(x) = \begin{cases} \dfrac{\ln(1-2x)}{ax} & (x < 0) \\ 2 & (x = 0) \\ \dfrac{\sin bx}{\mathrm{e}^x - 1} & (x > 0) \end{cases}$

3. 指出下列函数的间断点的类型.

(1) $f(x)=\begin{cases}x-1 & (x\leqslant1)\\3-2x^2 & (x>1)\end{cases}$, $x=0$ (2) $f(x)=\dfrac{x^2-1}{x^2-3x+2}$, $x=1$, $x=2$

(3) $f(x)=\arctan\dfrac{1}{x-3}$, $x=3$ (4) $f(x)=\cos\dfrac{1}{x^2}$, $x=0$

4. 研究下列函数的连续性, 并画出函数的图形.

(1) $f(x)=\begin{cases}x & (0\leqslant x\leqslant1)\\2-x & (1<x\leqslant2)\end{cases}$ (2) $f(x)=\begin{cases}-1 & (x<-1)\\x^2 & (-1\leqslant x\leqslant1)\\1 & (x>1)\end{cases}$

5. 求函数 $f(x)=\dfrac{x^3+3x^2-x-3}{x^2+x-6}$ 的连续区间, 并求极限 $\lim\limits_{x\to0}f(x)$, $\lim\limits_{x\to-3}f(x)$ 及 $\lim\limits_{x\to2}f(x)$.

6. 求下列极限.

(1) $\lim\limits_{x\to0}\sqrt{x^2-2x+3}$ (2) $\lim\limits_{x\to0}\left(\dfrac{\sin x}{x}\right)^{100}$

(3) $\lim\limits_{x\to+\infty}\sqrt{2\pi\arctan x}$ (4) $\lim\limits_{x\to0}(1+2\tan^2x)^{\frac{1}{x\sin x}}$

(5) $\lim\limits_{x\to+\infty}\arcsin(\sqrt{x^0+x}-x)$ (6) $\lim\limits_{x\to0}(\cos x+\sin x)^{\frac{1}{x}}$

7. 试证:

(1) 方程 $x^3-5x+1=0$ 在区间 $(1,3)$ 内至少有一实根.

(2) 方程 $\ln x-x+2=0$ 在区间 $(1, e^2)$ 内至少有一实根.

总 习 题 一

一、选择题

1. 下列结论正确的是 (　　).

(A) 若 $\lim f(x)$ 和 $\lim f(x)g(x)$ 都存在, 则 $\lim g(x)$ 一定存在

(B) 若 $\lim f(x)=\lim g(x)$, 则 $\lim\dfrac{f(x)}{g(x)}=1$

(C) 若 $\lim f(x)=A$, $\lim g(x)=B$, 则 $\lim\dfrac{f(x)}{g(x)}=\dfrac{A}{B}$

(D) 若 $\lim[f(x)+g(x)]$ 存在, 且 $\lim f(x)$ 不存在, 则 $\lim g(x)$ 不存在

2. 若 $\lim f(x)=+\infty$, $\lim g(x)=+\infty$, 则必有 (　　).

(A) $\lim[f(x)-g(x)]=0$ (B) $\lim\dfrac{f(x)}{g(x)}=1$

(C) $\lim af(x)=\infty$ (D) $\lim\dfrac{1}{f(x)+g(x)}=0$

3. 若 $\lim\limits_{x\to0}\dfrac{x^k\sin\dfrac{1}{x}}{\sin x^2}=0$, 则 (　　).

(A) $k>0$　　　　(B) $k\geqslant1$　　　　(C) $k<2$　　　　(D) $k>2$

4. 当 $x\to0$ 时，无穷小量 $\sqrt{4+x}-2$ 是 $\sqrt{9+x}-3$ 的（　　）无穷小。

(A) 高阶　　　　(B) 低阶　　　　(C) 等价　　　　(D) 同阶不等价

5. 设 $f(x)=\begin{cases}\mathrm{e}^{\frac{1}{x-1}} & (x>0)\\ \ln(1+x) & (-1<x\leqslant0)\end{cases}$，则 $x=0$ 是函数 $f(x)$ 的（　　）.

(A) 连续点　　(B) 跳跃间断点　　(C) 可去间断点　　(D) 无穷间断点

6. 下列命题正确的是（　　）.

(A) 若 $f(x)$ 在 $[a,b]$ 上有界，则 $f(x)$ 在 $[a,b]$ 上连续

(B) 若 $f(x)$ 在 $[a,b]$ 上有最大值，则 $f(x)$ 在 $[a,b]$ 上连续

(C) 若 $f(x)$ 在 $[a,b]$ 上无界，则 $f(x)$ 在 $[a,b]$ 上不连续

(D) 若 $f(x)$ 在 (a,b) 上连续，则 $f(x)$ 在 (a,b) 上有最大值

二、填空题

1. 若 $\lim\limits_{n\to\infty}x_n=a$，则 $\lim\limits_{n\to\infty}|x_n|=$ ＿＿＿＿．若 $\lim\limits_{n\to\infty}|x_n|=b$，则 $\lim\limits_{n\to\infty}x_n=$ ＿＿＿＿．

2. 若 $\lim\limits_{n\to\infty}\dfrac{an^3+bn^2+2}{2n^2+2n-10}=1$，则 $a=$ ＿＿＿＿，$b=$ ＿＿＿＿．

3. 当 $k=$ ＿＿＿＿时，极限 $\lim\limits_{x\to\infty}\left(1+\dfrac{k}{x}\right)^{x+1}=\sqrt{\mathrm{e}}$.

4. 若 $\lim\limits_{x\to\infty}\dfrac{(x-1)(x-2)(x-3)(x-4)(x-5)}{(3x-1)^\alpha}=\beta\neq0$，则 $\alpha=$ ＿＿＿；$\beta=$ ＿＿＿．

5. 已知 $\lim\limits_{x\to\infty}\left(\dfrac{x^2+2x}{x+1}-x+a\right)=0$，则 $a=$ ＿＿＿＿．

6. 设函数 $f(x)=\begin{cases}\dfrac{\sin2x^2-\sin3x^2}{x^2} & (x\neq0)\\ A & (x=0)\end{cases}$ 在 $x=0$ 处连续，则 $A=$ ＿＿＿＿．

7. 设函数 $f(x)$ 在 $x=1$ 处连续，且 $\lim\limits_{x\to1}\dfrac{f(x)+2}{x-1}=3$，则 $f(1)=$ ＿＿＿＿．

8. 当 $x\to\infty$时，若 $\dfrac{1}{ax^2+bx+c}\sim\dfrac{1}{x+1}$，则 $a=$ ＿＿＿＿，$b=$ ＿＿＿＿．

三、计算题

1. $\lim\limits_{x\to1}\dfrac{\sin(\sqrt{x}-1)}{x-1}$

2. 设 $\lim\limits_{x\to\infty}\left(\dfrac{x+2a}{x-a}\right)^x=8$，求常数 a.

3. $\lim\limits_{n\to\infty}n^3\sin\dfrac{\sqrt{x}}{n^3}$

4. $\lim\limits_{x\to\infty}\dfrac{2x+1}{3x^2+3}(4-\cos x)$

5. 设 $a_1>0$，$a_{n+1}=\dfrac{1}{2}\left(a_n+\dfrac{1}{a_n}\right)$，利用单调有界数列必收敛准则，证明数列 $\{a_n\}$ 收敛，并求 $\lim\limits_{n\to\infty}a_n$.

6. 设函数 $f(x)$ 在 $[a，b]$ 上连续，且 $f(a)<a,f(b)>b$. 证明在 $(a，b)$ 内至少有一点 ξ，使得 $f(\xi)=\xi$.

函 数 漫 谈

课本中的字斟句酌的叙述，未能表现出创造过程中的斗争、挫折，以及在建立一个可观的结构之前，数学家所经历的艰苦漫长的道路. 学生一旦认识到这一点，他将不仅获得真知灼见，还将获得顽强地追求他所攻问题的勇气，并且不会因为他自己的工作并非完美无缺而感到沮丧. 实在说，叙述数学家如何跌跤，如何在迷雾中摸索前进，并且如何零零碎碎地得到他们的成果，应能使搞科研工作的任一新手鼓起勇气.

——**M·克莱因**

函数概念是数学中最基本的概念之一，但它不像算术产生于远古时代，它的产生非常晚，至今只有三百余年的历史.

1. 几何观念下的函数

公元 16 世纪之前，数学上占统治地位的是常量数学，其特点是用孤立、静止的观点去研究事物. 具体的函数在数学中比比皆是，但是没有一般的函数概念.

17 世纪，随着数学研究从常量数学转向变量数学，人们越来越感到需要一个能准确表示各种量之间关系的数学概念. 笛卡尔（Descartes，法，1596—1650）在《几何学》一文中首先引入变量思想，这便是函数概念的萌芽. 但当时尚未意识到要提炼函数的概念.17 世纪中叶，莱布尼茨（Leibniz，德，1646—1716）最先使用 function（函数）一词来表示变数 x 的幂 x、x^2 等，函数成了幂的同义词，所以实际上函数就是指多项式. 这也是我们至今看来仍是最简单的一种函数. 他之后用该词表示曲线上点的坐标、切线长等几何量. 牛顿（Newton，英，1642—1727）在微积分的讨论中，使用另一个名词"流量"来表示变量之间的关系. 这些函数都是具体的，并且和曲线紧密联系在一起. 至此，还没有函数的一般定义.

2. 代数观念下的函数

18 世纪初，约翰·伯努利（Johann Bernoulli，瑞士，1667—1748）在莱布尼茨函数概念的基础上给函数一个抽象的不用几何形式的定义："一个变量的函数是指由这个变量和常数以任一形式所构成的量." 最先摆脱了具体的初等函数的束缚，伯努利强调的是函数要用公式来表示. 欧拉（Euler，瑞士，1707—1783）则更明确地说："一个变量的函数是由这个变量和常数以任何方式组成的解析表达式." 他把约翰·伯努利给出的函数定义称为解析函数，并进一步把它区分为代数函数和超越函数.

1734 年，欧拉给出了沿用至今的函数符号 $y=f(x)$，其中的"f"取自"function"

的第一个字母.

此时的函数被理解为变量 x 和常数经由算术运算、三角运算、指数运算及对数运算等联结而成的表达式. 实际上这充其量构成了我们今天所指的初等函数, 因而, 今天看来这仍然是十分狭窄的概念. 这种概念就是将函数与一个解析表达式联系起来, 一个解析表达式就是一个函数, 反之亦然.

3. 对应关系下的函数

19 世纪, 傅里叶 (Fourier, 法, 1768—1830) 在他的名著《热的解析理论》中说: "通常, 函数表示相接的一组值或纵坐标, 它们中的每一个都是任意的……我们不用假定这些纵坐标服从一个共同规律; 他们以任何方式一个挨着一个……" 他用多个解析式表达了一个由不连续的 "线" 所给出的函数, 终结了函数概念仅能由一个解析式表达的传统观点, 把对函数的认识推入了一个新的层次. 随后, 柯西 (Cauchy, 法, 1789—1857) 从定义变量开始给出了函数的定义: "在某些变数间存在着一定的关系, 当一经给定其中某一变数的值, 其他变数的值也可随之而确定时, 将最初的变数称之为自变量, 其他各变数则称为函数." 在柯西定义中, 首次出现了自变量一词. 柯西认为函数不一定要有解析表达式, 但同时认为函数关系可用多个解析式来表达, 这使函数概念受到了很大的局限, 突破这一局限的是狄利克雷 (Dirichlet, 德, 1805—1859). 狄利克雷认为怎样去建立 x 与 y 之间的关系无关紧要, 他拓广了函数概念, 指出: "对于在某区间上的每一个确定的 x 值, y 都有一个或多个确定的值, 那么 y 叫做 x 的函数." 这个定义已很接近中学课本的函数定义 (多值函数除外). 狄利克雷为此还构造了一个以他的名字命名的著名的函数 (狄利克雷函数).

$$D(x) = \begin{cases} 1, & x \text{ 是有理数} \\ 0, & x \text{ 是无理数} \end{cases}$$

狄利克雷函数 $D(x)$ 被认为从两个方面突破了在函数概念上的固有观念, 一个是关于函数必然与解析式相联系的观念, 另一个是函数基本上是连续的 (甚至是可微的), 例外情形充其量是少数几个点的观念. 因为狄利克雷函数在任意一点都不连续. 不过, 仅以狄利克雷函数为例来说明函数与解析式没有必然关联却是有问题的, 因为人们后来发现了它的如下表达式:

$$D(x) = \lim_{m \to \infty} \left[\lim_{n \to \infty} (\cos m! \ \pi x)^{2n} \right]$$

但是狄利克雷关于函数的一般观念并没有问题.

至今, 我们已可以说, 函数概念、函数的本质定义已经形成, 这就是函数的经典定义.

4. 集合论下的函数

20 世纪, 待康托尔 (Cantor, 德, 1845—1918) 创立的集合论在数学中占有重要地位之后, 产生了函数的现代定义: "若对集合 M 的任意元素 x, 总有集合 N 确定的元素 y 与之对应, 则称在集合 M 上定义了一个函数, 记为 $y = f(x)$. 元素 x 称为自变量, 元素 y 称为因变量." 函数的现代定义与经典定义从形式上看虽然相差无几, 却是概念上的重大发展. 在这个定义中, M 和 N 不一定是数的集合, 强调函数是集合之间的一个映射. 数学的发展是无止境的, 函数现代定义的形式并不意味着函数概念发展的历史的终结, 近二十年来，数学家们又把函数归结为一种更广泛的概念——"关系"．在"关系"这个函数定义中，在形式上回避了"对应"的术语，全部使用集合论的语言了．

函数概念的演变过程，就是一个函数内涵不断被挖掘、丰富和精确刻画的历史过程．同时看出数学概念并非生来就有，一成不变，而是人们在对客观世界深入了解过程中得到，并不断加以发展的，从而适应新的需要．

第 2 章 导 数 与 微 分

微分学是微积分的重要组成部分，在自然科学和社会科学领域中有着广泛的应用．本章从实际问题出发，引出导数概念以及与它密切相关的微分概念，并借助极限运算得出导数和微分的计算公式与运算法则．

2.1 导 数 概 念

2.1.1 引例

导数概念与其他的数学概念一样，最初源于人类的社会实践．解决实际问题时，在建立了变量之间的函数关系之后，常常需要进一步研究因变量相对于自变量的变化快慢的程度．例如，变速直线运动的速度，曲线切线的斜率，国民经济增长速度等问题．

1. 变速直线运动的瞬时速度

设一物体做直线运动，时刻 t 物体所在的位置为 $s(t)$，求物体在某一时刻 t_0 的瞬时速度．

为求时刻 t_0 的瞬时速度，可以先考虑 t_0 附近很短一段时间内运动速度的情况．任取接近 t_0 时刻 $t_0+\Delta t$，在 t_0 到 $t_0+\Delta t$ 这一段时间内，质点经过的路程为

$$\Delta s = f(t_0+\Delta t) - f(t_0)$$

而在这段时间内的平均速度为

$$\overline{v} = \frac{f(t_0+\Delta t) - f(t_0)}{\Delta t}$$

当时间间隔 Δt 很小时，在实践中可以用 $\overline{v}$ 近似地说明质点在时刻 t_0 的速度，但对于质点在时刻 t_0 的速度的精确概念来说，这样做是不够的．只有当 $\Delta t \to 0$ 时，若 $\lim\limits_{\Delta t \to 0} \frac{\Delta s}{\Delta t}$ 存在，将此极限称为物体在时刻 t_0 的瞬时速度，即

$$v(t_0) = \lim_{\Delta t \to 0} \frac{f(t_0+\Delta t) - f(t_0)}{\Delta t}$$

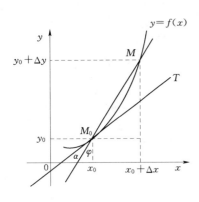

图 2.1.1

2. 平面曲线切线的斜率

设平面曲线 $y=f(x)$ 的图形如图 2.1.1 所示．点 $M_0(x_0, y_0)$ 为曲线上一定点，在曲线上另取一动点 M $(x_0+\Delta x, y_0+\Delta y)$，连接点 M_0 和点 M 的直线 M_0M 称为曲线的割线，易知此割线的斜率为

$$\tan\varphi=\frac{\Delta y}{\Delta x}=\frac{f(x_0+\Delta x)-f(x_0)}{\Delta x}$$

当动点 M 沿曲线趋于定点 M_0 时，割线 M_0M 也随之变动，若割线 M_0M 存在极限位置 M_0T（$\Delta x\to 0$），则称此直线 M_0T 为曲线在点 $M_0(x_0，y_0)$ 处的**切线**. 此时，倾角 φ 趋向于切线 M_0T 的倾角 α. 于是，曲线 $y=f(x)$ 在 $M_0(x_0，y_0)$ 处的切线斜率为

$$\tan\alpha=\lim_{\varphi\to\alpha}\tan\varphi=\lim_{\Delta x\to 0}\frac{\Delta y}{\Delta x}=\lim_{\Delta x\to 0}\frac{f(x_0+\Delta x)-f(x_0)}{\Delta x}$$

3. 产品总成本的变化率

设某产品的总成本 TC 是产量 Q 的函数，即 $TC=TC(Q)$，求产量为 Q_0 时的总成本的变化率.

如果给产量一个改变量 ΔQ，当产量由 Q_0 变化到 $Q_0+\Delta Q$ 时，总成本相应的改变量为

$$\Delta TC=TC(Q_0+\Delta Q)-TC(Q_0)$$

总成本的平均变化率为

$$\frac{\Delta TC}{\Delta Q}=\frac{TC(Q_0+\Delta Q)-TC(Q_0)}{\Delta Q}$$

当 $\Delta Q\to 0$ 时

$$\lim_{\Delta Q\to 0}\frac{\Delta TC}{\Delta Q}=\lim_{\Delta Q\to 0}\frac{TC(Q_0+\Delta Q)-TC(Q_0)}{\Delta Q}$$

因此，产量为 Q_0 时的总成本的变化率就是函数的因变量的改变量 ΔTC 与自变量的改变量 ΔQ 的比值在当 $\Delta Q\to 0$ 时的极限.

上面所讨论的三个问题，虽然问题的背景不一样，变量的实际意义不同，但从抽象的数量关系来看，讨论的都是函数随自变量的变化而变化的快慢程度的问题，在数学上就是所谓的函数变化率问题. 在自然科学和经济管理领域中，还有很多概念，例如电流强度、角速度、边际收益及边际利润等，都可用如下的极限表示

$$\lim_{\Delta x\to 0}\frac{f(x_0+\Delta x)-f(x_0)}{\Delta x}$$

这种特殊的极限就是函数的导数.

2.1.2 导数的定义

1. 函数 $f(x)$ 在 x_0 处的导数与导函数

定义 2.1.1 设函数 $y=f(x)$ 在点 x_0 的某个邻域内有定义，当自变量 x 在 x_0 处取得改变量 Δx（点 $x_0+\Delta x$ 仍在该邻域内）时，相应函数因变量的改变量为 $\Delta y=f(x_0+\Delta x)-f(x_0)$，若极限

$$\lim_{\Delta x\to 0}\frac{\Delta y}{\Delta x}=\lim_{\Delta x\to 0}\frac{f(x_0+\Delta x)-f(x_0)}{\Delta x} \tag{2.1}$$

存在，则称函数 $y=f(x)$ 在 x_0 处可导，并称这个极限为函数 $y=f(x)$ 在点 x_0 处的导数，记为 $f'(x_0)$，$y'|_{x=x_0}$，$\dfrac{\mathrm{d}y}{\mathrm{d}x}\Big|_{x=x_0}$ 或 $\dfrac{\mathrm{d}f(x)}{\mathrm{d}x}\Big|_{x=x_0}$.

函数 $y=f(x)$ 在点 x_0 处可导，即 $f(x)$ 在点 x_0 具有导数或导数存在. 若 $\lim\limits_{\Delta x\to 0}\dfrac{\Delta y}{\Delta x}$ 不

存在，则称函数 $y = f(x)$ 在 x_0 处不可导.

若导数的定义式（2.1）中，令 $x = x_0 + \Delta x$，则当 $\Delta x \to 0$ 时，$x \to x_0$，于是导数 $f'(x_0)$ 的定义又可表示为

$$f'(x_0) = \lim_{x \to x_0} \frac{f(x) - f(x_0)}{x - x_0} \tag{2.2}$$

上面讲的是函数在一点处可导．若函数 $y = f(x)$ 在开区间 I 内每点处都可导，就称函数 $f(x)$ 在开区间 I 内可导．这时，对于任一个 $x \in I$，都对应着 $f(x)$ 的一个确定的导数值，这样就构成了一个新的函数．我们称此函数为函数 $y = f(x)$ 的**导函数**，记为 y'，$f'(x)$，$\dfrac{\mathrm{d}y}{\mathrm{d}x}$ 或 $\dfrac{\mathrm{d}f(x)}{\mathrm{d}x}$.

在导数定义式（2.1）中，把 x_0 换成 x，即得导函数的定义

$$f'(x) = \lim_{\Delta x \to 0} \frac{f(x + \Delta x) - f(x)}{\Delta x}$$

显然，函数 $f(x)$ 在点 x_0 处的导数 $f'(x_0)$ 就是导函数 $f'(x)$ 在点 $x = x_0$ 处的函数值，即 $f'(x_0) = f'(x)|_{x = x_0}$.

2. 几种基本初等函数的导数公式

利用导数的定义，求函数 $y = f(x)$ 的导函数 $f'(x)$ 的一般步骤如下：

（1）求函数因变量的改变量 $\Delta y = f(x + \Delta x) - f(x)$.

（2）求比值 $\dfrac{\Delta y}{\Delta x} = \dfrac{f(x + \Delta x) - f(x)}{\Delta x}$.

（3）求极限 $\lim\limits_{\Delta x \to 0} \dfrac{f(x + \Delta x) - f(x)}{\Delta x}$.

例 2.1.1　求函数 $f(x) = C$（C 为常数）的导数.

解　$f'(x) = \lim\limits_{h \to 0} \dfrac{f(x + h) - f(x)}{h} = \lim\limits_{h \to 0} \dfrac{C - C}{h} = 0$

即
$$(C)' = 0$$

这就是说，常数的导数等于零.

例 2.1.2　求幂函数 $f(x) = x^\mu$（μ 为实数）的导数.

解　因为 $\Delta y = (x + \Delta x)^\mu - x^\mu$，从而有

$$\frac{\Delta y}{\Delta x} = \frac{(x + \Delta x)^\mu - x^\mu}{\Delta x}$$

则
$$f'(x) = \lim_{\Delta x \to 0} \frac{(x + \Delta x)^\mu - x^\mu}{\Delta x} = \lim_{\Delta x \to 0} x^\mu \frac{\left(1 + \dfrac{\Delta x}{x}\right)^\mu - 1}{\Delta x}$$

由于当 $\Delta x \to 0$ 时，有 $\left(1 + \dfrac{\Delta x}{x}\right)^\mu - 1 \sim \mu \dfrac{\Delta x}{x}$

所以有

$$f'(x) = \lim_{\Delta x \to 0} x^\mu \frac{\mu \dfrac{\Delta x}{x}}{\Delta x} = \mu x^{\mu - 1}$$

即

$$(x^\mu)' = \mu x^{\mu-1}$$

这就是幂函数的导数公式. 利用这个公式, 可以很方便地求出幂函数的导数, 例如:

当 $\mu = \dfrac{1}{2}$ 时, $y = x^{\frac{1}{2}} = \sqrt{x}\,(x > 0)$ 的导数为

$$(x^{\frac{1}{2}})' = \frac{1}{2} x^{\frac{1}{2}-1} = \frac{1}{2} x^{-\frac{1}{2}}$$

即

$$(\sqrt{x})' = \frac{1}{2\sqrt{x}}$$

当 $\mu = -1$ 时, $y = x^{-1} = \dfrac{1}{x}\,(x \neq 0)$ 的导数为

$$(x^{-1})' = (-1)x^{-1-1} = -x^{-2}$$

即

$$(x^{-1})' = -\frac{1}{x^2}$$

例 2.1.3 求函数 $f(x) = \sin x$ 的导数.

解 因为 $\Delta y = \sin(x + \Delta x) - \sin x$, 从而有

$$\frac{\Delta y}{\Delta x} = \frac{\sin(x + \Delta x) - \sin x}{\Delta x}$$

则 $f'(x) = \lim\limits_{\Delta x \to 0} \dfrac{f(x + \Delta x) - f(x)}{\Delta x} = \lim\limits_{\Delta x \to 0} \dfrac{\sin(x + \Delta x) - \sin x}{\Delta x}$

$$= \lim_{\Delta x \to 0} \frac{2\cos\left(x + \dfrac{\Delta x}{2}\right)\sin\dfrac{\Delta x}{2}}{\Delta x} = \lim_{\Delta x \to 0} \cos\left(x + \frac{\Delta x}{2}\right)\frac{\sin\dfrac{\Delta x}{2}}{\dfrac{\Delta x}{2}} = \cos x$$

即

$$(\sin x)' = \cos x$$

这就是说, 正弦函数的导数是余弦函数.

用类似的方法, 可求得

$$(\cos x)' = -\sin x$$

这就是说, 余弦函数的导数是负的正弦函数.

例 2.1.4 求函数 $f(x) = a^x\,(a > 0,\ a \neq 1)$ 的导数.

解 $f'(x) = \lim\limits_{\Delta x \to 0} \dfrac{f(x + \Delta x) - f(x)}{\Delta x} = \lim\limits_{\Delta x \to 0} \dfrac{a^{x + \Delta x} - a^x}{\Delta x} = \lim\limits_{\Delta x \to 0} a^x \dfrac{a^{\Delta x} - 1}{\Delta x}$

由于当 $\Delta x \to 0$ 时, 有 $a^{\Delta x} - 1 = e^{\Delta x \ln a} - 1 \sim \Delta x \ln a$

所以有

$$f'(x) = a^x \ln a$$

即

$$(a^x)' = a^x \ln a$$

这就是指数函数的导数公式. 特殊地, 当 $a = e$ 时, 因 $\ln e = 1$, 故有

$$(e^x)' = e^x$$

上式表明, 以 e 为底的指数函数的导数就是它自己, 这是以 e 为底的指数函数的一个重要特性.

3. **左导数与右导数**

根据函数 $f(x)$ 在点 x_0 处的导数 $f'(x_0)$ 的定义, 导数

$$f'(x_0) = \lim_{h \to 0} \frac{f(x_0 + h) - f(x_0)}{h}$$

是一个极限，而极限存在的充分必要条件是左、右极限都存在且相等，因此 $f'(x_0)$ 存在即 $f(x)$ 在点 x_0 处可导的充分必要条件是左、右极限

$$\lim_{h \to 0^-} \frac{f(x_0 + h) - f(x_0)}{h} \quad \text{及} \quad \lim_{h \to 0^+} \frac{f(x_0 + h) - f(x_0)}{h}$$

都存在且相等．这两个极限分别称为函数 $f(x)$ 在点 x_0 处的左导数和右导数，记作 $f'_-(x_0)$ 及 $f'_+(x_0)$，即

$$f'_-(x_0) = \lim_{h \to 0^-} \frac{f(x_0 + h) - f(x_0)}{h}$$

$$f'_+(x_0) = \lim_{h \to 0^+} \frac{f(x_0 + h) - f(x_0)}{h}$$

根据函数极限存在的充分必要条件容易得到以下定理.

定理 2.1.1　函数 $f(x)$ 在点 x_0 处可导的充分必要条件是左导数 $f'_-(x_0)$ 和右导数 $f'_+(x_0)$ 都存在且相等.

例 2.1.5　讨论函数 $f(x) = |x|$ 在 $x = 0$ 处的可导性.

解
$$\lim_{h \to 0} \frac{f(0 + h) - f(0)}{h} = \lim_{h \to 0} \frac{|h| - 0}{h} = \lim_{h \to 0} \frac{|h|}{h}$$

当 $h < 0$ 时，$\dfrac{|h|}{h} = -1$，故 $\lim\limits_{h \to 0^-} \dfrac{|h|}{h} = -1$.

当 $h > 0$ 时，$\dfrac{|h|}{h} = 1$，故 $\lim\limits_{h \to 0^+} \dfrac{|h|}{h} = 1$.

因为左导数 $f'_-(0) = -1$ 及右导数 $f'_+(0) = 1$ 虽然都存在，但不相等，所以，$\lim\limits_{h \to 0} \dfrac{f(0 + h) - f(0)}{h}$ 不存在，即函数 $f(x) = |x|$ 在 $x = 0$ 处不可导.

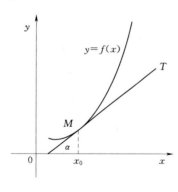

图 2.1.2

2.1.3　导数的几何意义

由前面切线问题的讨论以及导数定义可知：函数 $y = f(x)$ 在点 x_0 处的导数 $f'(x_0)$，在几何上表示的就是曲线 $y = f(x)$ 在点 $M(x_0, y_0)$ 处的切线 MT 的斜率，即

$$f'(x_0) = \tan\alpha$$

式中　α——切线的倾角，如图 2.1.2 所示.

由导数的几何意义并应用直线的点斜式方程，可知曲线 $y = f(x)$ 在点 $M(x_0, y_0)$ 处的切线方程为

$$y - y_0 = f'(x_0)(x - x_0)$$

过切点 $M(x_0, y_0)$ 且与切线垂直的直线叫做曲线 $y = f(x)$ 在点 M 处的法线．若 $f'(x_0) \neq 0$，则法线方程为

$$y - y_0 = -\frac{1}{f'(x_0)}(x - x_0)$$

若 $f'(x_0) = 0$，则切线方程为 $y = y_0$，切线平行于 x 轴；法线方程为 $x = x_0$，法线垂

直于 x 轴. 若 $f'(x_0)=\infty$，则切线方程为 $x=x_0$，切线垂直于 x 轴；法线方程为 $y=y_0$，法线平行于 x 轴.

例 2.1.6 求曲线 $y=\mathrm{e}^x$ 在点（0，1）处的切线方程和法线方程.

解 因为 $y'=\mathrm{e}^x$

由导数的几何意义，所求切线的斜率为

$$k=y'\big|_{x=0}=1$$

所以，所求的切线方程为

$$y-\mathrm{e}=(x-0)$$

即

$$x-y+\mathrm{e}=0$$

所求法线方程为

$$y-\mathrm{e}=-(x-0)$$

即

$$x+y-\mathrm{e}=0$$

2.1.4 函数的可导与连续的关系

函数的连续与可导是微积分中两个重要的概念，它们之间有着密切联系.

函数 $y=f(x)$ 在点 x_0 处连续是指

$$\lim_{\Delta x\to 0}\Delta y=0$$

在点 x_0 处可导是指

$$\lim_{\Delta x\to 0}\frac{\Delta y}{\Delta x}=f'(x_0)$$

那么，连续与可导有什么关系呢？

定理 2.1.2 如果函数 $y=f(x)$ 在点 x_0 处可导，则必在点 x_0 处连续.

证 由定理条件及导数定义可知：

$$\lim_{\Delta x\to 0}\frac{\Delta y}{\Delta x}=f'(x_0)$$

于是，$\displaystyle\lim_{\Delta x\to 0}\Delta y=\lim_{\Delta x\to 0}\frac{\Delta y}{\Delta x}\Delta x=\lim_{\Delta x\to 0}\frac{\Delta y}{\Delta x}\lim_{\Delta x\to 0}\Delta x=f'(x_0)\cdot 0=0$

因此，函数 $y=f(x)$ 在点 x_0 处连续.

该定理的逆命题不一定成立，即函数连续未必可导.

例 2.1.7 函数 $y=\sqrt[3]{x}$ 在 $x=0$ 处连续，但在 $x=0$ 处不可导. 这是因为在 $x=0$ 处

$$\lim_{x\to 0}\frac{f(x)-f(0)}{x-0}=\lim_{x\to 0}\frac{\sqrt[3]{x}-0}{x-0}=\lim_{x\to 0}\frac{1}{\sqrt[3]{x^2}}=\infty$$

因此，函数 $y=\sqrt[3]{x}$ 在 $x=0$ 处不可导.

例 2.1.8 讨论函数 $f(x)=\begin{cases}x^2 & (x\leqslant 1)\\ 2-x & (x>1)\end{cases}$ 在 $x=1$ 处的连续性和可导性.

解 因为

$$\lim_{x\to 1^-}f(x)=\lim_{x\to 1^-}x^2=1$$

$$\lim_{x\to 1^+}f(x)=\lim_{x\to 1^+}(2-x)=1$$

且
$$f(x)|_{x=1}=1$$

所以，$f(x)$ 在点 $x=1$ 处连续．又

$$f'_-(1)=\lim_{x\to 1^-}\frac{f(x)-f(1)}{x-1}=\lim_{x\to 1^-}\frac{x^2-1}{x-1}=2$$

$$f'_+(1)=\lim_{x\to 1^+}\frac{f(x)-f(1)}{x-1}=\lim_{x\to 1^+}\frac{2-x-1}{x-1}=-1$$

即 $f'_-(1)\neq f'_+(1)$，所以 $f(x)$ 在点 $x=1$ 处不可导．

讨论分段函数在分段点处的连续性和可导性是根据连续和可导的定义来判断的．

习　题　2.1

1. 设 $f(x)=\sqrt{x}$，试按定义求 $f'(1)$．

2. 利用导数的定义求下列极限：

(1) $\lim\limits_{\Delta x\to 0}\dfrac{f(x_0-\Delta x)-f(x_0)}{\Delta x}$，已知 $f'(x_0)$ 存在．

(2) $\lim\limits_{x\to 0}\dfrac{f(2x)-f(0)}{x}$，已知 $f'(0)$ 存在．

(3) $\lim\limits_{h\to 0}\dfrac{f(x_0+h)-f(x_0-h)}{h}$，已知 $f'(x_0)$ 存在．

3. 证明导数公式：$(\cos x)'=-\sin x$．

4. 求下列函数的导数：

(1) $y=x^3$ 　　　　　　(2) $y=x\sqrt{x}$

(3) $y=\dfrac{1}{x^3}$ 　　　　　(4) $y=\dfrac{x^3\sqrt[3]{x}}{\sqrt{x^3}}$

(5) $y=\lg x$ 　　　　　(6) $y=2^x\mathrm{e}^x$

5. 根据导数的几何意义，求：

(1) 曲线 $y=\sin x$ 在点 $\left(\dfrac{\pi}{3},\dfrac{\sqrt{3}}{2}\right)$ 处的切线方程和法线方程．

(2) 曲线 $y=\ln x$ 的切线方程，使该切线平行于已知直线 $x-2y+1=0$．

6. 已知物体的运动规律为 $s(t)=t^2$．试求该物体在 $t=2$ 时的速度，该物体是否作匀速运动？

7. 设 $\lim\limits_{x\to a}\dfrac{f(x)-f(a)}{x-a}=A$（$A$ 为常数），判定下列命题的正确性：

(1) $f(x)$ 在点 a 可导．

(2) $\lim\limits_{x\to a}f(x)$ 存在．

(3) $\lim\limits_{x\to a}f(x)=f(a)$．

8. 讨论下列函数在点 $x=0$ 处的连续性和可导性：

(1) $f(x)=\begin{cases}2x & (x\leqslant 0)\\ x^2+x & (x>0)\end{cases}$ 　　　　(2) $f(x)=\begin{cases}x^2\arctan\dfrac{1}{x} & (x\neq 0)\\ 0 & (x=0)\end{cases}$

(3) $f(x) = \begin{cases} \dfrac{\sin x}{x} & (x \neq 0) \\ 0 & (x = 0) \end{cases}$

9. 设 $f(x) = \begin{cases} ax & (x < 0) \\ \sin x + b & (x \geqslant 0) \end{cases}$，为使函数 $f(x)$ 在 $x = 0$ 处连续且可导，试确定 a，b 的值．

2.2 函 数 的 求 导 法 则

按照导数的定义，我们可以而且已经求出一些函数的导数．但是，对于一些比较复杂的函数，直接按定义求它们的导数将是很繁琐的．因此，本节将介绍求导的几个基本法则，并利用有关法则介绍隐函数求导法、对数求导法以及高阶导数．

2.2.1 函数的四则运算求导法则

定理 2.2.1 如果函数 $u = u(x)$，$v = v(x)$ 在点 x 处可导，则函数 $u \pm v$，uv，$\dfrac{u}{v}(v \neq 0)$ 在 x 处也都可导，且

(1) $(u \pm v)' = u' \pm v'$．

(2) $(uv)' = u'v + uv'$．

(3) $\left(\dfrac{u}{v}\right)' = \dfrac{u'v - uv'}{v^2}$．

下面给出法则（2）的证明，其余由读者自己证明．

证 令 $y = u(x)v(x)$，给自变量 x 一个改变量 Δx，则
$$\Delta y = u(x + \Delta x)v(x + \Delta x) - u(x)v(x)$$

从而有
$$\frac{\Delta y}{\Delta x} = \frac{u(x + \Delta x)v(x + \Delta x) - u(x)v(x)}{\Delta x}$$

则 $[u(x)v(x)]' = \lim\limits_{\Delta x \to 0} \dfrac{u(x + \Delta x)v(x + \Delta x) - u(x)v(x)}{\Delta x}$

$= \lim\limits_{\Delta x \to 0} \dfrac{u(x + \Delta x)v(x + \Delta x) - u(x)v(x + \Delta x) + u(x)v(x + \Delta x) - u(x)v(x)}{\Delta x}$

$= \lim\limits_{\Delta x \to 0} \left[\dfrac{u(x + \Delta x) - u(x)}{\Delta x} v(x + \Delta x) + \dfrac{v(x + \Delta x) - v(x)}{\Delta x} u(x) \right]$

$= \lim\limits_{\Delta x \to 0} \dfrac{u(x + \Delta x) - u(x)}{\Delta x} \cdot \lim\limits_{\Delta x \to 0} v(x + \Delta x) + u(x) \lim\limits_{\Delta x \to 0} \dfrac{v(x + \Delta x) - v(x)}{\Delta x}$

$= u'(x)v(x) + u(x)v'(x)$

定理 2.2.1 中的法则（1）、（2）可推广到有限多个函数的情形．例如，设函数 $u = u(x)$，$v = v(x)$，$w = w(x)$ 在点 x 处都可导，则有
$$(u + v + w) = u' + v' + w'$$
$$(uvw)' = u'vw + uv'w + uvw'$$

在法则（2）中，当 $v(x) = C$（C 为常数）时，有

$$(Cu)' = Cu'$$

在法则（3）中，若 $u(x)=1$，则

$$\left(\frac{1}{v}\right)' = \frac{v'}{-v^2}$$

例 2.2.1　设 $y = x^3 + 2x\sqrt{x} - \dfrac{1}{x}$，求 y'.

解
$$y' = (x^3)' + (2x\sqrt{x})' - \left(\frac{1}{x}\right)'$$
$$= (x^3)' + (2x^{\frac{3}{2}})' - (x^{-1})'$$
$$= 3x^2 + 3x^{\frac{1}{2}} + x^{-2}$$

例 2.2.2　设 $y = x\ln x - x$，求 $\dfrac{\mathrm{d}y}{\mathrm{d}x}$.

解　$\dfrac{\mathrm{d}y}{\mathrm{d}x} = (x\ln x)' - (x)' = (x)'\ln x + x(\ln x)' - 1 = \ln x$

例 2.2.3　设 $f(x) = 2^x + 4\sin x - \cos 0$，求 $f'(x)$，$f'(0)$.

解
$$f'(x) = (2^x)' + 4(\sin x)' - (\cos 0)'$$
$$= 2^x \ln 2 + 4\cos x$$
$$f'(0) = 2^0 \ln 2 + 4\cos 0 = \ln 2 + 4$$

例 2.2.4　设 $y = \tan x$，求 y'.

解　$y' = (\tan x)' = \left(\dfrac{\sin x}{\cos x}\right)' = \dfrac{(\sin x)'\cos x - \sin x(\cos x)'}{\cos^2 x}$

$$= \frac{\cos^2 x + \sin^2 x}{\cos^2 x} = \frac{1}{\cos^2 x} = \sec^2 x$$

即

$$(\tan x)' = \sec^2 x$$

这就是正切函数的导数公式.

例 2.2.5　设 $y = \sec x$，求 y'.

解　$y' = (\sec x)' = \left(\dfrac{1}{\cos x}\right)' = \dfrac{-(\cos x)'}{\cos^2 x} = \dfrac{\sin x}{\cos^2 x} = \sec x \tan x$

即

$$(\sec x)' = \sec x \tan x$$

这就是正割函数的导数公式.

用类似的方法，可以求得余切函数和余割函数的导数公式为

$$(\cot x)' = -\csc^2 x$$
$$(\csc x)' = -\csc x \cot x$$

2.2.2　反函数的求导法则

我们已推导了除反三角函数以外的其他基本初等函数的导数公式. 为了推导反三角函数的导数公式，下面先给出直接函数的导数与反函数的导数关系.

定理 2.2.2　如果函数 $x = f(y)$ 在区间 I_y 内单调、可导且 $f'(y) \neq 0$，那么它的反函

数 $y=f^{-1}(x)$ 在区间 $I_x=\{x\,|\,x=f(y),y\in I_y\}$ 内也可导，且

$$\left[f^{-1}(x)\right]'=\frac{1}{f'(y)} \quad \text{或} \quad \frac{\mathrm{d}y}{\mathrm{d}x}=\frac{1}{\dfrac{\mathrm{d}x}{\mathrm{d}y}}$$

上述定理可以简单地表述为：反函数的导数等于直接函数导数的倒数.

下面用上述定理来求反三角函数及对数的导数.

例 2.2.6 求函数 $y=\arcsin x$ 的导数.

解 函数 $x=\sin y$ 在区间 $I_y=\left(-\dfrac{\pi}{2},\dfrac{\pi}{2}\right)$ 单调、可导，且

$$\frac{\mathrm{d}x}{\mathrm{d}y}=\cos y>0$$

由定理 2.2.2 知，函数 $x=\sin y$ 的反函数 $y=\arcsin x$ 在对应区间 $I_x=(-1,1)$ 内也可导，且

$$\frac{\mathrm{d}y}{\mathrm{d}x}=\frac{1}{\dfrac{\mathrm{d}x}{\mathrm{d}y}}=\frac{1}{\cos y}=\frac{1}{\sqrt{1-\sin^2 y}}=\frac{1}{\sqrt{1-x^2}}$$

即

$$(\arcsin x)'=\frac{1}{\sqrt{1-x^2}}$$

同理可证

$$(\arccos x)'=-\frac{1}{\sqrt{1-x^2}}$$

$$(\arctan x)'=\frac{1}{1+x^2}$$

$$(\operatorname{arccot} x)'=-\frac{1}{1+x^2}$$

例 2.2.7 求函数 $y=\log_a x$ 的导数.

解 设 $x=a^y(a>0,a\neq1)$ 为直接函数，则 $y=\log_a x$ 是它的反函数. 函数 $x=a^y$ 在区间 $I_y=(-\infty,\infty)$ 内单调、可导，且

$$(a^y)'=a^y\ln a\neq0$$

因此，由反函数的求导法则，在对应区间 $I_x=(0,+\infty)$ 内有

$$y'=(\log_a x)'=\frac{1}{(a^y)'}=\frac{1}{a^y\ln a}=\frac{1}{x\ln a}$$

即

$$(\log_a x)'=\frac{1}{x\ln a}$$

特别的，当 $a=\mathrm{e}$ 时

$$(\ln x)'=\frac{1}{x}$$

到目前为止，所有的基本初等函数的导数都已求出，那么由基本初等函数构成的较复杂的初等函数的导数如何求呢？如函数 $\mathrm{e}^{\tan x}$、$\ln(\arctan\mathrm{e}^x)$ 的导数怎样求？这就需要引入复合函数的求导法则.

2.2.3　复合函数的求导法则

先看一个例子，已知函数 $y=(3x-2)^2$，那么

$$y'=[(3x-2)^2]'=(9x^2-12x+4)'=18x-12$$

函数 $y=(3x-2)^2$ 又可以看成是由 $y=u^2$ 和 $u=3x-2$ 复合而成，其中 u 为中间变量. 由于

$$\frac{\mathrm{d}y}{\mathrm{d}u}=2u,\frac{\mathrm{d}u}{\mathrm{d}x}=3$$

因而

$$\frac{\mathrm{d}y}{\mathrm{d}u}\cdot\frac{\mathrm{d}u}{\mathrm{d}x}=2u\times3=2(3x-2)\times3=18x-12$$

也就是说，对于函数 $y=(3x-2)^2$，有

$$\frac{\mathrm{d}y}{\mathrm{d}x}=\frac{\mathrm{d}y}{\mathrm{d}u}\frac{\mathrm{d}u}{\mathrm{d}x}$$

这个结果是否具有普遍的意义呢？下面的复合函数求导法则可回答这一问题.

定理 2.2.3　如果 $u=g(x)$ 在点 x 处可导，函数 $y=f(u)$ 在点 $u=g(x)$ 处可导，则复合函数 $y=f[g(x)]$ 在点 x 处可导，且其导数为

$$\frac{\mathrm{d}y}{\mathrm{d}x}=f'(u)g'(x)\quad或\quad\frac{\mathrm{d}y}{\mathrm{d}x}=\frac{\mathrm{d}y}{\mathrm{d}u}\frac{\mathrm{d}u}{\mathrm{d}x}$$

证　当 $u=g(x)$ 在 x 的某邻域内为常数时，$y=f[\varphi(x)]$ 也是常数，此时导数为零，结论自然成立.

当 $u=g(x)$ 在 x 的某邻域内不为常数时，即

$$\Delta u\neq0,\Delta u=g(x+\Delta x)-g(x),g(x+\Delta x)=g(x)+\Delta u$$

此时有

$$\frac{\Delta y}{\Delta x}=\frac{f[g(x+\Delta x)]-f[g(x)]}{\Delta x}$$

$$=\frac{f[g(x+\Delta x)]-f[g(x)]}{g(x+\Delta x)-g(x)}\frac{g(x+\Delta x)-g(x)}{\Delta x}$$

$$=\frac{f(u+\Delta u)-f(u)}{\Delta u}\frac{g(x+\Delta x)-g(x)}{\Delta x}$$

$$\frac{\mathrm{d}y}{\mathrm{d}x}=\lim_{\Delta x\to0}\frac{\Delta y}{\Delta x}=\lim_{\Delta u\to0}\frac{f(u+\Delta u)-f(u)}{\Delta u}\cdot\lim_{\Delta x\to0}\frac{g(x+\Delta x)-g(x)}{\Delta x}=f'(u)g'(x)$$

该定理说明，复合函数的导数等于复合函数对中间变量的导数乘以中间变量对自变量的导数.

注　定理 2.2.3 的结论可以推广到多次复合的情况. 例如，设 $y=f(u)$，$u=\varphi(v)$，$v=\psi(x)$，则复合函数 $y=f\{\varphi[\psi(x)]\}$ 的导数为

$$\frac{\mathrm{d}y}{\mathrm{d}x}=\frac{\mathrm{d}y}{\mathrm{d}u}\frac{\mathrm{d}u}{\mathrm{d}v}\frac{\mathrm{d}v}{\mathrm{d}x}$$

复合函数的求导公式，就好像链条一样，一环扣一环，所以又称为链式法则. 运用这个法则时，应该了解因子的个数比中间变量的个数多一个，注意不要遗漏任何一层，且最

后一个因子一定是某个中间变量对自变量的导数.复合函数求导的关键,在于首先要把复合函数的复合过程搞清楚,然后应用复合函数的求导法则进行计算,求导之后应把引进的中间变量换成原来的自变量.

例 2. 2. 8 $y = e^{\sin x}$,求 $\dfrac{dy}{dx}$.

解 函数 $y = e^{\sin x}$ 可视为由 $y = e^u$,$u = \sin x$ 复合而成,因此

$$\frac{dy}{dx} = \frac{dy}{du}\frac{du}{dx} = e^u \cos x = e^{\sin x} \cos x$$

例 2. 2. 9 求 $y = \dfrac{\sin^2 x}{1 + \cos 2x}$ 的导数.

解 先化简,再求导.

$$y = \frac{\sin^2 x}{1 + \cos 2x} = \frac{1}{2}\tan^2 x$$

设 $y = \dfrac{1}{2}u^2$,$u = \tan x$,则有

$$\frac{dy}{dx} = \frac{dy}{du}\frac{du}{dx} = \left(\frac{1}{2}u^2\right)'(\tan x)' = \frac{1}{2}2u(\tan x)'$$
$$= u\sec^2 x = \tan x \sec^2 x$$

对有的函数,如能化简,化简后再求导可以简化计算.对复合函数的分解比较熟练后,就不必再写出中间变量,而可以采用下列例题的方式来计算.

例 2. 2. 10 $y = \ln(-x)$,求 y'.

解
$$y' = [\ln(-x)]' = \frac{1}{-x} \times (-1) = \frac{1}{x}$$

这表明对任意的 $x \neq 0$,都有

$$(\ln|x|)' = \frac{1}{x}$$

例 2. 2. 11 $y = \arcsin\sqrt{x}$,求 y'.

解
$$y' = (\arcsin\sqrt{x})' = \frac{1}{\sqrt{1-(\sqrt{x})^2}}(\sqrt{x})' = \frac{1}{2\sqrt{x-x^2}}$$

例 2. 2. 12 $y = x^\mu (x > 0)$,求 y'.

解
$$y' = (x^\mu)' = (e^{\mu\ln x})' = e^{\mu\ln x}(\mu\ln x)' = e^{\mu\ln x}\frac{\mu}{x} = \mu x^{\mu-1}$$

即
$$(x^\mu)' = \mu x^{\mu-1}$$

利用上述公式可容易地求得幂函数的导数,例如,$(\sqrt{x})' = \dfrac{1}{2\sqrt{x}}$,$\left(\dfrac{1}{x}\right)' = -\dfrac{1}{x^2}$.

例 2. 2. 13 $y = \ln\left(x + \sqrt{1+x^2}\right)$,求 y'.

解
$$y' = \frac{1}{x + \sqrt{1+x^2}}\left(1 + \frac{x}{\sqrt{1+x^2}}\right) = \frac{1}{\sqrt{1+x^2}}$$

例 2. 2. 14 设

$$y = \begin{cases} 1-x & (x<1) \\ (1-x)(2-x) & (1 \leqslant x \leqslant 2) \\ -(2-x) & (x>2) \end{cases}$$

求 y'.

解　当 $x<1$ 时，$y' = (1-x)' = -1$；

当 $x>2$ 时，$y' = -(2-x)' = 1$；

当 $1<x<2$ 时，$y' = [(1-x)(2-x)]' = -(2-x)-(1-x) = 2x-3$；

当 $x=1$ 时，$y'_-(1) = -1$，$y'_+(1) = \lim\limits_{h \to 0^+} \dfrac{(1-1-h)(2-1-h)-0}{h} = -1$，

所以函数在点 $x=1$ 处可导，$y'(1) = -1$；

当 $x=2$ 时，$y'_+(2) = 1$，$y'_-(2) = \lim\limits_{h \to 0^-} \dfrac{(1-2-h)(2-2-h)-0}{h} = 1$，

所以函数在点 $x=2$ 处可导，$y'(2) = 1$.

所以

$$y' = \begin{cases} -1 & (x<1) \\ 2x-3 & (1 \leqslant x \leqslant 2) \\ 1 & (x>2) \end{cases}$$

从以上例子看出，应用复合函数求导法则时，首先要分析所给函数由哪些函数复合而成，或者说，所给函数能分解成哪些函数．如果所给函数能分解成比较简单的函数，而这些简单函数的导数较易求得，那么应用复合函数求导法则就可以求所给函数的导数．所谓简单函数包括：①常数以及基本初等函数；②应用函数的和、差、积、商的求导法则，常数与基本初等函数的和、差、积、商的导数也易得到．所以，如果一个函数能分解成基本初等函数，或常数与基本初等函数的和、差、积、商，我们便可利用复合函数求导法则求它的导数．

2.2.4　求导法则与导数公式

1. 基本初等函数的导数

(1) $(C)' = 0$

(2) $(x^\mu)' = \mu x^{\mu-1}$

(3) $(\sin x)' = \cos x$

(4) $(\cos x)' = -\sin x$

(5) $(\tan x)' = \sec^2 x$

(6) $(\cot x)' = -\csc^2 x$

(7) $(\sec x)' = \sec x \tan x$

(8) $(\csc x)' = -\csc x \cot x$

(9) $(a^x)' = a^x \ln a$

(10) $(e^x)' = e^x$

(11) $(\log_a x)' = \dfrac{1}{x \ln a}$

(12) $(\ln x)' = \dfrac{1}{x}$

(13) $(\arcsin x)' = \dfrac{1}{\sqrt{1-x^2}}$

(14) $(\arccos x)' = -\dfrac{1}{\sqrt{1-x^2}}$

(15) $(\arctan x)' = \dfrac{1}{1+x^2}$

(16) $(\operatorname{arccot} x)' = -\dfrac{1}{1+x^2}$

2. 函数的和、差、积、商的求导法则

设 $u = u(x)$，$v = v(x)$ 都可导，则

(1) $(u \pm v)' = u' \pm v'$

(2) $(Cu)' = Cu'$

(3) $(uv)' = u'v + uv'$

(4) $\left(\dfrac{u}{v}\right)' = \dfrac{u'v - uv'}{v^2}$

3. 反函数的求导法则

设 $x = f(y)$ 在区间 I_y 内单调、可导且 $f'(y) \neq 0$，则它的反函数 $y = f^{-1}(x)$ 在 $I_x = f(I_y)$ 内也可导，并且

$$[f^{-1}(x)]' = \frac{1}{f'(y)} \quad \text{或} \quad \frac{\mathrm{d}y}{\mathrm{d}x} = \frac{1}{\dfrac{\mathrm{d}x}{\mathrm{d}y}}$$

4. 复合函数的求导法则

设 $y = f(x)$，而 $u = g(x)$，且 $f(u)$ 和 $g(x)$ 都可导，则复合函数 $y = f[g(x)]$ 的导数为

$$\frac{\mathrm{d}y}{\mathrm{d}x} = \frac{\mathrm{d}y}{\mathrm{d}u}\frac{\mathrm{d}u}{\mathrm{d}x} \quad \text{或} \quad y'(x) = f'(u)g'(x)$$

例 2.2.15 $y = 2^{\cos x} + \mathrm{e}^{\sin^2 x}$，求 y'.

解
$$
\begin{aligned}
y &= 2^{\cos x} \ln 2 \times (\cos x)' + \mathrm{e}^{\sin^2 x}(\sin^2 x)' \\
&= -2^{\cos x} \ln 2 \times \sin x + 2\mathrm{e}^{\sin^2 x} \sin x (\sin x)' \\
&= -2^{\cos x} \ln 2 \times \sin x + 2\mathrm{e}^{\sin^2 x} \sin x \cos x \\
&= \mathrm{e}^{\sin^2 x} \sin 2x - 2^{\cos x} \ln 2 \times \sin x
\end{aligned}
$$

例 2.2.16 $y = \cos nx \sin^n x$（n 为常数），求 y'.

解
$$
\begin{aligned}
y' &= (\cos nx)' \sin^n x + \cos nx (\sin^n x)' \\
&= -n\sin nx \sin^n x + \cos nx \cdot n\sin^{n-1} x (\sin x)' \\
&= -n\sin nx \sin^n x + n\sin^{n-1} x \cos nx \cos x \\
&= n\sin^{n-1} x (\cos nx \cos x - \sin nx \sin x) \\
&= n\sin^{n-1} x \cos(n+1)x
\end{aligned}
$$

习 题 2.2

1. 求下列函数的导数.

(1) $y=\dfrac{1}{x}-2\sqrt{x}+x^{\frac{3}{2}}$ (2) $y=x^3-3^x+\log_3 x-\ln 3$

(3) $y=x^2\ln x$ (4) $y=x\mathrm{e}^x$

(5) $y=\sin x\cos x-x$ (6) $y=x(x-1)(x^2-2x+3)$

(7) $y=\dfrac{1}{1+\sqrt{x}}+\dfrac{1}{1-\sqrt{x}}$ (8) $y=\dfrac{1-\cos x}{\sin x}$

(9) $y=\dfrac{\sin x}{\sin x+\cos x}$

(10) $y=\arcsin x+\arccos x+\arctan x+\operatorname{arccot} x$

2. 求下列函数在指定点处的导数.

(1) $f(x)=\dfrac{3}{3-x}+\dfrac{x^3}{3},f'(0)$ (2) $r=\theta\sin\theta+\cos\theta,\dfrac{\mathrm{d}r}{\mathrm{d}\theta}\Big|_{\theta=\frac{\pi}{3}}$

3. 求下列函数的导数.

(1) $y=(2x-3)^{100}$ (2) $y=\ln(1-2x)$

(3) $y=\mathrm{e}^{-2x^3}$ (4) $y=\tan(x^2-1)$

(5) $y=(\arcsin x)^2$ (6) $y=\ln\sin x$

(7) $y=\cos^2\dfrac{x}{2}$ (8) $y=\operatorname{arccot}\mathrm{e}^{2x}$

(9) $y=\ln\ln\ln x$ (10) $y=\mathrm{e}^{\sin\frac{1}{x}}$

(11) $y=\ln(\sec x+\tan x)$ (12) $y=\ln(\csc x-\cot x)$

4. 求下列函数的导数.

(1) $y=\sqrt{\dfrac{x-1}{x+1}}$ (2) $y=\ln\sqrt{\dfrac{\mathrm{e}^x}{\mathrm{e}^x+1}}$

(3) $y=\ln\left(x-\sqrt{x^2-1}\right)$ (4) $y=\mathrm{e}^{2x}\cos 3x$

(5) $y=\sqrt[3]{1+\sec 2x}$ (6) $y=10^{x\sin 2x}$

(7) $y=\sin^2 x\sin x^2$ (8) $y=\sqrt{x+\sqrt{x+\sqrt{x}}}$

(9) $y=\dfrac{\tan 5x}{x}$ (10) $y=\dfrac{\mathrm{e}^t-\mathrm{e}^{-t}}{\mathrm{e}^t+\mathrm{e}^{-t}}$

(11) $y=\arctan\dfrac{x+1}{x-1}$ (12) $y=x\arccos\dfrac{x}{2}-\sqrt{4-x^2}$

5. 设函数 $f(x)$ 可导，求下列函数的导数.

(1) $y=f(1-x)$ (2) $y=f(x\ln x)$

(3) $y=f(\sin^2 x)+f(\cos^2 x)$ (4) $y=f(x^2)f^2(x)$

6. 证明导数公式：

$$(\log_a|x|)'=\dfrac{1}{x\ln a}$$

2.3 高 阶 导 数

在直线运动中，速度是位移关于时间的变化率，而加速度则是速度关于时间的变化率．由于对"变化率的变化率"讨论的需要，在此引出高阶导数的概念．

我们知道 $y=f(x)$ 的导函数 $f'(x)$ 仍为 x 的函数，如果 $f'(x)$ 可导，则称 $y'=f'(x)$ 的导数 $(y')'=[f'(x)]'$ 为 $y=f(x)$ 的二阶导函数，记为 y''，$f''(x)$ 或 $\dfrac{\mathrm{d}^2 y}{\mathrm{d}x^2}$，即

$$y''=(y')', \quad f''(x)=[f'(x)]', \quad \frac{\mathrm{d}^2 y}{\mathrm{d}x^2}=\frac{\mathrm{d}}{\mathrm{d}x}\left(\frac{\mathrm{d}y}{\mathrm{d}x}\right)$$

相应的，$y=f(x)$ 的导数 $f'(x)$ 称为函数 $y=f(x)$ 的一阶导数．二阶导数 $y''=f''(x)$ 的导数记为 $y'''=f'''(x)$，称为函数 $y=f(x)$ 的三阶导数．事实上，我们还需要讨论更高阶的导数．显然，函数的一阶、二阶、三阶导数的记法不便应用于更高阶的导数，于是引用新的记法，如 $y=f(x)$ 的三阶导数 $y'''=f'''(x)$ 的导数称为 $y=f(x)$ 的四阶导数，记为 $y^{(4)}$，$f^{(4)}(x)$ 或 $\dfrac{\mathrm{d}^4 y}{\mathrm{d}x^4}$，即 $y^{(4)}=(y''')'$，一般地，$y^{(n-1)}=f^{(n-1)}(x)$ 的导数称为 $y=f(x)$ 的 n 阶导数，记为 $y^{(n)}$，$f^{(n)}(x)$ 或 $\dfrac{\mathrm{d}^n y}{\mathrm{d}x^n}$．函数 $y=f(x)$ 的 n 阶导数显然是

$$\frac{\mathrm{d}^n y}{\mathrm{d}x^n}=\frac{\mathrm{d}}{\mathrm{d}x}\left(\frac{\mathrm{d}^{n-1} y}{\mathrm{d}x^{n-1}}\right)$$

或

$$y^{(n)}=f^{(n)}(x)=\lim_{\Delta x\to 0}\frac{f^{(n-1)}(x+\Delta x)-f^{(n-1)}(x)}{\Delta x}$$

可见，函数 $y=f(x)$ 的二阶、三阶、四阶、$\cdots\cdots n$ 阶导数可分别记为

$$y'', y''', y^{(4)}, \cdots, y^{(n)}$$

或

$$\frac{\mathrm{d}^2 y}{\mathrm{d}x^2}, \frac{\mathrm{d}^3 y}{\mathrm{d}x^3}, \frac{\mathrm{d}^4 y}{\mathrm{d}x^4}, \cdots, \frac{\mathrm{d}^n y}{\mathrm{d}x^n}$$

函数 $f(x)$ 具有 n 阶导数，也常说成函数 $f(x)$ 为 n 阶可导．如果函数 $f(x)$ 在点 x 处具有 n 阶导数，那么函数 $f(x)$ 在点 x 的某一邻域内必定具有一切低于 n 阶的导数．二阶及二阶以上的导数统称为高阶导数．

由此可见，求高阶导数就是逐次地求导数．所以仍可应用前面学过的求导方法来计算高阶导数．

例 2.3.1 $y=ax^2+bx+c$，求 y'''．

解 $$y'=2ax+b, \quad y''=2a, \quad y'''=0$$

例 2.3.2 $y=x\mathrm{e}^{x^2}$，求 y''．

解 $$y'=\mathrm{e}^{x^2}+x\mathrm{e}^{x^2}2x=(1+2x^2)\mathrm{e}^{x^2}$$
$$y''=4x\mathrm{e}^{x^2}+(1+2x^2)\mathrm{e}^{x^2}2x=2x(3+2x^2)\mathrm{e}^{x^2}$$

例 2.3.3 证明：函数 $y=\sqrt{2x-x^2}$ 满足关系式 $y^3 y''+1=0$．

证　因为

$$y' = \frac{2 - 2x}{2\sqrt{2x - x^2}} = \frac{1 - x}{\sqrt{2x - x^2}}$$

$$y'' = \frac{-\sqrt{2x - x^2} - (1 - x)\dfrac{2 - 2x}{2\sqrt{2x - x^2}}}{2x - x^2} = \frac{-2x + x^2 - (1 - x)^2}{(2x - x^2)\sqrt{(2x - x^2)}}$$

$$= -\frac{1}{(2x - x^2)^{\frac{3}{2}}} = -\frac{1}{y^3}$$

所以

$$y^3 y'' + 1 = 0$$

设质点作变速直线运动，其运动方程为

$$s = s(t)$$

则物体运动速度是路程 s 对时间 t 的导数，即

$$v = s'(t) = \frac{\mathrm{d}s}{\mathrm{d}t}$$

此时，若速度 v 仍是时间 t 的函数，便可以求速度 v 对时间 t 的导数，用 a 表示，即

$$a = v'(t) = s''(t) = \frac{\mathrm{d}^2 s}{\mathrm{d}t^2}$$

a 就是物体运动的加速度，它是路程 s 对时间 t 的二阶导数．通常把它视为二阶导数的物理学意义．

如果函数 $u = u(x)$ 及 $v = v(x)$ 都在点 x 处具有 n 阶导数，那么显然函数 $u(x) \pm v(x)$ 在点 x 处也具有 n 阶导数，且

$$(u \pm v)^{(n)} = u^{(n)} \pm v^{(n)}$$

例 2.3.4　求函数 $y = \mathrm{e}^x$ 的 n 阶导数.

解　　　　　$y' = \mathrm{e}^x, y'' = \mathrm{e}^x, y''' = \mathrm{e}^x, y^{(4)} = \mathrm{e}^x, \cdots$

一般的，可得

$$y^{(n)} = \mathrm{e}^x$$

即

$$(\mathrm{e}^x)^{(n)} = \mathrm{e}^x$$

例 2.3.5　求正弦函数与余弦函数的 n 阶导数.

解　　$y = \sin x$

$$y' = \cos x = \sin\left(x + \frac{\pi}{2}\right)$$

$$y'' = \cos\left(x + \frac{\pi}{2}\right) = \sin\left(x + \frac{\pi}{2} + \frac{\pi}{2}\right) = \sin\left(x + 2 \times \frac{\pi}{2}\right)$$

$$y''' = \cos\left(x + 2 \times \frac{\pi}{2}\right) = \sin\left(x + 2 \times \frac{\pi}{2} + \frac{\pi}{2}\right) = \sin\left(x + 3 \times \frac{\pi}{2}\right)$$

$$y^{(4)} = \cos\left(x + 3 \times \frac{\pi}{2}\right) = \sin\left(x + 4 \times \frac{\pi}{2}\right)$$

$$\vdots$$

一般的，可得

$$y^{(n)} = \sin\left(x + n \cdot \frac{\pi}{2}\right)$$

即

$$(\sin)^{(n)} = \sin\left(x + n \cdot \frac{\pi}{2}\right)$$

用类似的方法，可得

$$(\cos x)^{(n)} = \cos\left(x + n \cdot \frac{\pi}{2}\right)$$

例 2.3.6 求对数函数 $\ln(1+x)$ 的 n 阶导数.

解 $\quad y = \ln(1+x), y' = (1+x)^{-1}, y'' = -(1+x)^{-2}$

$$y''' = (-1)(-2)(1+x)^{-3}, y^{(4)} = (-1)(-2)(-3)(1+x)^{-4}, \cdots$$

一般的，可得

$$y^{(n)} = (-1)(-2)\cdots(-n+1)(1+x)^{-n} = (-1)^{n-1}\frac{(n-1)!}{(1+x)^n}$$

即

$$[\ln(1+x)]^{(n)} = (-1)^{n-1}\frac{(n-1)!}{(1+x)^n}$$

例 2.3.7 求幂函数 $y = x^{\mu}$ （μ 是任意常数）的 n 阶导数公式.

解 $\quad y' = \mu x^{\mu-1}, \quad y'' = \mu(\mu-1)x^{\mu-2}$

一般的，可得

$$y^{(n)} = \mu(\mu-1)(\mu-2)\cdots(\mu-n+1)x^{\mu-n}$$

即

$$(x^{\mu})^{(n)} = \mu(\mu-1)(\mu-2)\cdots(\mu-n+1)x^{\mu-n}$$

当 $\mu = n$ 时，得

$$(x^n)^{(n)} = n(n-1)(n-2)\cdots 3 \cdot 2 \cdot 1 = n!, (x^n)^{(n+1)} = 0$$

习 题 2.3

1. 求下列函数的二阶导数.

(1) $y = \ln\cos x$ 　　　　　　　(2) $y = x\ln x$

(3) $y = \tan 2x$ 　　　　　　　(4) $y = \ln(x + \sqrt{1+x^2})$

(5) $y = (1+x^2)\arctan x$ 　　　(6) $y = e^{-t}\sin t$

2. 求下列函数的导数值.

(1) $f(x) = x^4 - 2x^3 + x, f'''(1)$ 　　(2) $f(x) = \dfrac{e^x}{x}, f''(2)$

3. 设 $f''(x)$ 存在，求下列函数的二阶导数.

(1) $y = f(x^3)$ 　　　　　　　(2) $y = e^{f(x)}$

4. 已知物体的运动规律为 $s = A\sin\omega t$ （A, ω 是常数），求物体运动的加速度，并验证：

$$\frac{\mathrm{d}^2 s}{\mathrm{d}t^2} + \omega^2 s = 0$$

5. 求下列函数的 n 阶导数的一般表达式.

(1) $y = \dfrac{1}{3-2x}$　　　　　(2) $y = \ln(x-1)$　　　　　(3) $y = x\mathrm{e}^x$

(4) $y = x^n + a_1 x^{n-1} + a_2 x^{n-2} + \cdots + a_{n-1} x + a_n$（$a_1$，$a_2$，$\cdots$，$a_n$ 都是常数）

6. 求下列函数所指定阶的导数.

(1) $y = x^2 \mathrm{e}^{2x}$，求 $y^{(20)}$　　　　　　(2) $y = \mathrm{e}^x \cos x$，求 $y^{(4)}$

2.4　隐函数的导数及由参数方程所确定的函数的导数

2.4.1　隐函数的导数

1. 隐函数的概念

函数 $y = f(x)$ 表示两个变量 y 与 x 之间的对应关系，这种对应关系可以用各种不同的方式表达. 前面所讨论的函数都是 $y = f(x)$ 的形式，就是因变量 y 可由含有自变量 x 的数学式子直接表示出来的函数，即等式的左端只有因变量，右端是关于自变量的解析表达式，能表达成这种形式的函数称之为显函数. 例如，$y = \cos x$，$y = \ln(1 + \sqrt{1 + x^2})$ 等. 但并非所有函数都能表达成这种形式，例如，方程 $x + y^3 - 1 = 0$ 与 $\mathrm{e}^y - xy = 0$ 也表示一个函数，因为当自变量 x 在（$-\infty$，$+\infty$）内取值时，变量 y 有确定的值与之对应，这样的函数称为隐函数.

在方程 $F(x, y) = 0$ 中，如果当变量 x 在某一范围内取值时，总有相应的 y 与之对应满足方程，则称方程 $F(x, y) = 0$ 在该区域内确定 y 是 x 的隐函数，即存在函数 $y = f(x)$，使得 $F[x, f(x)] \equiv 0$，则称 $y = f(x)$ 是方程 $F(x, y) = 0$ 确定的隐函数.

把一个隐函数化成显函数，称为隐函数的显化. 例如，方程 $x - y^3 + 1 = 0$ 所确定的隐函数，化成显函数是 $y = f(x) = (1 + x)^{\frac{1}{3}}$；方程 $x^2 + y^2 = r^2$，在 $y \geqslant 0$ 条件下确定的隐函数化成显函数是 $y = f(x) = \sqrt{r^2 - x^2}$，在 $y \leqslant 0$ 条件下确定的隐函数化成显函数是 $y = f(x) = -\sqrt{r^2 - x^2}$. 但有时显化是困难的，甚至是不可能的，这就提出了一个问题：如果方程 $F(x, y) = 0$ 确定了隐函数 $y = f(x)$，怎样在不将它显化的情况下，用已知的方程 $F(x, y) = 0$ 来研究它所确定的隐函数 $y = f(x)$ 的性质呢？首先要弄清楚如何直接由方程 $F(x, y) = 0$ 来计算隐函数 $y = f(x)$ 的导数.

2. 隐函数的求导法

一般的，设方程 $F(x, y) = 0$ 确定了隐函数 $y = f(x)$，并设该隐函数 $y = f(x)$ 已代入 $F(x, y) = 0$，则方程 $F[x, f(x)] = 0$ 是恒等式，即

$$F(x, y) = F[x, f(x)] \equiv 0$$

在恒等式两端对 x 求导（左端的求导过程中，视 y 为复合函数的中间变量），得

$$[F(x, y)]' = 0$$

解出 y'，即是隐函数 $y = f(x)$ 的导数 $y' = f'(x)$.

例如，在方程 $x - y^3 + 1 = 0$ 两端对求 x 导数，得

$$1-3y^2 y'=0$$

解得

$$y'=\frac{1}{3y^2}=\frac{1}{3(1+x)^{\frac{2}{3}}}$$

这与直接由 $y=(1+x)^{\frac{1}{3}}$ 求导的结果是一样的.

又如，在方程 $x^2+y^2=r^2$ 两端对 x 求导数，得

$$2x+2yy'=0$$

解得

$$y'=-\frac{x}{y}=-\frac{x}{\pm\sqrt{r^2-x^2}}$$

这与由 $y=\pm\sqrt{r^2-x^2}$ 求导数的结果是一样的.

例 2.4.1　求方程 $\mathrm{e}^y+xy-\mathrm{e}^x=0$ 确定的隐函数 $y=f(x)$ 的导数.

解　把方程两边的每一项对 x 求导数，得

$$\mathrm{e}^y y'+y+xy'-\mathrm{e}^x=0$$

解得

$$y'=f'(x)=\frac{\mathrm{e}^x-y}{x+\mathrm{e}^y}$$

在左端对 x 的求导过程中，视 $y=f(x)$ 为复合函数的中间变量，因为

$$\mathrm{e}^{f(x)}+xf(x)-\mathrm{e}^x=0$$

即有

$$\mathrm{e}^{f(x)}f'(x)+(x)'f(x)+xf'(x)-\mathrm{e}^x=0$$

例 2.4.2　求由方程 $y=1-x\mathrm{e}^y$ 所确定的隐函数 $y=f(x)$ 在 $x=0$ 处的导数 $y'\big|_{x=0}$.

解　在方程两端分别对 x 求导数，得

$$y'=-\mathrm{e}^y-x\mathrm{e}^y y'$$

于是

$$(1+x\mathrm{e}^y)y'=-\mathrm{e}^y,\quad y'=-\frac{\mathrm{e}^y}{1+x\mathrm{e}^y}$$

因为当 $x=0$ 时，从原方程得 $y=1$，所以

$$y'\big|_{\substack{x=0\\y=1}}=-\frac{\mathrm{e}^1}{1+0\cdot\mathrm{e}^1}=-\mathrm{e}$$

例 2.4.3　求由方程 $\sin(x+y)=y^2\cos x$ 确定的隐函数 $y=f(x)$ 的曲线在原点处的切线方程.

解　方程两端对 x 求导数，得

$$\cos(x+y)(1+y')=2yy'\cos x+y^2\sin x$$

所以

$$y'\big|_{\substack{x=0\\y=0}}=\frac{y^2\sin x-\cos(x+y)}{-2y\cos x+\cos(x+y)}\bigg|_{\substack{x=0\\y=0}}=-1$$

从而切线方程为

$$x+y=0$$

例 2.4.4　求方程 $y=\sin(x+y)$ 确定的隐函数的二阶导数.

解　方程两端对 x 求导，得

$$y'=\cos(x+y)(1+y')$$

解得

$$y'=\frac{\cos(x+y)}{1-\cos(x+y)}$$

再求二阶导数，有两种解法：

方法 1　两边再对 x 求导数，得

$$\frac{\mathrm{d}^2y}{\mathrm{d}x^2}=\frac{\mathrm{d}}{\mathrm{d}x}\left(\frac{1}{1-\cos(x+y)}-1\right)=\frac{-[1-\cos(x+y)]'}{[1-\cos(x+y)]^2}$$

$$=\frac{-(1+y')\sin(x+y)}{[1-\cos(x+y)]^2}$$

$$=\frac{-\left[1+\dfrac{\cos(x+y)}{1-\cos(x+y)}\right]\sin(x+y)}{[1-\cos(x+y)]^2}$$

$$=-\frac{\sin(x+y)}{[1-\cos(x+y)]^3}$$

方法 2　在等式 $y'=\cos(x+y)(1+y')$ 两边对 x 再求导，此时把 y' 看成 x 的函数，得

$$y''=[\cos(x+y)]'(1+y')+\cos(x+y)(1+y')'$$

$$=-\sin(x+y)(1+y')^2+\cos(x+y)y''$$

$$y''=\frac{-\sin(x+y)(1+y')^2}{1-\cos(x+y)}$$

把 $y'=\dfrac{\cos(x+y)}{1-\cos(x+y)}$ 代入上式，得

$$y''=\frac{-\sin(x+y)\left[1+\dfrac{\cos(x+y)}{1-\cos(x+y)}\right]^2}{1-\cos(x+y)}$$

$$=\frac{-\sin(x+y)}{[1-\cos(x+y)]^3}$$

2. 对数求导法

根据隐函数求导法，还可以得到一个简化求导运算的方法．它适合于幂指函数和由几个因子通过乘、除、乘方、开方所构成的比较复杂的函数的求导．该方法是先取对数，化乘、除为加、减，化乘方、开方为乘积，然后利用隐函数求导法求导，因此称为对数求导法.

设 $y=f(x)$，两边取对数，得

$$\ln y=\ln f(x)$$

两边对 x 导，得

$$\frac{1}{y}y'=[\ln f(x)]',\quad y'=f(x)[\ln f(x)]'$$

例 2.4.5　设函数 $y=(x+1)^x$ $(x>-1)$，求 y'.

分析　此函数的底数和指数都有自变量 x，故称为幂指函数．对它求导可利用对数函数的性质，将幂运算转化为乘法运算，然后求导．对数求导法有如下两种形式：

方法 1　两边取对数，得

$$\ln y = \ln(x+1)^x = x\ln(x+1)$$

两边对 x 求导，得

$$\frac{y'}{y} = \ln(x+1) + \frac{x}{x+1}$$

解出 y'，得

$$y' = (x+1)^x \left[\ln(x+1) + \frac{x}{x+1} \right]$$

方法 2 由 $y = e^{\ln(x+1)^x} = e^{x\ln(x+1)}$，利用复合函数求导法则，得

$$y' = e^{\ln(x+1)^x} \left[x\ln(x+1) \right]'$$

$$= e^{x\ln(x+1)} \left[\ln(x+1) + \frac{x}{x+1} \right]$$

$$= (x+1)^x \left[\ln(x+1) + \frac{x}{x+1} \right]$$

注 方法 1 一般适用于单个的幂指函数；方法 2 一般适用于复杂函数中包含有幂指函数的情形，如 $y = x^x + \sin 2x$ 等. 而幂指函数的一般形式为

$$y = u^v (u > 0)$$

其中，u，v 是 x 的函数. 若 u，v 均可导，则可如例 2.4.5 那样利用对数求导法求出幂指函数的导数.

例 2.4.6 求函数 $y = \sqrt{\dfrac{(x-1)(x-2)}{(x-3)(x-4)}}$ 的导数.

解 假定 $x > 4$，先在两边取对数，得

$$\ln y = \frac{1}{2} \left[\ln(x-1) + \ln(x-2) - \ln(x-3) - \ln(x-4) \right]$$

上式两边对 x 求导，得

$$\frac{1}{y} y' = \frac{1}{2} \left(\frac{1}{x-1} + \frac{1}{x-2} - \frac{1}{x-3} - \frac{1}{x-4} \right)$$

于是

$$y' = \frac{y}{2} \left(\frac{1}{x-1} + \frac{1}{x-2} - \frac{1}{x-3} - \frac{1}{x-4} \right)$$

当 $x < 1$ 时，$y = \sqrt{\dfrac{(1-x)(2-x)}{(3-x)(4-x)}}$，当 $2 < x < 3$ 时，$y = \sqrt{\dfrac{(x-1)(x-2)}{(3-x)(4-x)}}$，用同样方法可得与上面相同的结果.

注 严格意义来说，本题应分 $x > 4$，$x < 1$，$2 < x < 3$ 三种情况讨论，但结果都是一样的.

2.4.2 由参数方程所确定函数的导数

在中学研究几何图形方程时，为了需要常常引入一个参数来构建自变量 x 和因变量 y 的关系. 例如，圆的方程可表示为

$$\begin{cases} x = R\cos\theta \\ y = R\sin\theta \end{cases}$$

式中　　R——圆的半径；

　　　　θ——圆心角，$0 \leq \theta \leq 2\pi$；

　x、y——流动点的横坐标和纵坐标.

如图 2.4.1 所示.

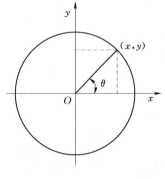

图 2.4.1

在圆的方程中，x，y 都是 θ 的函数. 如果把对应于同一个 θ 值的 y 与 x 的值看作是对应的，那么就得到 y 与 x 之间的函数关系. 消去方程中的参数 θ 有

$$x^2 + y^2 = R^2$$

这就是因变量 y 与自变量 x 直接联系着的式子，也是圆的方程所确定的函数的隐式表示.

一般的，设 y 与 x 函数关系是由参数方程

$$\begin{cases} x = \varphi(t) \\ y = \psi(t) \end{cases}$$

确定的，则称此函数关系所表达的函数为由参数方程所确定的函数.

1. 由参数方程所确定函数的导数

在实际问题中，需要计算由参数方程所确定的函数的导数，但从参数方程中消去参数有时会有困难，甚至是不可能的. 因此，应试着寻求一种能直接由参数方程算出它所确定的函数的导数的方法.

设 $x = \varphi(t)$ 具有单调连续反函数 $t = \varphi^{-1}(x)$，且此反函数能与函数 $y = \psi(t)$ 构成复合函数 $y = \psi[\varphi^{-1}(x)]$，若 $x = \varphi(t)$ 和 $y = \psi(t)$ 都可导，则

$$\frac{\mathrm{d}y}{\mathrm{d}x} = \frac{\mathrm{d}y}{\mathrm{d}t} \cdot \frac{\mathrm{d}t}{\mathrm{d}x} = \frac{\mathrm{d}y}{\mathrm{d}t} \cdot \frac{1}{\frac{\mathrm{d}x}{\mathrm{d}t}} = \frac{\psi'(t)}{\varphi'(t)}$$

即

$$\frac{\mathrm{d}y}{\mathrm{d}x} = \frac{\psi'(t)}{\varphi'(t)}$$

或

$$\frac{\mathrm{d}y}{\mathrm{d}x} = \frac{\frac{\mathrm{d}y}{\mathrm{d}t}}{\frac{\mathrm{d}x}{\mathrm{d}t}}$$

以上就是由参数方程所确定的函数的导数计算公式.

例 2.4.7　求椭圆 $\begin{cases} x = a\cos t \\ y = b\sin t \end{cases}$（如图 2.4.2 所示）在相应于 $t = \dfrac{\pi}{4}$ 点处的切线方程.

解　因

$$\frac{\mathrm{d}y}{\mathrm{d}x} = \frac{(b\sin t)'}{(a\cos t)'} = \frac{b\cos t}{-a\sin t} = -\frac{b}{a}\cot t$$

故所求切线的斜率为

$$\left. \frac{\mathrm{d}y}{\mathrm{d}x} \right|_{t=\frac{\pi}{4}} = -\frac{b}{a}$$

切点 M_0 的坐标为

$$x_0=a\cos\frac{\pi}{4}=a\frac{\sqrt{2}}{2}$$

$$y_0=b\cos\frac{\pi}{4}=b\frac{\sqrt{2}}{2}$$

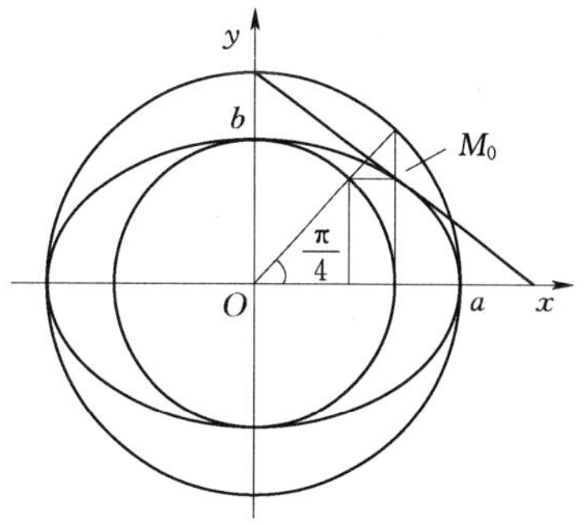

图 2.4.2

故切线方程为

$$y-b\frac{\sqrt{2}}{2}=-\frac{b}{a}\left(x-a\frac{\sqrt{2}}{2}\right)$$

即

$$bx+ay-\sqrt{2}ab=0$$

2. 由参数方程所确定函数的高阶导数

若函数 $x=\varphi(t)$ 与 $y=\psi(t)$ 具有二阶导数，则有

$$\begin{aligned}y''=\frac{d^2y}{dx^2}&=\frac{d}{dx}\left(\frac{dy}{dx}\right)=\frac{d}{dt}\left(\frac{dy}{dx}\right)\cdot\frac{dt}{dx}=\frac{d}{dt}\left(\frac{\psi'(t)}{\varphi'(t)}\right)\cdot\frac{1}{\varphi'(t)}\\&=\frac{\psi''(t)\varphi'(t)-\psi'(t)\varphi''(t)}{[\varphi'(t)]^2}\frac{1}{\varphi'(t)}\\&=\frac{\psi''(t)\varphi'(t)-\psi'(t)\varphi''(t)}{[\varphi'(t)]^3}\end{aligned}$$

即

$$\frac{d^2y}{dx^2}=\frac{\psi''(t)\varphi'(t)-\psi'(t)\varphi''(t)}{[\varphi'(t)]^3}$$

以上就是由参数方程所确定函数的二阶导数计算公式，该公式只要掌握了二阶导数与一阶导数的关系

$$\frac{d^2y}{dx^2}=\frac{\left(\frac{dy}{dx}\right)'_t}{\varphi'(t)}$$

及推导公式的方法，结论自然可得.

习　题　2.4

1. 求由下列方程所确认的隐函数 $y(x)$ 的导数$\frac{dy}{dx}$：

(1) $x^3-2x^2y+y^3=0$　　(2) $y=1+xe^y$

(3) $y=\cos x+\sin y$　　(4) $y=\tan(x+y)$

(5) $xy+\ln y=1$　　(6) $e^{x+y}-xy=e$

2. 求曲线$\sqrt{y}-\sqrt{x}=1$ 在点（1，4）处的切线方程和法线方程.

3. 求由下列方程所确定的隐函数 $y(x)$ 的一阶导数$\frac{dy}{dx}$和二阶导数$\frac{d^2y}{dx^2}$.

(1) $x-y+y^2=1$　　(2) $e^y=xy$

4. 利用对数求导法，求下列函数的导数.

(1) $y=\sqrt{\dfrac{(x+1)(x+2)}{(x+3)(x+4)}}$　　　　(2) $y=\dfrac{(x-1)^4\sqrt{3-2x}}{\sqrt[3]{(3x^2+1)^2}}$

(3) $y=x^x$　　　　　　　　　　　(4) $y=(\cos x)^{\frac{1}{x}}$

5. 求下列参数式函数的一阶导数 $\dfrac{\mathrm{d}y}{\mathrm{d}x}$ 和二阶导数 $\dfrac{\mathrm{d}^2 y}{\mathrm{d}x^2}$.

(1) $\begin{cases} x=t^2 \\ y=2t^3 \end{cases}$　　　　　　　(2) $\begin{cases} x=\cos t \\ y=\sin t \end{cases}$

(3) $\begin{cases} x=\mathrm{e}^{-t} \\ y=\mathrm{e}^t+t \end{cases}$　　　　　(4) $\begin{cases} x=a(\cos t+t\sin t) \\ y=a(\sin t)-t\cos t \end{cases}$

2.5　函 数 的 微 分

很多时候，容易知道一个函数 $y=f(x)$ 在点 x_0 处的函数值 $f(x_0)$，而难于计算在该点附近的点 $x_0+\Delta x$ 的函数值 $f(x_0+\Delta x)$，有时还需要计算函数的增量 Δy. 对这些问题的研究导致了数学上微分概念的产生. 本节将先引入微分定义，再指出微分与导数的关系，最后讨论函数值的近似计算问题.

2.5.1　微分的概念

1. 微分的定义

首先，从一个实例谈起. 一正方形金属薄板，随着温度的变化，边长由 x_0 变至 $x_0+\Delta x$，如图 2.5.1 所示，问此时薄片的面积改变了多少？

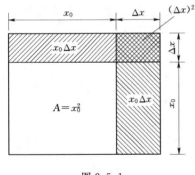

图 2.5.1

设此正方形的边长为 x，面积为 S，则 S 是 $S=x^2$ 的函数：故金属薄片的面积改变量为

$$\Delta S=(x_0+\Delta x)^2-x_0^2=2x_0\Delta x+(\Delta x)^2$$

上式表明面积改变量可以表示成两部分的和，从几何意义上看：$2x_0\Delta x$ 表示两个长为 x_0、宽为 Δx 的长方形面积，$(\Delta x)^2$ 表示边长为 Δx 的正方形面积. 从数学表达式上看：第一项 $2x_0$ 是常数，$2x_0\Delta x$ 是变量 Δx 的线性函数；第二项 $(\Delta x)^2$ 当 $\Delta x\to 0$ 时是比 Δx 高阶的无穷小. 显然，当 Δx 很小时，可以用 ΔS 的线性主要部分 $2x_0\Delta x$ 近似地代替 ΔS 的值.

一般的，若函数 $y=f(x)$ 满足一定条件，则函数的增量 Δy 可表示为

$$\Delta y=A\Delta x+o(\Delta x)$$

其中，A 是不依赖于 Δx 的常数，因此 $A\Delta x$ 是 Δx 的线性函数，$A\Delta x$ 是 Δy 的主要部分，称为 Δy 的线性主部. 它与 Δy 的差

$$\Delta y-A\Delta x=o(\Delta x)$$

是比 Δx 高阶的无穷小. 所以，当 $A\neq 0$，且 $|\Delta x|$ 很小时，就可近似地用 $A\Delta x$ 来代替 Δy. 当 $|\Delta x|$ 较小时，即有 $\Delta y\approx A\Delta x$，其误差是 Δx 的高阶无穷小.

这种略去关于 Δx 的高阶无穷小，以 Δx 的线性函数取代 Δy 的处理方法正是微分概

念的本质所在.

定义 2.5.1 设函数 $y=f(x)$ 在某区间内有定义，x_0 及 $x_0+\Delta x$ 在该区间内，如果函数的增量

$$\Delta y=f(x_0+\Delta x)-f(x_0)$$

可表示为

$$\Delta y=A\Delta x+o(\Delta x)$$

其中，A 是不依赖于 Δx 的常数，那么称函数 $y=f(x)$ 在点 x_0 处是可微的，而 $A\Delta x$ 则称为函数 $y=f(x)$ 在点 x_0 处相应于自变量增量 Δx 的微分，记作 $\mathrm{d}y$，即

$$\mathrm{d}y=A\Delta x$$

2. 微分与可导的关系

可微与可导之间是有关系的. 下面的定理不但给出了可微与可导的关系，而且还解决了如果函数 $y=f(x)$ 在点 x_0 处可微，如何求常数 A 的问题.

定理 2.5.1 函数 $y=f(x)$ 在点 x_0 处可微的充分必要条件是函数 $y=f(x)$ 在点 x_0 处可导，且

$$\mathrm{d}y\big|_{x=x_0}=f'(x_0)\Delta x$$

证 必要性：设函数 $y=f(x)$ 在点 x_0 处可微，则有

$$\Delta y-A\Delta x+o(\Delta x)$$

从而

$$\frac{\Delta y}{\Delta x}=A+\frac{o(\Delta x)}{\Delta x}$$

令 $\Delta x\to 0$，两边取极限，得

$$f'(x_0)=\lim_{\Delta x\to 0}\frac{\Delta y}{\Delta x}=A$$

这表明函数 $f(x)$ 在点 x_0 处可导，且 $f'(x_0)=A$，即有

$$\mathrm{d}y\big|_{x=x_0}=f'(x_0)\Delta x$$

充分性：如果函数 $y=f(x)$ 在点 x_0 处可导，则有

$$\lim_{\Delta x\to 0}\frac{\Delta y}{\Delta x}=f'(x_0)$$

从而

$$\frac{\Delta y}{\Delta x}=f'(x_0)+\alpha,(\lim_{\Delta x\to 0}\alpha=0)$$

于是

$$\Delta y=f'(x_0)\Delta x+\alpha\Delta x$$

由于 $f'(x_0)$ 是与 x_0 无关的常数，且 $\lim\limits_{\Delta x\to 0}\dfrac{\alpha\Delta x}{\Delta x}=0$，由微分定义知，函数 $y=f(x)$ 在点 x_0 处可微.

求函数在一点处的微分，实际上就是计算函数在这一点的导数，然后再乘以自变量的改变量，即 $\mathrm{d}y\big|_{x=x_0}=f'(x_0)\Delta x$. 函数 $y=f(x)$ 在任意点 x 处微分，称为函数的微分，记作 $\mathrm{d}y$ 或 $\mathrm{d}f(x)$，即

$$dy = f'(x)\Delta x$$

例如

$$d\cos x = (\cos x)'\Delta x = -\sin x \Delta x, de^x = (e^x)'\Delta x = e^x \Delta x$$

当 $f'(x_0)\neq 0$ 时，有

$$\lim_{\Delta x \to 0}\frac{\Delta y}{dy} = \lim_{\Delta x \to 0}\frac{\Delta y}{f'(x_0)\Delta x} = \frac{1}{f'(x_0)}\lim_{\Delta x \to 0}\frac{\Delta y}{\Delta x} = 1$$

从而，当 $\Delta x \to 0$ 时，Δy 与 dy 是等价无穷小，这时有

$$\Delta y = dy + o(dy)$$

即 dy 是 Δy 的主部．又由于 $dy = f'(x_0)\Delta x$ 是 Δx 的线性函数，所以在 $f'(x_0)\neq 0$ 且 $\Delta x \to 0$ 的条件下，dy 是 Δy 的线性主部．这时有

$$\lim_{\Delta x \to 0}\frac{\Delta y - dy}{dy} = 0$$

从而有

$$\lim_{\Delta x \to 0}\left|\frac{\Delta y - dy}{dy}\right| = 0$$

式子 $\left|\dfrac{\Delta y - dy}{dy}\right|$ 表示以 dy 近似地代替 Δy 时的相对误差，于是得出结论：在 $f'(x_0)\neq 0$ 的条件下，以微分 $dy = f'(x_0)\Delta x$ 近似地代替增量 $\Delta y = f(x_0 + \Delta x) - f(x_0)$，相对误差当 $\Delta x \to 0$ 时趋于 0．因此，在 $|\Delta x|$ 很小时，有精确度较好的近似公式．

例 2.5.1　求函数 $y = x^2 + 3$ 在点 $x = 1$ 和 $x = 3$ 处的微分．

解　函数 $y = x^2 + 3$ 在点 $x = 1$ 处的微分为

$$dy = (x^2 + 3)'\big|_{x=1}\Delta x = 2\Delta x$$

函数 $y = x^2 + 3$ 在点 $x = 3$ 处的微分为

$$dy = (x^2 + 3)'\big|_{x=3}\Delta x = 6\Delta x$$

注　函数的微分 $dy = f'(x)\Delta x$ 与 x 和 Δx 都有关系．

例 2.5.2　分别计算函数 $y = x^2 - 3x + 7$ 在点 $x = 1$ 处，当 $\Delta x = 0.1$ 和 $\Delta x = 0.01$ 时的增量和微分．

解　因为

$$\Delta y = [(x + \Delta x)^2 - 3(x + \Delta x) + 7] - (x^3 - 3x + 7)$$
$$= (2x - 3)\Delta x + (\Delta x)^2$$
$$\Delta y\big|_{x=1} = -\Delta x + (\Delta x)^2$$
$$dy = y'\Delta x = (2x - 3)\Delta x, dy\big|_{x=1} = y'\big|_{x=1}\Delta x = -\Delta x$$

所以

(1) 当 $\Delta x = 0.1$ 时，$\Delta y = -0.1 + (0.1)^2 = -0.09$，$dy = -0.1$，$\Delta y - dy = 0.01$．

(2) 当 $\Delta x = 0.01$ 时，$\Delta y = -0.01 + (0.1)^2 = 0.009$，$dy = -0.01$，$\Delta y - dy = 0.0001$．

由此题可见：如果用 $f'(x_0)\Delta x$ 代替 Δy 可以简化计算，其误差也较小，且 $|\Delta x|$ 越小，误差就越小．

函数 $y = f(x)$ 的微分是 $dy = f'(x)\Delta x$，那么自变量的微分如何表示呢？设函数就是

自变量, 即 $y=f(x)=x$, 那么, 这个函数的微分就是自变量的微分, 即

$$\mathrm{d}y=\mathrm{d}x$$

另一方面, 由微分的定义, 有

$$\mathrm{d}y=f'(x)\Delta x=(x)'\Delta x=1\times\Delta x=\Delta x$$

联立二者, 即得 $\mathrm{d}x=\Delta x$, 即自变量的微分等于自变量的改变量. 于是, 可以将微分表达式

$$\mathrm{d}y=\mathrm{d}f(x)=f'(x)\Delta x$$

改为

$$\mathrm{d}y=\mathrm{d}f(x)=f'(x)\mathrm{d}x \qquad (2.3)$$

式 (2.3) 将作为函数 $y=f(x)$ 的微分表达式. 实际上, 导数的记法 $\dfrac{\mathrm{d}y}{\mathrm{d}x}=f'(x)$ 就是由式 (2.3) 得到的, 因此导数又称微商.

3. 微分的几何意义

为了更好地理解微分的概念, 现讨论一下微分的几何意义.

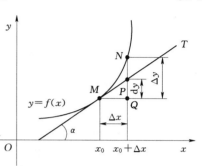

图 2.5.2

设 $M(x_0, y_0)$ 是函数 $y=f(x)$ 的图形曲线上的一定点, 给自变量 x 一微小增量 Δx, 可得曲线上另一点 $N(x_0+\Delta x, y_0+\Delta y)$, 由图 2.5.2 知: $\overline{MQ}=\Delta x$, $\overline{QN}=\Delta y$, 设曲线在点 M 的切线的倾角为 α, 则

$$\overline{PQ}=\overline{MQ}\tan\alpha=\Delta x f'(x_0)=\mathrm{d}y$$

所以, 当 Δy 是曲线上点的纵坐标的增量时, $\mathrm{d}y$ 就是曲线切线上此点的纵坐标的相应增量.

2.5.2 微分公式与微分运算法则

从函数的微分的表达式

$$\mathrm{d}y=f'(x)\mathrm{d}x$$

可以看出, 要计算函数的微分, 只要计算函数的导数, 再乘以自变量的微分. 因此, 可得如下微分公式和微分运算法则.

1. 基本初等函数的微分公式

由基本初等函数的导数公式, 可直接写出基本初等函数的微分公式, 见表 2.5.1.

表 2.5.1

导 数 公 式	微 分 公 式
$(x^\mu)'=\mu x^{\mu-1}$	$\mathrm{d}(x^\mu)=\mu x^{\mu-1}\mathrm{d}x$
$(\sin x)'=\cos x$	$\mathrm{d}(\sin x)=\cos x\mathrm{d}x$
$(\cos x)'=-\sin x$	$\mathrm{d}(\cos x)=-\sin x\mathrm{d}x$
$(\tan x)'=\sec^2 x$	$\mathrm{d}(\tan x)=\sec^2 x\mathrm{d}x$
$(\cot x)'=-\csc^2 x$	$\mathrm{d}(\cot x)=-\csc^2 x\mathrm{d}x$
$(\sec x)'=\sec x\tan x$	$\mathrm{d}(\sec x)=\sec x\tan x\mathrm{d}x$

导　数　公　式	微　分　公　式
$(\csc x)' = -\csc x\cot x$	$d(\csc x) = -\csc x\cot x dx$
$(a^x)' = a^x\ln a$	$d(a^x) = a^x\ln a dx$
$(e^x)' = e^x$	$d(e^x) = e^x dx$
$(\log_a x)' = \dfrac{1}{x\ln a}$	$d(\log_a x) = \dfrac{1}{x\ln a}dx$
$(\ln x)' = \dfrac{1}{x}$	$d(\ln x) = \dfrac{1}{x}dx$
$(\arcsin x)' = \dfrac{1}{\sqrt{1-x^2}}$	$d(\arcsin x) = \dfrac{1}{\sqrt{1-x^2}}dx$
$(\arccos x)' = -\dfrac{1}{\sqrt{1-x^2}}$	$d(\arccos x) = -\dfrac{1}{\sqrt{1-x^2}}dx$
$(\arctan x)' = \dfrac{1}{1+x^2}$	$d(\arctan x) = \dfrac{1}{1+x^2}dx$
$(\operatorname{arccot} x)' = -\dfrac{1}{1+x^2}$	$d(\operatorname{arccot} x) = -\dfrac{1}{1+x^2}dx$

2. 函数和、差、积、商的微分法则

由函数和、差、积、商的求导法则，可推得相应的微分法则，见表 2.5.2.

表 2.5.2

函数和、差、积、商的求导法则	函数和、差、积、商的微分法则
$(u\pm v)' = u'\pm v'$	$d(u\pm v) = du\pm dv$
$(Cu)' = Cu'$	$d(Cu) = Cdu$
$(uv)' = u'v\pm uv'$	$d(uv) = vdu\pm udv$
$\left(\dfrac{u}{v}\right)' = \dfrac{u'v-uv'}{v^2}\quad(v\neq 0)$	$d\left(\dfrac{u}{v}\right) = \dfrac{vdu-udv}{v^2}\quad(v\neq 0)$

注　表中 $u=u(x)$，$v=v(x)$ 可导.

现在，以乘积的微分法则为例加以证明. 由函数微分的表达式，有

$$d(uv) = (uv)'dx$$

而

$$(uv)' = u'v+uv'$$

于是

$$d(uv) = (u'v+uv')dx = u'vdx + uv'dx$$

$$u'dx = du,\quad v'dx = dv$$

所以

$$d(uv) = vdu + udv$$

其他法则都可以类似的方法证明.

3. 复合函数的微分法则

定理 2.5.2（复合函数微分法则）　若函数 $u=\varphi(x)$ 在点 x 处可微，函数 $y=f(u)$ 在对应点 u 处可微，则复合函数 $y=f[\varphi(x)]$ 在点 x 处可微，且

$$dy = f'(u)du = f'(u)\varphi'(x)dx$$

证 因为 $y = f(u)$ 及 $u = \varphi(x)$ 都可导，则复合函数 $y = f[\varphi(x)]$ 的微分为

$$dy = y_x'dx = f'(u)\varphi'(x)dx$$

由于

$$\varphi'(x)dx = du$$

所以，复合函数 $y = f[\varphi(x)]$ 的微分公式也可写成

$$dy = f'(u)du \quad 或 \quad dy = y_u'du$$

即

$$dy = \frac{dy}{dx}dx = f'(u)\varphi'(x)dx = f'(u)du$$

这表明，无论 u 是自变量，还是中间变量，函数 $y = f(u)$ 都具有相同的微分表达式，即对自变量微分就等于对中间变量微分. 这个性质称为函数的**一阶微分形式不变性**. 而函数的导数就不具备这种形式，对中间变量的导数与通过中间变量对自变量的导数是不同的. 一阶微分形式不变性，使得在计算函数的微分时不必考虑是对自变量的微分，还是对中间变量的微分，这给微分运算带来很大的方便，所以一阶微分形式不变性常用来计算较为复杂的函数的微分.

例 2.5.3 $y = \sin(x^2 + 1)$，求 dy.

解 把 $x^2 + 1$ 看成中间变量 u，则

$$dy = d(\sin u) = \cos u du = \cos(x^2 + 1)d(x^2 + 1)$$
$$= \cos(x^2 + 1) \cdot 2xdx = 2x\cos(x^2 + 1)dx$$

根据复合函数微分法则，在求复合函数的导数时，可以不写出中间变量.

例 2.5.4 设 $y = \ln(x + \sqrt{x^2 + 1})$，求 dy.

解

$$dy = \frac{d(x + \sqrt{x^2 + 1})}{x + \sqrt{x^2 + 1}} = \frac{dx + d\sqrt{x^2 + 1}}{x + \sqrt{x^2 + 1}}$$
$$= \frac{1}{x + \sqrt{x^2 + 1}}\left(dx + \frac{d(x^2 + 1)}{2\sqrt{x^2 + 1}}\right)$$
$$= \frac{1}{x + \sqrt{x^2 + 1}}\left(1 + \frac{x}{\sqrt{x^2 + 1}}\right)dx = \frac{1}{\sqrt{x^2 + 1}}dx$$

例 2.5.5 $y = e^{-ax}\sin bx$，求 dy.

解 应用积的微分法则，得

$$dy = d(e^{-ax}\sin bx) = \sin bx de^{-ax} + e^{-ax}d(\sin bx)$$
$$= \sin bx e^{-ax}d(-ax) + e^{-ax}\cos bx d(bx)$$
$$= -a\sin bx e^{-ax}dx + be^{-ax}\cos bx dx$$

例 2.5.6 设 $y + xe^y = 1$，求 dy.

解 等式两端求微分，得

$$dy + e^y dx + xd(e^y) = 0$$

即

$$dy + e^y dx + xe^y dy = 0$$

所以

$$\mathrm{d}y = \frac{-\mathrm{e}^y}{1 + x\mathrm{e}^y}\mathrm{d}x$$

例 2.5.7　在下列等式左端的括号中填入适当的函数，使等式成立.

(1) d(　)＝$x\mathrm{d}x$.

(2) d(　)＝$\cos\omega t\mathrm{d}t$.

解　(1) 因为

$$\mathrm{d}(x^2) = 2x\mathrm{d}x$$

所以

$$x\mathrm{d}x = \frac{1}{2}\mathrm{d}(x^2) = \mathrm{d}\left(\frac{x^2}{2}\right)$$

即

$$\mathrm{d}\left(\frac{x^2}{2}\right) = x\mathrm{d}x$$

一般的，有

$$\mathrm{d}\left(\frac{x^2}{2} + C\right) = x\mathrm{d}x \quad (C \text{ 是任意常数})$$

(2) 因为

$$\mathrm{d}(\sin\omega t) = \omega\cos\omega t\mathrm{d}t$$

所以

$$\cos\omega t\mathrm{d}t = \frac{1}{\omega}\mathrm{d}(\sin\omega t) = \mathrm{d}\left(\frac{1}{\omega}\sin\omega t\right)$$

即

$$\mathrm{d}\left(\frac{1}{\omega}\sin\omega t\right) = \cos\omega t\mathrm{d}t$$

一般的，有

$$\mathrm{d}\left(\frac{1}{\omega}\sin\omega t + C\right) = \cos\omega t\mathrm{d}t \quad (C \text{ 是任意常数})$$

习　题　2.5

1. 已知函数 $y = x^2$，计算在 $x = 2$ 处当 Δx 分别等于 1，-0.1，0.01 时的 Δy，$\mathrm{d}y$ 及 $\Delta y - \mathrm{d}y$.

2. 设函数 $y = f(x)$ 的图形如图 2.5.3 所示，在图中分别标出点 x_0 处的 Δy，$\mathrm{d}y$ 及 $\Delta y - \mathrm{d}y$，并说明其正负.

3. 求下列函数的微分.

(1) $y = x + \dfrac{1}{x}$

(2) $y = \ln\arctan(-x)$

(3) $y = x^3\sin 5x$

(4) $y = \dfrac{x}{\sqrt{1 - x^2}}$

(5) $y = \tan^2(3x + \mathrm{e}^{-2x})$

(6) $y = x\ln(x + \sqrt{x^2 - 1})$

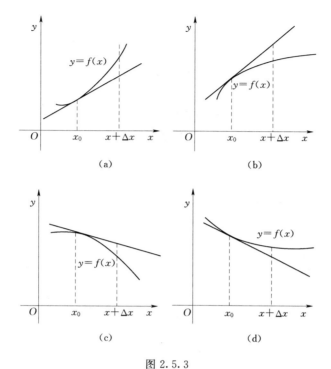

图 2.5.3

4. 用微分求由下列方程所确定的函数的微分 $\mathrm{d}y$ 与导数 $\dfrac{\mathrm{d}y}{\mathrm{d}x}$.

(1) $y-x\ln y=1$　　　　　　(2) $\mathrm{e}^{x+y}-xy=\mathrm{e}$

5. 将适当的函数填入下列括号内，使等式成立.

(1) $\mathrm{d}($　　　　$)=2\mathrm{d}x$　　　　(2) $\mathrm{d}($　　　　$)=(2x+1)\mathrm{d}x$

(3) $\mathrm{d}($　　　　$)=\dfrac{1}{\sqrt{x}}\mathrm{d}x$　　(4) $\mathrm{d}($　　　　$)=\dfrac{1}{x^2}\mathrm{d}x$

(5) $\mathrm{d}($　　　　$)=\dfrac{1}{1+x}\mathrm{d}x$　(6) $\mathrm{d}($　　　　$)=\dfrac{1}{1+x^2}\mathrm{d}x$

(7) $\mathrm{d}($　　　　$)=\mathrm{e}^{-3x}\mathrm{d}x$　　(8) $\mathrm{d}($　　　　$)=\sec^2 2x\mathrm{d}x$

(9) $\mathrm{d}($　　　　$)=\cos\dfrac{x}{2}\mathrm{d}x$　(10) $\mathrm{d}($　　　　$)=\sin\dfrac{x}{2}\mathrm{d}x$

6. 利用微分计算近似值.

(1) $\mathrm{e}^{1.01}$　　　　　　　　　(2) $\arctan 1.02$

总　习　题　二

一、选择题

1. 设函数 $f(x)$ 在 x 处可导，a 为常数，则 $\lim\limits_{\Delta x\to 0}\dfrac{f(x+a\cdot\Delta x)-f(x)}{\Delta x}=($　　$)$.

(A) $f'(x)$　　　(B) $af'(a)$　　　(C) $af'(x)$　　　(D) $f'(a)$

2. 设 $f(x)=\begin{cases}\dfrac{|x^2-1|}{x-1} & (x\neq1)\\ 2 & (x=1)\end{cases}$，则在点 $x=1$ 处，函数 $f(x)$（　　）.

（A）不连续　　　　　（B）连续但不可导　　（C）可导但导数不连续　　（D）导数连续

3. 下列命题正确的是（　　）.

（A）$f(x)$ 在点 x_0 连续的充分必要条件是 $f(x)$ 在点 x_0 处可导

（B）若 $f'(x)=x^2$ 是偶函数，则 $f(x)$ 必为奇函数

（C）若 $\lim\limits_{x\to0}\dfrac{f(x)}{x}=a$，则 $f'(0)=a$

（D）若 $f(x)=\begin{cases}\dfrac{x+\ln(1-x^2)}{x} & (x\neq0)\\ 1 & (x=0)\end{cases}$，则 $f'(0)=-1$

4. 设 $f'(x)=f(1-x)$. 则（　　）成立.

（A）$f''(x)+f'(x)=0$　　　　　　　　　（B）$f''(x)-f'(x)=0$

（C）$f''(x)-f(x)=0$　　　　　　　　　（D）$f''(x)+f(x)=0$

5. 已知函数 $y=f(x)$ 在 x 处的改变量 $\Delta y=\dfrac{\Delta x}{1+x^2}+o(\Delta x)$，又 $f(0)=0$，则 $f(1)=$（　　）.

（A）0　　　　　　　（B）$\dfrac{\pi}{4}$　　　　　　　（C）$\dfrac{\pi}{2}$　　　　　　　（D）π

6. 下列各式中，（　　）是错误的.

（A）$\dfrac{1}{\sqrt{x}}\mathrm{d}x=\mathrm{d}(2\sqrt{x})$　　　　　　　　（B）$\dfrac{1}{x^3}\mathrm{d}x=-2\mathrm{d}\left(\dfrac{1}{x^2}\right)$

（C）$x^2\mathrm{d}x=\dfrac{1}{6}\mathrm{d}\ (2x^3-4)$　　　　　　　（D）$\dfrac{x\mathrm{d}x}{\sqrt{1-x^2}}=\mathrm{d}(1-\sqrt{1-x^2})$

二、填空题

1. 已知 $f'(2)=2$，则 $\lim\limits_{\Delta x\to0}\dfrac{f(2-\Delta x)-f(2)}{2\Delta x}=$ _____.

2. 设函数 $f(x)$ 可微，且 $f(x)=\mathrm{e}^{-2x}+\ln2+3\lim\limits_{x\to0}f(x)$，则 $f'(x)=$ _____.

3. 设 $y(x)=(x+1)(2x+1)(3x+1)^3(4x+1)$，则 $y'\left(-\dfrac{1}{2}\right)=$ _____.

4. 知 $y(x)=f(2x)$，且 $f'(x)=\dfrac{1}{1+\mathrm{e}^x}$，则 $\dfrac{\mathrm{d}y}{\mathrm{d}x}\Big|_{x=1}=$ _____.

5. 设周期为 4 的函数 $f(x)$ 在 $(-\infty,+\infty)$ 内可导，又 $\lim\limits_{x\to0}\dfrac{f(1)-f(1-x)}{2x}=-1$，则曲线 $y=f(x)$ 在点 $[5,f(5)]$ 处的斜率是 _____.

6. 已知函数 $y=\ln\sqrt{\dfrac{1-x}{1+x}}$，则 $y''|_{x=0}=$ _____.

7. 若 $y=x\ln x$，则 $y^{(10)}=$ _____.

8. 设 $y=f(\ln x)\mathrm{e}^{f(x)}$，其中 f 可微，则 $\mathrm{d}y=$ _____.

9. 设可导函数 $f(x)$ 满足 $f'(1)=1$，又 $y=f(\ln x)$，则 $\mathrm{d}y|_{x=e}=($　　$)$.

三、计算题

1. 已知 $f(1)=0$，$f'(1)=2$，求极限 $\lim\limits_{t\to+\infty}tf\left(1-\dfrac{1}{t}\right)$.

2. 设 $f(x)=\begin{cases} e^{2x}+b & (x<0) \\ \sin ax & (x\geqslant 0) \end{cases}$ 在 $x=0$ 处可导，求常数 a，b 的值.

3. 若曲线 $y=x^2+ax+b$ 与曲线 $2y=-1+xy^3$ 在点 $(1，-1)$ 处相切，求常数 a，b.

4. 求由方程 $xy-e^x+e^y=0$ 所确定的隐函数 y 的导数 $\dfrac{\mathrm{d}y}{\mathrm{d}x}$，$\dfrac{\mathrm{d}y}{\mathrm{d}x}\Big|_{x=0}$

5. 设方程 $\ln\sqrt{x^2+y^2}=\arctan\dfrac{y}{x}$ 确定函数 $y=y(x)$，求 y''.

6. 设 $\tan y=x+y$，求 $\mathrm{d}y$.

微 积 分 的 诞 生

在一切理论成就中，未必再有什么像 17 世纪下半叶微积分的发现那样被看作人类精神的最高胜利了. 如果在某个地方我们看到人类精神的纯粹的和唯一的功绩，那就正是在这里.

——恩格斯

1. 诞生的背景

微积分的诞生是数学史上的奇观之一，了解微积分概念的发展史会使我们受益良多.

微积分成为一门学科，是在 17 世纪. 经历了文艺复兴运动的欧洲，社会生产力得到了空前的解放和提高，精密科学从当时的生产与社会生活中获得巨大动力，航海学引起了对天文学及光学的高度兴趣，造船学、机器制造与建筑、堤坝及运河的修建、弹道学及一般的军事问题等促进了力学的发展. 而天文学、力学、光学以及工业技术本身，要求对当时的数学作彻底的革新.

微积分的诞生主要源于解决以下四类问题：

(1) 变速直线运动的路程、速度与加速度.

变速直线运动中，已知物体运动的路程与时间的关系，求物体在任意时刻的速度和加速度. 反过来，已知物体运动的加速度，求物体在任意时刻的速度和路程.

困难在于所涉及的速度和加速度时刻都在变化. 比如，计算瞬时速度，就不能像计算平均速度那样，用运动的距离除以运动时间，因为在给定的瞬间，移动的距离和所用的时间都为 0，而 $\dfrac{0}{0}$ 是没有意义的.

(2) 曲线的切线.

这是一个纯数学问题,但对于科学应用具有重大意义.例如在光学中,透镜的设计就用到曲线的切线和法线的知识.另一个涉及曲线的切线的科学问题出现在运动研究中,运动物体在它的轨迹上任意一点处的方向,是轨线的切线方向.

实际上,甚至"切线"本身的意义也没有解决.对于圆锥曲线,把切线定义为和曲线只接触一点且位于曲线一边的直线就足够了.这个定义古希腊人曾经用过,但对于 17 世纪所用的比较复杂的曲线,它就不适用了.

(3) 函数的最大值和最小值.

在弹道学中涉及炮弹的射程问题,在天文学中涉及行星和太阳的最近和最远距离问题.

(4) 求积问题.

求曲线的弧长、曲线围成的面积、曲面围成的体积、物体的质心、一个体积相当大的物体作用于另一物体上的引力等.

这类问题在古希腊已经开始研究,但方法缺乏一般性.

2. 先驱者的工作

早在古代数学中,就产生了微分和积分这两个概念的思想萌芽,形成了两种基本的数学运算,它们分别被人们加以研究和发展.

积分学的起源可追溯到古希腊时代,其早期发展史纵跨了两千年的时间,其思想最初出现在求面积、体积等问题中.公元前 3 世纪,阿基米德(Archimedes,古希腊,约公元前 287—前 212)用"穷竭法"和"平衡法"研究解决了圆面积、球和球冠表面积、球和球缺体体积等问题.中国魏晋时代的刘徽(生于公元 250 年前后)在其《九章算术注》中,对于计算圆面积提出了著名的"割圆术"——"割之弥细,所失弥少.割之又割,以至于不可割,则与圆周合体,而无所失矣."他还提出了解决球体体积的设想.200 年后,祖冲之的儿子祖暅沿着刘徽的思路完成了球体体积公式的推导.这些都蕴含着积分学的思想.16 世纪以后,欧洲数学家们沿用阿基米德的方法求面积、体积等问题,并不断加以改进.第一个试图将阿基米德方法推广的是天文学家和数学家开普勒(Kepler,德,1571—1630).他发现酒商用来计算酒桶体积的方法很不精确,就努力探求计算体积的正确方法,写成《酒桶的新立体几何》一书,其方法的精华就是用无穷小元素之和来计算面积和体积.费马(Fermat,法,1601—1665)也得到了类似结果,在费马求体积过程中,已体现了定积分的概念和运算的大部分的主要方面,和其他人相比,他的工作是领先的.还应提到沃利斯(Wallis,英,1616—1703),他把计算联系到自然数的方幂和问题.更接近定积分的现代理解法的是帕斯卡(Pascal,法,1623—1662)所使用的方法,他计算了种种面积、体积、弧长,并解决了求质心位置等一系列问题.

相对来说,微分学的历史就短得多.微分学的诞生源于对切线、极值和运动速度等问题的研究.从一般意义上重新讨论曲线的切线问题,早期有罗贝瓦尔(Roberval,法,1602—1675)和托里拆利(Torricelli,意,1608—1647),但他们对曲线的切线定义由物理概念给出.而笛卡尔(Descartes,法,1596—1650)给出的另一个作切线的方法,仅限于代数曲线,并且会遇到代数上的困难.因此,这些方法都有一定的局限性,不能推广到一般情形,也没有包括可能产生微分学的方法.属于微分方法的第一个真正值得注意的先驱工作是费马给出的．开普勒已经观察到，一个函数的增量通常在函数的极大值或极小值处变得无限小，费马利用这一事实找到了求极大值和极小值的方法，这正是 $f'(x)=0$ 的原始形式．费马还给出了一种求曲线切线的方法．巴罗（Barrow，英，1630—1677）的求切线方法，用到了今天教科书所用的"微分三角"，已经非常接近微分学所用的方法了．

虽然微分和积分的知识已经积累，遗憾的是，对微分学和积分学作出过贡献的一大批数学家没有意识到方法的普遍性，没有关注到两类问题间的相互关系．尽管费马在某种意义下理解到这两类问题有互逆关系，巴罗已在这两类问题中间搭起了一座桥梁，他们站在了微积分发明的大门口，然没有进去．

3. 最高荣誉的归属

牛顿（Newton，英，1642—1727）在总结先驱者的思想和方法的基础上作出了自己独创的建树，他在 1665—1670 年间，写出了题为《曲线求积论》和《流数术和无穷级数方法及其对几何曲线的应用》的论文，在后文中，提出了流数理论．他从运动学的角度，把连续变化的量称为流数，把无限小的时间间隔叫做瞬；而流量的速度，也就是流量在无限小的时间内的变化率，称为流数，用符号 $\dot{x}$，$\dot{y}$ 表示，同时也研究了其逆运算过程．牛顿建立了以流量、流数和瞬为基本概念的微积分学．

莱布尼茨（Leibniz，德，1646—1716），这个自认为"直至 1672 年还基本上不懂数学"的哲学家，1672 年的巴黎之行使他接触到了数学家和自然科学家，惠更斯等人激起了他对数学的强烈兴趣．在研究了巴罗的著作后，他意识到微分和积分的互逆关系．莱布尼茨从几何学的角度，研究了求切线问题和求面积问题的相互关系，由此建立起微积分学．1684 年，他发表了他的第一篇关于微积分的论文，也是历史上最早公开发表的有关微分学的文献．这篇文章有一个很长而且很古怪的题目叫《一种求极大值与极小值和切线的新方法，它也适用于分式和无理量，以及这种新方法的奇妙类型计算》．就是这样一篇说理也颇含糊的文章，却有划时代的意义．它已含有现代的微分符号和基本微分法则，之后，他又发表了他的第一篇有关积分学的文献．

牛顿和莱布尼茨的工作虽然是在前人工作的基础上进行的，同时也是十分初步的工作，但他们的最大功绩就在于，他们认识到了切线问题（微分学的中心问题）和求积问题（积分学的中心问题），这两个貌似毫不相关的问题是彼此互逆的过程，由牛顿-莱布尼茨公式（微积分基本定理）联系起来．牛顿和莱布尼茨创立了作为一门独立学科的微积分学．它标志着世界近代科学的开端．

牛顿和莱布尼茨的工作各有特色．牛顿首先是物理学家，速度是中心概念，其工作方式是经验的、具体的和谨慎的，着力于将微积分成功地应用到许多实际问题，以证明微积分方法的价值．莱布尼茨身兼哲学家，着眼于物质的构成最终是微粒，故注重求和，积分为无穷多个无限窄的矩形之和．他的工作和思想富于想象和大胆，更着重于把微积分从各种特殊问题中概括和提炼出来，寻求普遍化和系统化的运算方法．其次，莱布尼茨在数学符号的运用和创造方面，比牛顿更花费心思，莱布尼茨是数学史上最伟大的符号大师．他用 $\mathrm{d}x$，$\mathrm{d}y$ 表示微分，用 $\dfrac{\mathrm{d}y}{\mathrm{d}x}$ 表示导数，对 n 阶微分运用了符号 d^n；而用 $\displaystyle\int$ 表示总和（sum

的第一个字母拉长），即积分符号．人们公认，莱布尼茨的微积分符号简明方便，以至沿用至今．

就发明与发表的年代比较，牛顿较莱布尼茨先发明，但莱布尼茨比牛顿早发表，于是发生了所谓的"优先权"的争论．英国数学家捍卫他们的牛顿，指责莱布尼茨剽窃，而欧洲大陆的数学家支持莱布尼茨．事实上，他们彼此在自己的国度里独自研究和完成了微积分的创立工作，创立微积分的最高荣誉应属于他们两个人．

4. 微积分学的纵横观

我们看到了微积分的创立远非一两个人的付出，它经历了一个漫长而曲折的过程．17世纪最伟大的数学家们都参与了这项伟大工程，最终在牛顿和莱布尼茨手中集其大成，迸发出新方法和新观点，使数学达到一个更高的水平．

微积分的诞生极大地推动了数学本身的发展．过去很多初等数学束手无策的问题，运用微积分，往往迎刃而解，显示出微积分学的非凡力量；由此起源产生了数学的一些主要的新分支：微分方程、无穷级数、变分法、微分几何和复变函数等，18、19世纪的人们致力于这些分支的发展．同时，微积分的诞生使科学家们开拓征服了众多的科学领域，把微积分应用于天文学、力学、光学和热学等各个领域，并获得了丰硕的成果．

然初创的微积分学的许多概念和理论是含混不清的，在无穷和无穷小量这个问题上，说法不一，十分含糊，其数学理论基础有待后世的数学家们注入严密性．直到19世纪初，以柯西（Cauchy，法，1789—1857）为首的法国科学院的科学家们对微积分的理论进行了认真研究，建立了极限理论，后又经过魏尔斯特拉斯（Weierstass，德，1815—1897）进一步的严格化，使极限理论成为微积分的坚实基础，使微积分这门学科日臻成熟．

历史上任何一项重大理论的完善必然会经历漫长的时间段，微积分学也如此，尽管初创的微积分学尚显稚嫩，但无论如何，诞生于17世纪的微积分是数学史上的一大奇观．英国诗人雪莱热情讴歌微积分学的诞生，把它比喻为"雪崩"．

> 一片一片的雪花，
> 经过暴风的再三筛选，
> 积成巨大的雪团，
> 它在阳光的激发下，
> 形成雪崩．
> 思想也是这样：
> 不怕上帝的人心中，
> 终于迸发出伟大的真理，
> 在万国引起回响．

第3章　微分中值定理与导数的应用

微分中值定理提示了函数与导数之间的内在联系，从而可以利用导数来研究函数的性质，并进一步解决一些实际问题．本章先给出微分学基本定理——微分中值定理，然后用导数讨论函数的单调性与极值、凹凸性与拐点、最大值与最小值，最后介绍导数在经济中的应用．

3.1　微分中值定理

3.1.1　罗尔（Rolle）定理

如图 3.1.1 所示，位于区间 $[a，b]$ 上的连续曲线 AB 两端等高，且在区间 $(a，b)$ 内处处有不垂直于 x 轴的切线，则可以发现在曲线弧上的最高点 C 或最低点 D 处，曲线有水平切线，即函数的导数等于零，这一结果具有普遍性．

定理 3.1.1（罗尔定理）　设函数 $y=f(x)$ 满足下列条件：

(1) 在闭区间 $[a，b]$ 上连续．

(2) 在开区间 $(a，b)$ 内可导．

(3) $f(a)=f(b)$．

则至少存在一点 $\xi \in (a，b)$，使得 $f'(\xi)=0$．

证　因为 $f(x)$ 在 $[a，b]$ 上连续，根据闭区间上连续函数的最大值和最小值定理，$f(x)$ 在 $[a，b]$ 上取得最大值 M 和最小值 m，这样只有两种可能情形：

情形 1：$M=m$. 这时，当 $x \in [a，b]$ 时，$f(x)=M$（常值函数），根据基本初等函数的导数公式知，当 $x \in (a，b)$ 时，$f'(x)=0$，可任取一点 $\xi \in (a，b)$，使 $f'(\xi)=0$．

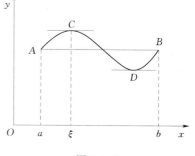

图 3.1.1

情形 2：$M>m$. 因 $f(a)=f(b)$，所以 M 和 m 中至少有一个不等于 $f(a)$［或 $f(b)$］，不妨设 $M \neq f(a)$，则至少存在一点 $\xi \in (a，b)$，使得 $f(\xi)=M$. 下面来证明 $f'(\xi)=0$．

由于 $f(\xi)$ 为最大值，所以不论 Δx 为正或为负，只要 $\xi + \Delta x \in [a，b]$，总有

$$f(\xi + \Delta x) - f(\xi) \leqslant 0$$

当 $\Delta x > 0$ 时，有

$$\frac{f(\xi + \Delta x) - f(\xi)}{\Delta x} \leqslant 0$$

根据函数极限的保号性知

$$f'_+(\xi) = \lim_{\Delta x \to 0^+} \frac{f(\xi + \Delta x) - f(\xi)}{\Delta x} \leqslant 0$$

同理，当 $\Delta x < 0$ 时，有

$$\frac{f(\xi + \Delta x) - f(\xi)}{\Delta x} \geqslant 0$$

所以

$$f'_-(\xi) = \lim_{\Delta x \to 0^-} \frac{f(\xi + \Delta x) - f(\xi)}{\Delta x} \geqslant 0$$

由条件（2）知，$f'(\xi)$ 存在，有 $f'(\xi) = f'_+(\xi) = f'_-(\xi)$，故

$$f'(\xi) = 0$$

罗尔定理表明，若函数 $f(x)$ 在闭区间 $[a, b]$ 满足罗尔定理的条件，则方程 $f'(x) = 0$ 在开区间 (a, b) 内至少有一个实根，因此，罗尔定理常用来判别函数 $f'(x)$ 是否存在零点.

例 3.1.1 验证函数 $f(x) = x\sqrt{1-x}$ 在区间 $[0, 1]$ 上满足罗尔定理的条件，并求出满足 $f'(\xi) = 0$ 的点 ξ.

解 因为 $f(x) = x\sqrt{1-x}$ 在 $[0, 1]$ 上连续，在 $(0, 1)$ 内可导，且 $f(0) = f(1) = 0$，所以 $f(x) = x\sqrt{1-x}$ 在区间 $[0, 1]$ 上满足罗尔定理的条件. 由

$$f'(x) = \sqrt{1-x} - \frac{x}{2\sqrt{1-x}} = \frac{2-3x}{2\sqrt{1-x}} = 0$$

得 $x = \dfrac{2}{3}$，即存在 $\xi = \dfrac{2}{3} \in (0, 1)$，使 $f'(\xi) = 0$.

例 3.1.2 不求函数 $f(x) = x(x-1)(x-2)(x-3)$ 的导数，判断方程 $f'(x) = 0$ 有几个实根，并确定其所在范围.

解 因为 $f(x)$ 在 $(-\infty, +\infty)$ 上连续且可导，又 $f(0) = f(1) = 0$，所以 $f(x)$ 在闭区间 $[0, 1]$ 上满足罗尔定理的条件，由罗尔定理知在 $(0, 1)$ 内至少存在一点 ξ_1，使 $f'(\xi_1) = 0$，即 ξ_1 是 $f'(x) = 0$ 的一个实根.

同理，在 $(1, 2)$、$(2, 3)$ 内分别至少存在一点 ξ_2，ξ_3，使 $f'(\xi_2) = 0$，$f'(\xi_3) = 0$. 又因为 $f'(x) = 0$ 是三次方程，最多只能有三个实根，故 $f'(x) = 0$ 恰好有三个实根，分别在区间 $(0, 1)$、$(1, 2)$ 和 $(2, 3)$ 内.

3.1.2 拉格朗日（Lagrange）中值定理

罗尔定理中，$f(a) = f(b)$ 这个条件是相当特殊的，它使罗尔定理的应用受到了限制，去掉罗尔定理中的条件 $f(a) = f(b)$，保留其余两个条件，可得到微分学中十分重要的拉格朗日中值定理.

定理 3.1.2（拉格朗日中值定理） 设函数 $y = f(x)$ 满足下列条件：

（1）在闭区间 $[a, b]$ 上连续.

（2）在开区间 (a, b) 内可导.

则至少存在一点 $\xi \in (a, b)$，使得

$$f(b)-f(a)=f'(\xi)(b-a) \tag{3.1}$$

或
$$\frac{f(b)-f(a)}{b-a}=f'(\xi) \tag{3.2}$$

对于这个定理，我们先观察一下其几何意义．定理中的条件"函数 $y=f(x)$ 在 $[a,b]$ 上连续，在 (a,b) 内可导"规定了曲线 $y=f(x)$ 在 $[a,b]$ 上不间断，在 (a,b) 内各点处都存在不垂直于 x 轴的切线．从图

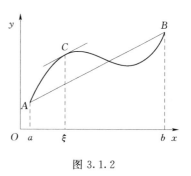

图 3.1.2

3.1.2 中可以看出，$\dfrac{f(b)-f(a)}{b-a}$ 为弦 $\overline{AB}$ 斜率，而 $f'(\xi)$ 为曲线在点 C 处的切线的斜率．拉格朗日中值定理表明，在满足定理的条件下，曲线 $y=f(x)$ 上至少有一点 $C[\xi,f(\xi)]$，使得过点 C 处的切线平行于弦 $\overline{AB}$．

证 作辅助函数 $F(x)=f(x)-\dfrac{f(b)-f(a)}{b-a}x$，有

(1) $F(x)$ 在闭区间 $[a,b]$ 上连续．

(2) $F(x)$ 在开区间 (a,b) 内可导．

(3) $F(a)=\dfrac{f(a)b-f(b)a}{b-a}=F(b)$．

因此，$F(x)$ 在 $[a,b]$ 上满足罗尔定理的条件，故在 (a,b) 内至少存在一点 ξ，使得

$$F'(\xi)=f'(\xi)-\frac{f(b)-f(a)}{b-a}=0$$

即
$$f'(\xi)=\frac{f(b)-f(a)}{b-a}$$

式（3.1）和式（3.2）称为拉格朗日中值定理公式，式（3.1）的左端 $f(b)-f(a)$ 是函数 $y=f(x)$ 在 $[a,b]$ 上的改变量，此公式精确地表达了函数在一个区间的改变量与函数在该区间某点处导数之间的关系．当 $b<a$ 时，式（3.1）和式（3.2）仍然成立．

设 $x,x+\Delta x\in(a,b)$，在以 $x,x+\Delta x$ 为端点的区间上应用式（3.1），则有
$$f(x+\Delta x)-f(x)=f'(\xi)\Delta x$$
其中 ξ 在 x 与 $x+\Delta x$ 之间，表示为 $\xi=x+\theta\Delta x$（$0<\theta<1$），上式可记为
$$f(x+\Delta x)-f(x)=f'(x+\theta\Delta x)\Delta x(0<\theta<1) \tag{3.3}$$
注意式（3.3）与函数的微分 $\mathrm{d}y=f'(x)\Delta x$ 的区别．

拉格朗日中值定理是微分学中最基本的一个定理，有广泛的应用，在利用导数讨论函数的性质时，我们就要用它来建立单调性的判定定理．

我们知道，常数的导数等于零；反过来，导数为零的函数是否为常数呢？回答是肯定的．用拉格朗日中值定理即可证明其正确性．

推论 若函数 $f(x)$ 在区间 I 上的导数恒为零，则 $f(x)$ 在区间 I 上恒为常数．

证 在区间 I 上任取两点 $x_1,x_2(x_1<x_2)$，在区间 $[x_1,x_2]$ 上应用拉格朗日中值定理，得

$$f(x_2)-f(x_1)=f'(\xi)(x_2-x_1) \quad (x_1<\xi<x_2)$$

因 $f'(\xi)=0$，故 $f(x_1)=f(x_2)$．由点 x_1，x_2 的任意性知 $f(x)$ 在 I 上的任意两点的函数值均相等，即当 $x\in I$ 时，$f(x)\equiv C$（C 为常数）．

结合第 2 章的知识，我们得到函数在某区间上为常数的一个充分必要条件

$$f(x)=C\Leftrightarrow f'(x)=0$$

导数为零的函数就是常值函数，这一结论以后在积分学中将会用到．

例 3.1.3 证明 $\arcsin x+\arccos x=\dfrac{\pi}{2}(x\in[-1,1])$．

证 设 $f(x)=\arcsin x+\arccos x$，函数 $f(x)$ 在 $x\in[-1,1]$ 上连续，因为

$$f'(x)=\frac{1}{\sqrt{1-x^2}}+\left(-\frac{1}{\sqrt{1-x^2}}\right)=0, x\in(-1,1)$$

所以 $f(x)\equiv C$，$x\in[-1,1]$，又因为

$$f(0)=\arcsin 0+\arccos 0=\frac{\pi}{2}$$

故 $C=\dfrac{\pi}{2}$，从而 $\arcsin x+\arccos x=\dfrac{\pi}{2}$（$x\in[-1,1]$）．

例 3.1.4 证明当 $x>0$ 时，$\dfrac{x}{1+x}<\ln(1+x)<x$．

证 设 $f(t)=\ln(1+t)$，显然，$f(t)$ 在 $[0,x]$ 上满足拉格朗日中值定理的条件，则

$$f(x)-f(0)=f'(\xi)(x-0)(0<\xi<x)$$

即

$$\ln(1+x)=\frac{1}{1+\xi}x(0<\xi<x)$$

因为 $\dfrac{1}{1+x}<\dfrac{1}{1+\xi}<1$，所以 $\dfrac{x}{1+x}<\dfrac{x}{1+\xi}<x$，即

$$\frac{x}{1+x}<\ln(1+x)<x$$

3.1.3　柯西（Cauchy）中值定理

定理 3.1.3（柯西中值定理） 设函数 $f(x)$，$g(x)$ 满足下列条件：

(1) 在闭区间 $[a,b]$ 上连续．

(2) 在开区间 (a,b) 内可导，且 $g'(x)\neq 0$ $[x\in(a,b)]$．

则至少存在一点 $\xi\in(a,b)$，使得

$$\frac{f(b)-f(a)}{g(b)-g(a)}=\frac{f'(\xi)}{g'(\xi)}$$

证明略．

当 $g(x)=x$ 时，柯西中值定理就成为拉格朗日中值定理．因此，柯西中值定理是拉格朗日中值定理的推广．

例 3.1.5 对函数 $f(x)=\cos x$，$g(x)=\sin x$ 在 $\left[0,\dfrac{\pi}{2}\right]$ 上验证柯西中值定理的正

确性.

解 显然，函数 $f(x)$，$g(x)$ 在 $\left[0, \dfrac{\pi}{2}\right]$ 上连续，在 $\left(0, \dfrac{\pi}{2}\right)$ 内可导，且

$$g'(x) = \cos x \neq 0, x \in \left(0, \dfrac{\pi}{2}\right)$$

欲在 $\left(0, \dfrac{\pi}{2}\right)$ 内找到一点 ξ 使下式成立，

$$\frac{f\left(\dfrac{\pi}{2}\right) - f(0)}{g\left(\dfrac{\pi}{2}\right) - g(0)} = \frac{f'(\xi)}{g'(\xi)}$$

即

$$\frac{0-1}{1-0} = -\frac{\sin\xi}{\cos\xi}$$

$$\tan\xi = 1, \xi = \frac{\pi}{4} \in \left(0, \frac{\pi}{2}\right)$$

这就验证了柯西中值定理的正确性.

习　题　3.1

1. 检验下列函数在给定区间上是否满足罗尔定理条件？若满足，求出使 $f'(\xi)=0$ 的点 ξ.

(1) $f(x) = 2x^2 + x - 6$，$x \in [-2, 1]$

(2) $f(x) = |x|$，$x \in [-2, 2]$

(3) $f(x) = \begin{cases} x+1, & x < 1 \\ 1, & x \geqslant 1 \end{cases}$，$x \in [0, 3]$

(4) $f(x) = 2\sqrt{x} - x$，$x \in [0, 4]$

2. 设 $f(x)$ 和 $g(x)$ 在 $[a, b]$ 上连续，在 (a, b) 内可导，且 $f(a) = g(b) = 0$，证明在 (a, b) 内至少存在一点 ξ，使得 $f'(\xi)g(\xi) + f(\xi)g'(\xi) = 0$.

3. 对函数 $f(x) = 4x^3 - 5x^2 + x - 2$ 在 $[0, 2]$ 上验证拉格朗日中值定理的正确性.

4. 证明恒等式 $\arctan x + \operatorname{arccot} x = \dfrac{\pi}{2}$，$x \in (-\infty, +\infty)$.

5. 证明下列不等式：

(1) $|\sin x - \sin y| \leqslant |x - y|$

(2) $\dfrac{\beta - \alpha}{\cos^2 \alpha} < \tan\beta - \tan\alpha < \dfrac{\beta - \alpha}{\cos^2 \beta}$　$\left(0 < \alpha < \beta < \dfrac{\pi}{2}\right)$

(3) $\dfrac{1}{9} < \sqrt{66} - 8 < \dfrac{1}{8}$

(4) $\dfrac{b-a}{b} < \ln\dfrac{b}{a} < \dfrac{b-a}{a}$　$(b > a > 0)$

6. 试求出 $f(x) = x^2$ 和 $g(x) = x^3$ 在区间 $[0, 1]$ 上满足下列中值公式的 ξ：

(1) $f(1) - f(0) = f'(\xi)(1 - 0)$

(2) $g(1)-g(0)=g'(\xi)(1-0)$

(3) $\dfrac{f(1)-f(0)}{g(1)-g(0)}=\dfrac{f'(\xi)}{g'(\xi)}$

由（1）和（2）求出的 ξ 是否与（3）中的 ξ 一样，为什么？

3.2 洛必达法则

我们已经知道，当 $x\to x_0$（或 $x\to\infty$）时，如果函数 $f(x)$ 和 $g(x)$ 都趋向于零或都趋向于无穷大，那么，极限 $\lim\limits_{\substack{x\to x_0\\(x\to\infty)}}\dfrac{f(x)}{g(x)}$ 为 $\dfrac{0}{0}$ 型或 $\dfrac{\infty}{\infty}$ 型未定式.

本节将介绍求 $\dfrac{0}{0}$ 型或 $\dfrac{\infty}{\infty}$ 型未定式极限的一种重要方法——洛必达法则.

3.2.1 $\dfrac{0}{0}$ 型未定式

定理 3.2.1（洛必达法则 Ⅰ） 设函数 $f(x)$ 和 $g(x)$ 满足条件：

(1) $\lim\limits_{x\to x_0}f(x)=\lim\limits_{x\to x_0}g(x)=0$；

(2) 在点 x_0 的某个邻域内（点 x_0 除外）可导，且 $g'(x)\neq0$；

(3) $\lim\limits_{x\to x_0}\dfrac{f'(x)}{g'(x)}=A$（或 ∞），则有 $\lim\limits_{x\to x_0}\dfrac{f(x)}{g(x)}=\lim\limits_{x\to x_0}\dfrac{f'(x)}{g'(x)}=A$（或 ∞）.

证 因为极限 $\lim\limits_{x\to x_0}\dfrac{f(x)}{g(x)}$ 与函数值 $f(x_0)$，$g(x_0)$ 无关，那么可设：$f(x_0)=g(x_0)=0$，根据这一假设及条件（1）和（2）知：$f(x)$ 与 $g(x)$ 在点 x_0 的某个邻域内是连续的，设 x 是该邻域内的一点，那么在以 x 及 x_0 为端点的区间上，$f(x)$ 与 $g(x)$ 满足柯西中值定理的条件，因此有

$$\frac{f(x)}{g(x)}=\frac{f(x)-f(x_0)}{g(x)-g(x_0)}=\frac{f'(\xi)}{g'(\xi)}(\xi \text{ 在 } x \text{ 与 } x_0 \text{ 之间})$$

当 $x\to x_0$ 时，$\xi\to x_0$，再由条件（3）得

$$\lim_{x\to x_0}\frac{f(x)}{g(x)}=\lim_{x\to x_0}\frac{f'(\xi)}{g'(\xi)}=\lim_{\xi\to x_0}\frac{f'(\xi)}{g'(\xi)}=\lim_{x\to x_0}\frac{f'(x)}{g'(x)}$$

定理证毕.

当 $x\to\infty$ 时，定理 3.2.1 仍然成立.

如果极限 $\lim\limits_{x\to x_0}\dfrac{f'(x)}{g'(x)}$ 仍属于 $\dfrac{0}{0}$ 型未定式，且 $f'(x)$，$g'(x)$ 仍满足定理 3.2.1 中的条件，则可以再次使用洛必达法则，即

$$\lim_{\substack{x\to x_0\\(x\to\infty)}}\frac{f(x)}{g(x)}=\lim_{\substack{x\to x_0\\(x\to\infty)}}\frac{f'(x)}{g'(x)}=\lim_{\substack{x\to x_0\\(x\to\infty)}}\frac{f''(x)}{g''(x)}$$

依次类推，求极限时可多次使用洛必达法则，但每次使用前都需检查条件是否满足.

例 3.2.1 求 $\lim\limits_{x\to0}\dfrac{e^x-e^{-x}}{\sin x}$.

解 这是 $\dfrac{0}{0}$ 型未定式，由洛必达法则，可得

$$\lim_{x \to 0} \frac{e^x - e^{-x}}{\sin x} = \lim_{x \to 0} \frac{e^x + e^{-x}}{\cos x} = 2$$

例 3.2.2 求 $\lim\limits_{x \to 1} \dfrac{x^3 - 3x + 2}{x^3 - x^2 - x + 1}$.

解 这是 $\dfrac{0}{0}$ 型未定式，连续使用洛必达法则两次，可得

$$\lim_{x \to 1} \frac{x^3 - 3x + 2}{x^3 - x^2 - x + 1} = \lim_{x \to 1} \frac{3x^2 - 3}{3x^2 - 2x - 1} = \lim_{x \to 1} \frac{6x}{6x - 2} = \frac{3}{2}.$$

注 $\lim\limits_{x \to 1} \dfrac{6x}{6x - 2}$ 已经不是未定式，不能对它应用洛必达法则，否则会导致错误结果.

例 3.2.3 求 $\lim\limits_{x \to 0} \dfrac{\tan x - x}{x^2 \sin x}$.

解 这是 $\dfrac{0}{0}$ 型未定式，如果直接用洛必达法则，分母的导数较繁，先作一个等价无穷小代替，再用洛必达法则.

因为当 $x \to 0$ 时，有 $x^2 \sin x \sim x^2 \cdot x = x^3$，所以

$$\lim_{x \to 0} \frac{\tan x - x}{x^2 \sin x} = \lim_{x \to 0} \frac{\tan x - x}{x^3} = \lim_{x \to 0} \frac{\sec^2 x - 1}{3x^2}$$

$$= \lim_{x \to 0} \frac{\tan^2 x}{3x^2} = \lim_{x \to 0} \frac{x^2}{3x^2} = \frac{1}{3}$$

或者还可以对 $\lim\limits_{x \to 0} \dfrac{\sec^2 x - 1}{3x^2}$ 再使用一次洛必达法则，

$$\lim_{x \to 0} \frac{\sec^2 x - 1}{3x^2} = \lim_{x \to 0} \frac{2\sec^2 x \tan x}{6x} = \frac{1}{3} \lim_{x \to 0} \sec^2 x \cdot \lim_{x \to 0} \frac{\tan x}{x} = \frac{1}{3}$$

由以上解法可知，①先考虑等价无穷小替代，再用洛必达法则；②将极限存在但不等于零的因子及时分离，有利于简化极限的运算.

例 3.2.4 求 $\lim\limits_{x \to +\infty} \dfrac{\dfrac{\pi}{2} - \arctan x}{\dfrac{1}{x}}$.

解 这是 $\dfrac{0}{0}$ 型未定式，由洛必达法则，可得

$$\lim_{x \to +\infty} \frac{\dfrac{\pi}{2} - \arctan x}{\dfrac{1}{x}} = \lim_{x \to +\infty} \frac{-\dfrac{1}{1 + x^2}}{-\dfrac{1}{x^2}} = \lim_{x \to +\infty} \frac{x^2}{1 + x^2} = 1$$

使用洛必达法则后，应及时将 $\dfrac{f'(x)}{g'(x)}$ 整理、化简.

3.2.2 $\dfrac{\infty}{\infty}$ 型未定式

定理 3.2.2（洛必达法则 Ⅱ） 设函数 $f(x)$ 与 $g(x)$ 满足条件

91

(1) $\lim\limits_{x\to x_0} f(x) = \lim\limits_{x\to x_0} g(x) = \infty$.

(2) 在点 x_0 的某邻域内（点 x_0 除外）可导，且 $g'(x)\neq 0$.

(3) $\lim\limits_{x\to x_0}\dfrac{f'(x)}{g'(x)} = A(或\infty)$.

则有
$$\lim\limits_{x\to x_0}\frac{f(x)}{g(x)} = \lim\limits_{x\to x_0}\frac{f'(x)}{g'(x)} = A(或\infty)$$

证明略.

当 $x\to\infty$ 时，定理 3.2.2 仍然成立.

例 3.2.5 $\lim\limits_{x\to+\infty}\dfrac{\ln x}{x^a}(a>0)$.

解 这是 $\dfrac{\infty}{\infty}$ 型未定式，由洛必达法则，可得

$$\lim\limits_{x\to+\infty}\frac{\ln x}{x^a} = \lim\limits_{x\to+\infty}\frac{\dfrac{1}{x}}{ax^{a-1}} = \lim\limits_{x\to+\infty}\frac{1}{ax^a} = 0$$

例 3.2.6 $\lim\limits_{x\to+\infty}\dfrac{x^n}{e^{\lambda x}}$（$n$ 为正整数，$\lambda>0$）.

解 这是 $\dfrac{\infty}{\infty}$ 型未定式，反复应用洛必达法则 n 次，得

$$\lim\limits_{x\to+\infty}\frac{x^n}{e^{\lambda x}} = \lim\limits_{x\to+\infty}\frac{nx^{n-1}}{\lambda e^{\lambda x}} = \lim\limits_{x\to+\infty}\frac{n(n-1)x^{n-2}}{\lambda^2 e^{\lambda x}} = \cdots = \lim\limits_{x\to+\infty}\frac{n!}{\lambda^n e^{\lambda x}} = 0$$

一般的，有
$$\lim\limits_{x\to+\infty}\frac{x^a}{e^{\lambda x}} = 0(a>0,\lambda>0)$$

对数函数 $\ln x$，幂函数 $x^a(a>0)$，指数函数 $e^{\lambda x}(\lambda>0)$ 均为 $x\to\infty$ 时的无穷大，但它们增大的速度很不一样，幂函数增大的速度远比对数函数快，而指数函数增大的速度又远比幂函数快.

3.2.3 其他类型的未定式

1. $0\cdot\infty$ 型

对 $0\cdot\infty$ 型未定式，将乘积化为商的形式，即化为 $\dfrac{0}{0}$ 型或 $\dfrac{\infty}{\infty}$ 型的未定式来计算.

例 3.2.7 求 $\lim\limits_{x\to 0^+}\sqrt{x}\ln x$.

解 $\lim\limits_{x\to 0^+}\sqrt{x}\ln x = \lim\limits_{x\to 0^+}\dfrac{\ln x}{x^{-\frac{1}{2}}} = \lim\limits_{x\to 0^+}\dfrac{\dfrac{1}{x}}{-\dfrac{1}{2}x^{-\frac{3}{2}}} = -2\lim\limits_{x\to 0^+}x^{\frac{1}{2}} = 0$

2. $\infty-\infty$ 型

对 $\infty-\infty$ 型未定式，根据其特点利用适当方法化为 $\dfrac{0}{0}$ 型或 $\dfrac{\infty}{\infty}$ 型的未定式来计算.

例 3.2.8 求 $\lim\limits_{x\to 0}\left(\dfrac{1}{x} - \dfrac{1}{e^x-1}\right)$.

解 先利用通分的方法将其转化为 $\dfrac{0}{0}$ 型未定式，再使用洛必达法则来求解.

$$\lim_{x\to 0}\left(\frac{1}{x}-\frac{1}{e^x-1}\right)=\lim_{x\to 0}\frac{e^x-1-x}{x(e^x-1)}=\lim_{x\to 0}\frac{e^x-1-x}{x^2}$$

$$=\lim_{x\to 0}\frac{e^x-1}{2x}=\lim_{x\to 0}\frac{x}{2x}=\frac{1}{2}$$

3. 1^∞，0^0，∞^0 型

将 1^∞，0^0，∞^0 型先化为以 e 为底的指数函数的极限，再利用指数函数的连续性，化为直接求指数的极限，而后把指数的极限 $0\cdot\infty$ 型再化为 $\dfrac{0}{0}$ 型或 $\dfrac{\infty}{\infty}$ 型的未定式来计算.

例 3.2.9 求 $\lim\limits_{x\to 1}x^{\frac{1}{1-x}}$.

解 这是 1^∞ 型未定式，将它变形为

$$\lim_{x\to 1}x^{\frac{1}{1-x}}=\lim_{x\to 1}e^{\frac{1}{1-x}\ln x}=e^{\lim\limits_{x\to 1}\frac{\ln x}{1-x}}$$

因为

$$\lim_{x\to 1}\frac{\ln x}{1-x}=\lim_{x\to 1}\frac{\frac{1}{x}}{-1}=-1$$

所以

$$\lim_{x\to 1}x^{\frac{1}{1-x}}=e^{-1}$$

例 3.2.10 求 $\lim\limits_{x\to 0^+}x^{\tan x}$.

解 这是 0^0 型未定式，将它变形为

$$\lim_{x\to 0^+}x^{\tan x}=\lim_{x\to 0^+}e^{\tan x\ln x}=e^{\lim\limits_{x\to 0^+}\tan x\ln x}$$

因为

$$\lim_{x\to 0^+}\tan x\ln x=\lim_{x\to 0^+}\frac{\ln x}{\cot x}=\lim_{x\to 0^+}\frac{\frac{1}{x}}{-\csc^2 x}$$

$$=\lim_{x\to 0^+}\frac{-\sin^2 x}{x}=\lim_{x\to 0^+}\frac{-x^2}{x}=0$$

所以

$$\lim_{x\to 0^+}x^{\tan x}=e^0=1$$

例 3.2.11 求 $\lim\limits_{x\to 0^+}(\cot x)^{\frac{1}{\ln x}}$.

解 这是 ∞^0 型未定式，将它变形为

$$\lim_{x\to 0^+}(\cot x)^{\frac{1}{\ln x}}=\lim_{x\to 0^+}e^{\frac{1}{\ln x}\ln\cot x}=e^{\lim\limits_{x\to 0^+}\frac{\ln\cot x}{\ln x}}$$

因为

$$\lim_{x\to 0^+}\frac{\ln\cot x}{\ln x}=\lim_{x\to 0^+}\frac{-\tan x\cdot\csc^2 x}{\frac{1}{x}}=\lim_{x\to 0^+}\left(-\frac{1}{\cos x}\cdot\frac{x}{\sin x}\right)=-1$$

所以

$$\lim_{x\to 0^+}(\cot x)^{\frac{1}{\ln x}}=e^{-1}$$

在使用洛必达法则求极限时，要注意以下几个问题：

（1）每次使用法则之前，必须检查是否属于 $\dfrac{0}{0}$ 型或 $\dfrac{\infty}{\infty}$ 型未定式，若不是未定式，就

不能使用法则.

（2）洛必达法则是求未定式极限的一种有效方法，但最好能与其他求极限的方法结合使用，例如，能化简时应尽可能化简，极限存在且非零的因子及时分离，可以应用等价无穷小替代或重要极限时，应尽可能应用，这样可以使运算简捷.

（3）法则中的条件是充分而非必要的，遇到 $\lim\dfrac{f'(x)}{g'(x)}$ 不存在但不是无穷大时，不能断言 $\lim\dfrac{f(x)}{g(x)}$ 不存在，此时洛必达法则失效，需用其他方法解决.

例 3.2.12　求 $\lim\limits_{x\to\infty}\dfrac{x}{x+\sin x}$.

解　此极限属于 $\dfrac{\infty}{\infty}$ 型未定式，但分子、分母分别求导后，将变为

$$\lim_{x\to\infty}\frac{1}{1+\cos x}$$

此式的极限不存在（不是 ∞），洛必达法则失效，但原极限是存在的，事实上，

$$\lim_{x\to\infty}\frac{x}{x+\sin x}=\lim_{x\to\infty}\frac{1}{1+\dfrac{\sin x}{x}}=\frac{1}{1+0}=1$$

习　题　3.2

1. 利用洛必达法则求下列极限.

（1）$\lim\limits_{x\to 0}\dfrac{\ln\cos x}{x}$

（2）$\lim\limits_{x\to 0}\dfrac{x-\sin x}{x^3}$

（3）$\lim\limits_{x\to a}\dfrac{\sin x-\sin a}{x-a}$

（4）$\lim\limits_{x\to 1}\dfrac{x^n+x^{n-1}+\cdots+x-n}{x-1}$（$n$ 为正整数）

（5）$\lim\limits_{x\to 0}\dfrac{x-\ln(1+x)}{x^2}$

（6）$\lim\limits_{x\to 0}\dfrac{e^x-e^{-x}}{\tan x}$

（7）$\lim\limits_{x\to 0}\dfrac{\tan x-x}{x-\sin x}$

（8）$\lim\limits_{x\to 0}\dfrac{3x-\sin 3x}{(1-\cos x)\ln(1+2x)}$

（9）$\lim\limits_{x\to +\infty}\dfrac{\ln\left(1+\dfrac{1}{x}\right)}{\operatorname{arccot}x}$

（10）$\lim\limits_{x\to +\infty}\dfrac{x^2+\ln x}{x\ln x}$

（11）$\lim\limits_{x\to 0}\dfrac{e^x-e^{-x}-2x}{x-\sin x}$

（12）$\lim\limits_{x\to\frac{\pi}{2}}\dfrac{\tan x}{\tan 3x}$

2. 利用洛必达法则求下列极限.

（1）$\lim\limits_{x\to 0^+}x^n\ln x\,(n>0)$

（2）$\lim\limits_{x\to 0}x^2\,e^{\frac{1}{x^2}}$

（3）$\lim\limits_{x\to 0}\left(\dfrac{1}{x}-\dfrac{1}{\sin x}\right)$

（4）$\lim\limits_{x\to 1}\left(\dfrac{2}{x^2-1}-\dfrac{1}{x-1}\right)$

（5）$\lim\limits_{x\to\infty}\left(1+\dfrac{1}{x^2}\right)$

（6）$\lim\limits_{x\to 0}(1-\sin x)^{\frac{2}{x}}$

（7）$\lim\limits_{x\to 0^+}x^{\sin x}$

（8）$\lim\limits_{x\to +\infty}(e^x+x)^{\frac{1}{x}}$

3. 验证极限 $\lim\limits_{x \to 0} \dfrac{x^2 \sin \dfrac{1}{x}}{\sin x}$ 存在，但不能用洛必达法则求出.

3.3 函数的单调性与极值

在第 1 章中已经介绍了函数在区间上单调的概念，用定义来判断函数的单调性是比较困难的，现在我们以微分中值定理为依据，利用导数来研究函数的单调性，并利用导数求函数的极值.

3.3.1 函数的单调性

如何利用导数研究函数的单调性呢？先观察图 3.3.1.

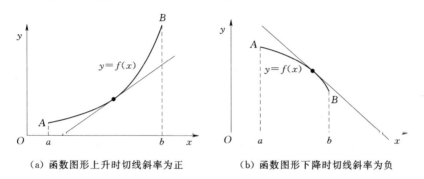

(a) 函数图形上升时切线斜率为正　　　　(b) 函数图形下降时切线斜率为负

图 3.3.1

由图 3.3.1 可以看出，函数 $y = f(x)$ 在 $[a, b]$ 上单调增加（减少），则它的图形是一条沿 x 轴正向上升（下降）的曲线，曲线上各点处的切线斜率均为正的（负的），即
$$y' = \tan\alpha > 0 \quad (y' = \tan\alpha < 0)$$

这表明，函数的单调性确实与其导数的符号有关，因此，可以利用导数的符号来判定函数的单调性.

定理 3.3.1（单调性的判别法） 设函数 $y = f(x)$ 在 $[a, b]$ 上连续，在 (a, b) 内可导，

(1) 若在 (a, b) 内 $f'(x) > 0$，则 $y = f(x)$ 在 $[a, b]$ 上单调增加.

(2) 若在 (a, b) 内 $f'(x) < 0$，则 $y = f(x)$ 在 $[a, b]$ 上单调减少.

证 任取两点 $x_1, x_2 \in [a, b]$，设 $x_1 < x_2$，由拉格朗日中值定理知，存在 $\xi(x_1 < \xi < x_2)$，使得 $f(x_2) - f(x_1) = f'(\xi)(x_2 - x_1)$.

(1) 若在 (a, b) 内，$f'(x) > 0$，则 $f'(\xi) > 0$，所以 $f(x_2) > f(x_1)$，即 $y = f(x)$ 在 $[a, b]$ 上单调增加.

(2) 若在 (a, b) 内，$f'(x) < 0$，则 $f'(\xi) < 0$，所以 $f(x_2) < f(x_1)$，即 $y = f(x)$ 在 $[a, b]$ 上单调减少.

注 ①判别法中的闭区间若换成其他各种区间（包括无穷区间），结论仍然成立. 以后把函数的增、减区间统称为函数的单调区间；②函数的单调性是一个区间上的性质，要用导数在这一区间上的符号来判定，而不能用导数在一点处的符号来判别函数在一个区间

上的单调性.

例 3.3.1 讨论函数 $y = e^x - x - 1$ 的单调性.

解 函数的定义域为 $(-\infty, +\infty)$，且 $y' = e^x - 1$（当 $x = 0$ 时，$y' = 0$）.

当 $x \in (-\infty, 0)$ 时，$y' < 0$，故函数在 $(-\infty, 0]$ 上单调减少.

当 $x \in (0, +\infty)$ 时，$y' > 0$，故函数在 $[0, +\infty)$ 上单调增加.

例 3.3.2 讨论函数 $y = \sqrt[3]{x^2}$ 的单调性.

解 函数的定义域为 $(-\infty, +\infty)$，且

$$y' = \frac{2}{3\sqrt[3]{x^2}} (x \neq 0)（当 \ x = 0 \ 时, 函数的导数不存在）$$

当 $x \in (-\infty, 0)$ 时，$y' < 0$，故函数在 $(-\infty, 0]$ 上单调减少；

当 $x \in (0, +\infty)$ 时，$y' > 0$，故函数在 $[0, +\infty)$ 上单调增加.

导数为零的点或不可导点可能是函数单调区间的分界点，但也可能不是函数单调区间的分界点.

例如，函数 $y = x^3$，其导数 $y' = 3x^2$ 在 $x = 0$ 处为零，但函数在其定义域 $(-\infty, +\infty)$ 内是单调增加的，$x = 0$ 不是单调区间的分界点；又如，$x = 0$ 是函数 $y = \sqrt[3]{x}$ 的不可导点，但它也不是函数单调区间的分界点.

综上所述，求函数单调区间的步骤如下：

（1）确定函数 $f(x)$ 的定义域.

（2）求 $f'(x)$.

（3）求出 $f'(x) = 0$ 的点和 $f'(x)$ 不存在的点，用这些点将函数的定义域划分为若干个子区间.

（4）考察 $f'(x)$ 在每个子区间内的符号，从而判别函数 $f(x)$ 在各子区间上的单调性.

例 3.3.3 确定函数 $f(x) = 2x^3 - 9x^2 + 12x - 3$ 的单调区间.

解 函数 $f(x)$ 的定义域为 $(-\infty, +\infty)$，求导得

$$f'(x) = 6x^2 - 18x + 12 = 6(x-1)(x-2)$$

解方程 $f'(x) = 0$，得

$$x_1 = 1, \quad x_2 = 2$$

列表讨论如下：

x	$(-\infty, 1)$	1	$(1, 2)$	2	$(2, +\infty)$
$f'(x)$	+	0	−	0	+
$f(x)$	↗		↘		↗

于是，$f(x)$ 的单调增区间为 $(-\infty, 1]$，$[2, +\infty)$，单调减区间为 $[1, 2]$，如图 3.3.2 所示.

例 3.3.4 证明：当 $x > 0$ 时，$\ln(1+x) > x - \frac{1}{2}x^2$.

证 设函数 $f(x)=\ln(1+x)-x+\dfrac{1}{2}x^2$，因为 $f(x)$ 在 $[0,$ $+\infty)$ 上连续，在 $(0,+\infty)$ 内可导，且

$$f'(x)=\frac{1}{1+x}-1+x=\frac{x^2}{1+x}>0,x\in(0,+\infty)$$

故 $f(x)$ 在 $[0,+\infty)$ 上单调增加，又 $f(0)=0$，所以当 $x>0$ 时，有 $f(x)>f(0)=0$，即

$$\ln(1+x)>x-\frac{1}{2}x^2\ (x>0)$$

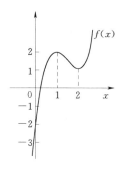

图 3.3.2

3.3.2 函数的极值

在图 3.3.2 中，曲线在点 $(1,f(1))$ 处达到"峰顶"，即对点 $x=1$ 的某个领域内的任意 $x(x\neq 1)$，恒有 $f(x)<f(1)$；曲线在点 $(2,f(2))$ 处达到"谷底"，即对点 $x=2$ 的某个领域内的任意 $x(x\neq 2)$，恒有 $f(x)>f(2)$. 具有这种性质的点在实际应用中有着重要的意义，为此要引入函数极值的概念.

1. 极值的概念

定义 3.3.1 设函数 $f(x)$ 在点 x_0 的某领域内有定义，若对该领域内任意一点 $x(x\neq x_0)$，恒有

$$f(x)<f(x_0)\quad [\text{或 } f(x)>f(x_0)]$$

则称 $f(x_0)$ 是函数 $f(x)$ 的一个**极大值**（或**极小值**），称点 x_0 是函数 $f(x)$ 的一个**极大值点**（或**极小值点**）.

极大值与极小值统称为函数的**极值**，极大值点与极小值点统称为函数的**极值点**.

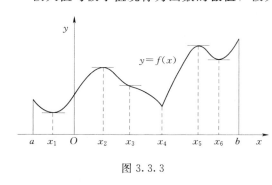

图 3.3.3

函数的极值是一个局部概念，如果 $f(x_0)$ 是函数 $f(x)$ 的一个极大值（或极小值），那么只是对 x_0 的某个领域内的这一局部范围来说，$f(x_0)$ 是最大的（或最小的），对函数 $f(x)$ 的整个定义域来说就不一定是最大的（或最小的）.

从图 3.3.3 可以看出，在函数取得极值之处，若曲线光滑，则曲线在该处的切线是水平于 x 轴的，换句话说：函数在取得极值的点处，若可导，则导数值为零（如点 x_1，x_2，x_5 和 x_6 处），但有水平切线的点又不一定取得极值，即导数为零的点不一定是极值点（如点 x_3）. 另外，函数的不可导点也可以是极值点（如点 x_4）.

2. 极值的必要条件

定理 3.3.2 设函数 $f(x)$ 在点 x_0 处可导，且在 x_0 处取得极值，则 $f'(x_0)=0$.

这一定理可以从罗尔定理的证明中得出，证明略.

注 ①导数为零的点［即方程 $f'(x_0)=0$ 的实根］称为函数 $f(x)$ 的驻点. 定理 3.3.2 表明，可导函数的极值点必定是驻点. 反过来，函数的驻点不一定就是极值点，它只是函数取得极值的可疑点；②函数在其导数不存在的连续点处也可能取得极值.

例如，$y = x^3$ 在点 $x=0$ 处的导数等于零，但 $x=0$ 不是函数的极值点；$f(x)=|x|$ 在点 $x=0$ 处不可导，但函数在该点取得极小值.

因此，当我们求出函数的驻点或不可导点后，还要从这些点中判断哪些是极值点，以及进一步判断极值点是极大值点还是极小值点.

3. 极值的充分条件

定理 3.3.3（第一充分条件）　设函数 $f(x)$ 在点 x_0 的某个领域 $(x_0-\delta, x_0+\delta)$ 内连续，除点 x_0 外可导，则：

（1）若在 $(x_0-\delta, x_0)$ 内，$f'(x)>0$；在 $(x_0, x_0+\delta)$ 内，$f'(x)<0$，则 $f(x)$ 在点 x_0 处取得极大值 $f(x_0)$.

（2）若在 $(x_0-\delta, x_0)$ 内，$f'(x)<0$；在 $(x_0, x_0+\delta)$ 内，$f'(x)>0$，则 $f(x)$ 在点 x_0 处取得极小值 $f(x_0)$.

（3）若在 $(x_0-\delta, x_0)$ 与 $(x_0, x_0+\delta)$ 内，$f'(x)$ 符号不变，则 $f(x)$ 在点 x_0 处没有取得极值.

证明略.

根据定理 3.3.2 和定理 3.3.3，求函数的极值点和极值的步骤如下：

（1）确定函数 $f(x)$ 的定义域.

（2）求出导数 $f'(x)$.

（3）求出 $f(x)$ 的全部驻点与不可导点.

（4）讨论 $f'(x)$ 在驻点和不可导点的左、右邻近范围内符号变化的情况，确定函数的极值点.

（5）求出各极值点的函数值，就得到函数 $f(x)$ 的全部极值.

例 3.3.5　求函数 $f(x)=x^3-3x^2-9x+5$ 的极值.

解　函数的定义域为 $(-\infty, +\infty)$，对函数求导得

$$f'(x)=3x^2-6x-9=3(x+1)(x-3)$$

令 $f'(x)=0$，得驻点 $x_1=-1$，$x_2=3$.

列表讨论如下：

x	$(-\infty, -1)$	-1	$(-1, 3)$	3	$(3, +\infty)$
$f'(x)$	$+$	0	$-$	0	$+$
$f(x)$	↗	极大值	↘	极小值	↗

于是，$f(x)$ 的极大值为 $f(-1)=10$，极小值为 $f(2)=-22$.

例 3.3.6　求函数 $f(x)=(x-2)\sqrt[3]{x^2}$ 的单调区间和极值.

解　函数的定义域为 $(-\infty, +\infty)$，对函数求导得

$$f'(x)=\sqrt[3]{x^2}+(x-2)\frac{2}{3}x^{-\frac{1}{3}}=\frac{5x-4}{3\sqrt[3]{x}}$$

令 $f'(x)=0$，得驻点 $x=\dfrac{4}{5}$，又 $x=0$ 是 $f(x)$ 的不可导点.

列表讨论如下：

x	$(-\infty,\,0)$	0	$\left(0,\,\dfrac{4}{5}\right)$	$\dfrac{4}{5}$	$\left(\dfrac{4}{5},\,+\infty\right)$
$f'(x)$	$+$	不存在	$-$	0	$+$
$f(x)$	↗	极大值	↘	极小值	↗

于是，$f(x)$ 的单调增区间是 $(-\infty,\,0)$，$\left(\dfrac{4}{5},\,+\infty\right)$，单调减区间是 $\left(0,\,\dfrac{4}{5}\right)$，极大值是 $f(0)=0$，极小值是 $f\left(\dfrac{4}{5}\right)=-\dfrac{12}{25}\sqrt[3]{10}$.

当函数 $f(x)$ 在驻点处的二阶导数存在且不为零时，还可以利用二阶导数的符号来判别 $f(x)$ 在驻点处是取得极大值还是极小值.

定理 3.3.4（第二充分条件） 设函数 $f(x)$ 在 x_0 处具有二阶导数，且 $f'(x_0)=0$，$f''(x_0)\neq 0$.

（1）若 $f''(x_0)<0$，则 $f(x)$ 在点 x_0 处取得极大值.

（2）若 $f''(x_0)>0$，则 $f(x)$ 在点 x_0 处取得极小值.

证 对情形（1），由于 $f''(x_0)<0$，按二阶导数的定义得

$$f''(x_0)=\lim_{x\to x_0}\frac{f'(x)-f'(x_0)}{x-x_0}<0$$

根据函数极限的保号性，当 x 在点 x_0 的一个充分小的去心领域内，有

$$\frac{f'(x)-f'(x_0)}{x-x_0}<0$$

即 $f'(x)-f'(x_0)$ 与 $x-x_0$ 异号，故：①当 $x-x_0<0$，即 $x<x_0$ 时，有 $f'(x)>f'(x_0)=0$；②当 $x-x_0>0$，即 $x>x_0$ 时，有 $f'(x)<f'(x_0)=0$.

所以，由定理 3.3.3 可知，$f(x)$ 在点 x_0 处取得极大值.

同理可证（2）.

例 3.3.7 求函数 $f(x)=2\sin x+\cos 2x$ 在 $[0,\,\pi]$ 上的极值.

解 $f'(x)=2\cos x-2\sin 2x=2\cos x(1-2\sin x)$

令 $f'(x)=0$，得 $f(x)$ 在 $[0,\,\pi]$ 上的驻点

$$x_1=\frac{\pi}{6},\ x_2=\frac{\pi}{2},\ x_3=\frac{5\pi}{6}$$

$$f''(x)=-2\sin x-4\cos 2x$$

因为

$$f''\left(\frac{\pi}{6}\right)=-3<0,\ f''\left(\frac{\pi}{2}\right)=2>0,\ f''\left(\frac{5\pi}{6}\right)=-3<0$$

所以，极大值是 $f\left(\dfrac{\pi}{6}\right)=\dfrac{3}{2}$，$f\left(\dfrac{5\pi}{6}\right)=\dfrac{3}{2}$；极小值是 $f\left(\dfrac{\pi}{2}\right)=1$.

例 3.3.8 求函数 $f(x)=(x^2-1)^3+1$ 的极值.

解 函数的定义域为 $(-\infty,\,+\infty)$，

$$f'(x)=6x(x^2-1)^2$$

令 $f'(x)=0$，得驻点

$$x_1 = -1,\ x_2 = 0,\ x_3 = 1$$
$$f''(x) = 6(x^2-1)(5x^2-1)$$

因为 $f''(0) = 6 > 0$，所以 $f(x)$ 在 $x=0$ 处取得极小值，极小值为 $f(0) = 0$，而 $f''(-1) = f''(1) = 0$，用定理 3.3.4 无法判别.

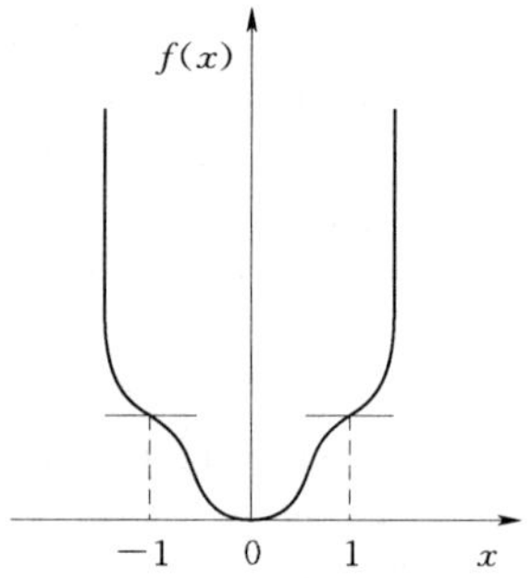

考察一阶导数 $f'(x)$ 在驻点 $x_1 = -1$ 及 $x_3 = 1$ 左、右邻域内的符号：

当 x 取 -1 左邻域内的值时，$f'(x) < 0$；当 x 取 -1 右邻域内的值时，$f'(x) < 0$，因为 $f'(x)$ 的符号没有改变，所以 $f(x)$ 在 $x = -1$ 处没有极值. 同理，$f(x)$ 在 $x = 1$ 处也没有极值，如图 3.3.4 所示.

图 3.3.4

当 $f''(x) = 0$ 时，$f(x)$ 在点 x_0 处有可能取得极值，也有可能没有极值，这时第二充分条件失效，仍用第一充分条件进行判别.

习　题　3.3

1. 判定函数 $f(x) = x - \arctan x$ 的单调性.

2. 判定函数 $f(x) = e^{\frac{1}{x}}$ 的单调性.

3. 确定下列函数的单调区间.

(1) $f(x) = \dfrac{x^3}{3} - \dfrac{x^2}{2} - 2x + 1$ 　　　(2) $f(x) = 2x + \dfrac{8}{x}\ (x > 0)$

(3) $f(x) = \dfrac{\ln x}{x}$ 　　　(4) $f(x) = \ln(x + \sqrt{1+x^2})$

(5) $f(x) = x(x-2)^{\frac{2}{3}}$

4. 证明下列不等式.

(1) 当 $x > 0$ 时，$e^x > 1 + x$ 　　　(2) 当 $x > 0$ 时，$\sqrt{1+x} < 1 + \dfrac{1}{2}x$

(3) 当 $x > 1$ 时，$2\sqrt{x} > 3 - \dfrac{1}{x}$ 　　　(4) 当 $x > 0$ 时，$\ln(1+x) > \dfrac{\arctan x}{1+x}$

(5) 当 $x > 0$ 时，$\sin x + \cos x > 1 + x - x^2$

(6) 当 $0 < x < \dfrac{\pi}{2}$ 时，$\tan x > x + \dfrac{x^3}{3}$

5. 求下列函数的极值.

(1) $f(x) = 3x - x^3$ 　　　(2) $f(x) = \dfrac{x}{x^2+1}$

(3) $f(x) = 2e^x - e^{-x}$ 　　　(4) $f(x) = x + \sqrt{1-x}$

(5) $f(x) = 3 - 2(x+1)^{\frac{1}{3}}$ 　　　(6) $f(x) = x^2(x-1)^3$

6. 试问当 a 为何值时，函数 $f(x) = a\sin x + \dfrac{1}{2}\sin 2x$ 在 $x = \dfrac{\pi}{6}$ 处取得极值？是极大值还是极小值？并求出此极值.

3.4 函数的最大值与最小值

在实际应用中，常常会遇到求最大值或最小值的问题，要解决在一定条件下，怎样使投入最小，产出最多，成本最低，效益最高，利润最大等问题．此类问题在数学上往往可归结为求某一函数（通常称为目标函数）的最大值或最小值问题．

3.4.1 连续函数在闭区间上的最大值与最小值

如果函数 $f(x)$ 在闭区间 $[a,b]$ 上连续，则函数在该区间上必取得最大值和最小值，函数的最大（小）值与函数的极值是有区别的，前者是指在整个闭区间 $[a,b]$ 上的所有函数值中最大（小）的，因而最大（小）值是全局性的概念，而极值只是一个局部性的概念．

下面来求连续函数在闭区间上的最大（小）值．如果函数的最大（小）值在区间 (a,b) 内取得，则最大（小）值同时也是极大（小）值．此外，函数的最大（小）值也可能在区间的端点处取得．因此，求函数 $f(x)$ 在闭区间 $[a,b]$ 上的最大值与最小值的步骤如下：

（1）求出函数 $f(x)$ 在 (a,b) 内的所有极值可疑点（驻点或不可导点）．

（2）计算 $f(x)$ 在极值可疑点处的函数值，并将它们与 $f(a)$，$f(b)$ 相比较，这些值中最大的就是 $f(x)$ 在 $[a,b]$ 上的最大值，最小的就是 $f(x)$ 在 $[a,b]$ 上的最小值．

例 3.4.1 求出函数 $f(x)=2x^3+3x^2-12x+14$ 在 $[-3,4]$ 上的最大值与最小值．

解 $f'(x)=6x^2+6x-12=6(x+2)(x-1)$

令 $f'(x)=0$，得驻点 $x_1=-2$，$x_2=1$，由于

$$f(-3)=23, f(-2)=34, f(1)=7, f(4)=142$$

比较可得，$f(x)$ 在 $[-3,4]$ 上的最大值为 $f(4)=142$，最小值为 $f(1)=7$．

在下列特殊情况下，求最大值或最小值的方法为：

情形（1） 若 $f(x)$ 在区间 $[a,b]$ 上连续且单调增加，则 $f(a)$ 是最小值，$f(b)$ 是最大值；若 $f(x)$ 在区间 $[a,b]$ 上连续且单调减少，则 $f(a)$ 是最大值，$f(b)$ 是最小值．

情形（2） 若 $f(x)$ 在一个区间（有限或无限，开或闭）内可导且只有一个驻点 x_0，并且这个驻点 x_0 是 $f(x)$ 的极值点，那么，当 $f(x_0)$ 是极大值时，$f(x_0)$ 就是 $f(x)$ 在该区间上的最大值，如图 3.4.1（a）所示；当 $f(x_0)$ 是极小值时，$f(x_0)$ 就是 $f(x)$ 在该区间上的最小值，如图 3.4.1（b）所示．

例 3.4.2 求函数 $f(x)=\dfrac{\ln x}{\sqrt{x}}$ 在 $[1,+\infty)$ 上的最大值与最小值．

解
$$f'(x)=\frac{\sqrt{x}\dfrac{1}{x}-\dfrac{1}{2\sqrt{x}}\ln x}{x}=\frac{2-\ln x}{2x\sqrt{x}}$$

令 $f'(x)=0$，得驻点 $x=\mathrm{e}^2$，因为

当 $1<x<\mathrm{e}^2$ 时，$f'(x)>0$，$f(x)$ 在 $[1,\mathrm{e}^2]$ 上单调增加．

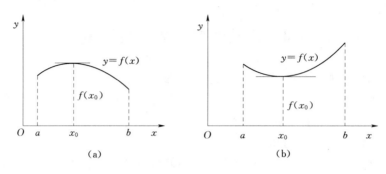

图 3.4.1

当 $e^2 < x < +\infty$ 时, $f'(x) < 0$, $f(x)$ 在 $[e^2, +\infty)$ 上单调减少

所以, 当 $x = e^2$ 是 $f(x)$ 在 $[1, +\infty)$ 上的唯一一个极大值点, 即最大值点.

又因为 $f(1) = 0$, $\lim\limits_{x \to +\infty} f(x) = 0$, 所以 $x = 1$ 是 $f(x)$ 在 $[1, +\infty)$ 上的最小值点.

于是, $f(x)$ 在 $[1, +\infty)$ 上的最大值为 $f(e^2) = \dfrac{2}{e}$, 最小值为 $f(1) = 0$.

3.4.2 实际问题中的最大值与最小值

要解决实际应用中的最值问题, 首先建立目标函数, 并求出其定义域, 问题就转化为求目标函数在其定义域中的最大 (小) 值. 下面举例说明.

例 3.4.3 用一块边长为 1m 的正方形铁皮, 在四角各剪去一个相等的小正方形, 制作一只无盖油箱, 问在四周剪去多大的正方形才能使油箱的容积最大?

解 设在四周剪去的小正方形的边长为 x, 则油箱的容积为
$$V = (1 - 2x)^2 x = 4x^3 - 4x^2 + x$$

由问题的实际应用意义, 可知其定义域为 $0 < x < \dfrac{1}{2}$, 求导得
$$V' = -4(1 - 2x)x + (1 - 2x)^2 = (1 - 2x)(1 - 6x)$$

令 $V' = 0$, 得驻点 $x_0 = \dfrac{1}{6} \left(x_1 = \dfrac{1}{2} \text{舍去} \right)$.

又
$$V'' = -2(1 - 6x)x - 6(1 - 2x) = 24x - 8$$

因而 $V''(x_0)$ 也是 V 在 $\left(0, \dfrac{1}{2} \right)$ 内的最大值.

所以, 当截去的小正方形的边长为 $\dfrac{1}{6}$ m 时, 所得油箱的容积最大.

在求实际问题的最值时, 如果由实际问题能确定目标函数在定义区间的内部必存在最大值 (或最小值), 又由计算结果只有一个极值可疑点 (驻点或导数不存在的点), 则该点就是最大值 (或最小值) 点, 从而可以省去判定极值以及与端点处函数值进行比较的步骤.

例 3.4.4 已知某厂生产 x 件产品的总成本是
$$C(x) = 25000 + 200x + \dfrac{x^2}{40} \quad (\text{元})$$

问：（1）要使平均成本最低，应生产多少件产品？

（2）若产品以每件 500 元的价格出售，要使利润最大，应生产多少件产品？（假设生产出的产品能全部售出．）

解 （1）记平均成本为 $\overline{C}$，则

$$\overline{C} = \frac{C(x)}{x} = \frac{25000}{x} + 200 + \frac{x}{40} \quad (0 < x < +\infty)$$

求导，得

$$\frac{\mathrm{d}\overline{C}}{\mathrm{d}x} = -\frac{25000}{x^2} + \frac{1}{40}$$

令 $\dfrac{\mathrm{d}\overline{C}}{\mathrm{d}x} = 0$，得驻点 $x = 1000$．

因为 $\overline{C}$ 在 $(0, +\infty)$ 内只有一个驻点，由实际问题知 $\overline{C}$ 的最小值存在，故此驻点就是 $\overline{C}$ 的最小值点，因此生产 1000 件产品时平均成本最低．

（2）由题意，生产 x 件产品时的收益函数为

$$R(x) = 500x$$

于是利润函数是

$$L(x) = R(x) - C(x) = 300x - 25000 - \frac{x^2}{40}$$

求导得

$$\frac{\mathrm{d}L}{\mathrm{d}x} = 300 - \frac{x}{20}$$

令 $\dfrac{\mathrm{d}L}{\mathrm{d}x} = 0$，得驻点 $x = 6000$．

因为 L 在 $(0, +\infty)$ 内只有一个驻点，由实际问题知 L 的最大值存在，故此驻点就是 L 的最大值点，所以要获得最大利润，应生产 6000 件产品．

习　题　3.4

1. 求下列函数在指定区间上的最大值与最小值．

（1）$f(x) = x^3 - 3x^2 - 9x + 5$，$[-2, 6]$

（2）$f(x) = x + \sqrt{1-x}$，$[-5, 1]$

（3）$f(x) = \dfrac{x^2}{2} + 2x + \ln|x|$，$[-4, -1]$

（4）$f(x) = 2\sin 2x + \sin 4x$，$\left[0, \dfrac{\pi}{2}\right]$

（5）$f(x) = \dfrac{x}{\mathrm{e}^x}$，$[0, +\infty)$

2. 问函数 $f(x) = \dfrac{x}{x^2 + 1}$（$x \geqslant 0$）在何处取得最大值？并求出最大值．

3. 问函数 $f(x) = x^2 - \dfrac{54}{x}$（$x < 0$）在何处取得最小值？并求出最小值．

4. 用铁皮制作一个容积为 a^3 的圆柱形无盖容器，问应如何选择底半径和高，使所用材料最节省？

5. 试在曲线 $y=x^2-x$ 上求一点 P 的坐标，使 P 点与定点 $A(0，1)$ 的距离最近，并求出最近距离．

6. 某工厂每天生产 x 支电子体温计的总成本为 $C(x)=\dfrac{x^2}{9}+x+100$（元），该产品独家经营，市场需求规律为 $x=75-3P$，其中 P 为每支售价，问每天生产多少支时，获利润最大？此时的每支售价为多少？

7. 一房地产公司有 50 套公寓要出租，当每套的月租金为 1000 元时，公寓会全部租出去，当月租金每增加 50 元，就会多一套公寓租不出去，而租出去的公寓每月需花费 100 元的维修费，试问将月租金定位为多少元时，公司可获得最大收入？最大收入为多少？

3.5 曲线的凹凸性与拐点

函数的单调性反映在图形上，就是曲线的上升或下降，但上升和下降还不能完全反映

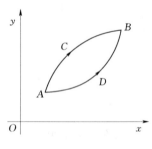

图 3.5.1

曲线的变化规律，如图 3.5.1 所示的两条曲线弧，虽然都是单调上升的，图形却有明显的不同．ACB 是向上凸的，ADB 则是向上凹的，即它们的凹凸性是不同的．下面我们就来研究曲线的凹凸性及其判定方法．

关于曲线的凹凸性的定义，我们先从几何直观来分析．在图 3.5.2（a）中，如果任取两点 x_1，x_2，则连接这两点的弦总位于这两点间的弧段上方；而在图 3.5.2（b）中，则正好相反．因此，曲线的凹凸性可以用连接曲线弧上任意两点的弦的中点与曲线上相应点的位置关系来描述．

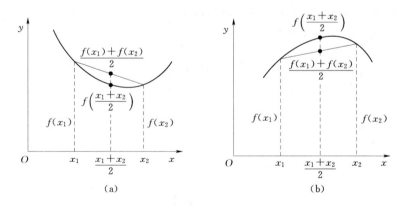

图 3.5.2

定义 3.5.1 设函数 $f(x)$ 在区间 I 上连续，如果对 I 上任意两点 x_1 和 x_2，

（1）恒有 $f\left(\dfrac{x_1+x_2}{2}\right)<\dfrac{f(x_1)+f(x_2)}{2}$，则称曲线 $y=f(x)$ 在 I 上是**凹的**（或**凹弧**），也称函数 $y=f(x)$ 在 I 上是**凹函数**.

（2）恒有 $f\left(\dfrac{x_1+x_2}{2}\right)>\dfrac{f(x_1)+f(x_2)}{2}$，则称曲线 $y=f(x)$ 在 I 上是**凸的**（或**凸弧**），也称函数 $y=f(x)$ 在 I 上是**凸函数**.

如果函数 $f(x)$ 在区间 I 内具有二阶导数，那么可以利用二阶导数的符号来判别曲线的凹凸性，这就是下面的曲线凹凸性判别定理.

定理 3.5.1（凹凸性的判别定理） 设函数 $f(x)$ 在 $[a,b]$ 上连续，在 (a,b) 内具有二阶导数.

（1）若在 (a,b) 内 $f''(x)>0$，则曲线 $y=f(x)$ 在 $[a,b]$ 上是凹的.

（2）若在 (a,b) 内 $f''(x)<0$，则曲线 $y=f(x)$ 在 $[a,b]$ 上是凸的.

证 对情形（1），设 x_1 和 x_2 为 $[a,b]$ 上任意两点，且 $x_1<x_2$，记 $\dfrac{x_1+x_2}{2}=x_0$，并记 $x_2-x_0=x_0-x_1=h$，则由拉格朗日中值定理，得

$$f(x_2)-f(x_0)=f'(\xi_2)h,\xi_2\in(x_0,x_2)$$
$$f(x_0)-f(x_1)=f'(\xi_1)h,\xi_1\in(x_1,x_0)$$

两式相减，得

$$f(x_2)+f(x_1)-2f(x_0)=[f'(\xi_2)-f'(\xi_1)]h$$

在 $[\xi_1,\xi_2]$ 上对 $f'(x)$ 应用拉格朗日中值定理，得

$$f'(\xi_2)-f'(\xi_1)=f''(\xi)(\xi_2-\xi_1),\quad \xi\in(\xi_1,\xi_2)$$

将上式代入前式，得

$$f(x_2)+f(x_1)-2f(x_0)=f''(\xi)(\xi_2-\xi_1)h$$

由题设条件知 $f''(\xi)$，并注意到 $\xi_2-\xi_1>0$，则有

$$f(x_2)+f(x_1)-2f(x_0)>0$$

即

$$\dfrac{f(x_1)+f(x_2)}{2}>f\left(\dfrac{x_1+x_2}{2}\right)$$

所以曲线 $y=f(x)$ 在 $[a,b]$ 上是凹的.

类似地，可证明情形（2）.

判别法中的闭区间若换成其他各种区间（包括无穷区间），结论仍然成立.

例 3.5.1 判断曲线 $y=\arctan x$ 的凹凸性.

解 函数在定义域 $(-\infty,+\infty)$ 上连续，因为

$$y'=\dfrac{1}{1+x^2},y''=-\dfrac{2x}{(1+x^2)^2}$$

当 $x<0$ 时，$y''>0$，所以曲线在 $(-\infty,0]$ 上是凹的.

当 $x>0$ 时，$y''<0$，所以曲线在 $[0,+\infty)$ 上是凸的.

在例 3.5.1 中，我们发现点 $(0,0)$ 是使曲线由凹变凸的分界点，此类分界点称为曲线的拐点，一般的，有以下定义.

定义 3.5.2 连续曲线上凹弧与凸弧的分界点称为曲线的**拐点**.

由此定义可知，若点 $(x_0, f(x_0))$ 是曲线 $y=f(x)$ 的拐点，则 $f''(x)$ 在 x_0 的左、右两侧邻近处必然异号，而在 x_0 处，$f''(x)$ 等于零或不存在.

求曲线 $y=f(x)$ 的凹凸区间与拐点的步骤如下：

(1) 确定函数 $f(x)$ 的定义域.

(2) 求出 $f'(x)$，$f''(x)$.

(3) 求出 $f''(x)=0$ 和 $f''(x)$ 不存在的点，用这些点将函数的定义域划分为若干个子区间.

(4) 考察在每个子区间内 $f''(x)$ 的符号，从而判断曲线在各子区间内的凹凸性，最后确定拐点.

(5) 写出曲线的凹凸区间与拐点.

例 3.5.2　求曲线 $y=1+\sqrt[3]{x}$ 的凹凸区间与拐点.

解　函数的定义域为 $(-\infty, +\infty)$，求导得

$$y'=\frac{1}{3}x^{-\frac{2}{3}}, y''=-\frac{2}{9}x^{-\frac{5}{3}}=-\frac{2}{9x\sqrt[3]{x^2}}$$

当 $x=0$ 时，y'' 不存在.

列表讨论如下：

x	$(-\infty, 0)$	0	$(0, +\infty)$
y''	$+$	不存在	$-$
y	凹	拐点	凸

所以，曲线在 $(-\infty, 0]$ 上是凹的，在 $[0, +\infty)$ 上是凸的，拐点为 $(0, 1)$.

例 3.5.3　求曲线 $y=(x^2+1)e^x$ 的凹凸区间与拐点.

解　函数的定义域为 $(-\infty, +\infty)$，求导得

$$y'=(x^2+2x+1)e^x, y''=(x^2+4x+3)e^x$$

令 $y''=0$，得 $x_1=-3$，$x_2=-1$.

列表讨论如下：

x	$(-\infty, -3)$	-3	$(-3, -1)$	-1	$(-1, +\infty)$
y''	$+$	0	$-$	0	$+$
y	凹	拐点	凸	拐点	凹

所以，曲线在 $(-\infty, -3]$，$[-1, +\infty)$ 上是凹的，在 $[-3, -1]$ 上是凸的，拐点为 $(-3, 10e^{-3})$ 和 $(-1, 2e^{-1})$.

例 3.5.4　问曲线 $y=x^4$ 是否有拐点？

解　函数定义域为 $(-\infty, +\infty)$，求导得

$$y'=4x^3, y''=12x^2$$

显然，只有 $x=0$ 是 $y''=0$ 的根，但当 $x\neq 0$ 时，无论 $x<0$ 或 $x>0$ 都有 $y''>0$，曲线

在 $(-\infty, +\infty)$ 内是凹的，因此曲线没有拐点.

习 题 3.5

1. 求下列曲线的凹凸区间与拐点.

(1) $y = x + \dfrac{1}{x}$ 　　　　　　　　(2) $y = x\arctan x$

(3) $y = x^3 - 5x^2 + 3x + 5$ 　　　　(4) $y = xe^{-x}$

(5) $y = 3x^4 - 4x^3 + 1$ 　　　　　　(6) $y = \ln(x^2 + 1)$

2. 试确定常数 a, b 的值，使得点 $(2, 4)$ 为曲线 $y = ax^3 + bx^2$ 的拐点.

3. 已知曲线 $y = ax^3 + bx^2 + cx$ 在点 $(1, 2)$ 处具有水平切线，且原点是它的拐点，试求 a, b, c 的值，并写出曲线方程.

3.6 函数图形的描绘

函数的图形可以直观地显示出函数的变化性态，清楚地看出因变量与自变量之间的相互依赖关系. 我们曾经学过利用描点法作函数的图形，这种方法常会遗漏曲线的一些关键点，如极值点、拐点等，使得函数的单调性、凹凸性等一些重要性态难以准确地显示出来.

本节要利用导数这个工具，先对函数地性态进行讨论，掌握其主要特征，再着手描绘函数 $y = f(x)$ 的图形，一般步骤如下：

(1) 确定函数的定义域，考察函数有无奇偶性，周期性.

(2) 求出函数一阶和二阶导数 $f'(x)$，$f''(x)$，并求出方程 $f'(x) = 0$ 和 $f''(x) = 0$ 在定义域中的所有实根以及 $f'(x)$ 和 $f''(x)$ 不存在的点，用这些实根和点将函数的定义域划分成若干个部分区间.

(3) 确定在这些部分区间内 $f'(x)$ 和 $f''(x)$ 的符号，由此确定函数的单调性和凹凸性，极值点和拐点.

(4) 考察函数图形有无渐近线.

(5) 根据以上性态，再找几个帮助定位的辅助点，描绘函数的图形.

例 3.6.1 作函数 $y = \dfrac{1}{\sqrt{2\pi}} e^{-\frac{x^2}{2}}$ 的图形.

解 (1) 函数的定义域为 $(-\infty, +\infty)$，是偶函数，其图形关于 y 轴对称.

(2) 求导得

$$f'(x) = -\frac{x}{\sqrt{2\pi}} e^{-\frac{x^2}{2}}, f''(x) = \frac{(x+1)(x-1)}{\sqrt{2\pi}} e^{-\frac{x^2}{2}}$$

由 $f'(x) = 0$ 解得驻点 $x = 0$，由 $f''(x) = 0$ 解得 $x = \pm 1$，这两个点将定义域划分为四个区间：$(-\infty, -1)$，$(-1, 0)$，$(0, 1)$，$(1, +\infty)$.

(3) 列表讨论如下：

x	$(-\infty,-1)$	-1	$(-1,0)$	0	$(0,1)$	1	$(1,+\infty)$
$f'(x)$	$+$	$+$	$+$	0	$-$	$-$	$-$
$f''(x)$	$+$	0	$-$	$-$	$-$	0	$+$
$f(x)$	凹增	拐点	凸增	极大值	凸减	拐点	凹减

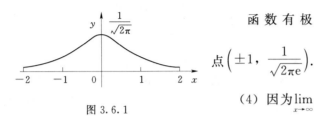

图 3.6.1

函数有极大值 $f(0)=\dfrac{1}{\sqrt{2\pi}}$，曲线有拐点 $\left(\pm 1,\ \dfrac{1}{\sqrt{2\pi e}}\right)$.

（4）因为 $\lim\limits_{x\to\infty}f(x)=\lim\limits_{x\to\infty}\dfrac{1}{\sqrt{2\pi}}e^{-\frac{x^2}{2}}=0$，所以直线 $y=0$ 为曲线的水平渐近线.

（5）取辅助点 $\left(\pm 2,\ \dfrac{1}{\sqrt{2\pi e^2}}\right)$，根据上述性态描述图，如图 3.6.1 所示.

例 3.6.2　作函数 $y=2+\dfrac{1-2x}{x^2}$ 的图形.

解　（1）函数的定义域为 $(-\infty,\ 0)\bigcup(0,\ +\infty)$.

（2）求导得

$$f'(x)=\frac{2(x-1)}{x^3},\quad f''(x)=\frac{6-4x}{x^4}$$

由 $f'(x)=0$ 解得驻点 $x=1$，由 $f''(x)=0$ 解得 $x=\dfrac{3}{2}$，这两个点将定义域划分为四个区间：$(-\infty,\ 0)$，$(0,\ 1)$，$\left(1,\ \dfrac{3}{2}\right)$，$\left(\dfrac{3}{2},\ +\infty\right)$.

（3）列表讨论如下：

x	$(-\infty,0)$	$(0,1)$	1	$\left(1,\dfrac{3}{2}\right)$	$\dfrac{3}{2}$	$\left(\dfrac{3}{2},+\infty\right)$
$f'(x)$	$+$	$-$	0	$+$	$+$	$+$
$f''(x)$	$+$	$+$	$+$	$+$	0	$-$
$f(x)$	凹增	凹减	极小值	凹增	拐点	凸增

函数有极小值 $f(1)=1$，曲线有拐点 $\left(\dfrac{3}{2},\ \dfrac{10}{9}\right)$.

（4）因为 $\lim\limits_{x\to\infty}f(x)=\lim\limits_{x\to\infty}\left(2+\dfrac{1-2x}{x^2}\right)=2$，所以直线 $y=2$ 为曲线的水平渐近线；又因为 $\lim\limits_{x\to 0}f(x)=\lim\limits_{x\to 0}\left(2+\dfrac{1-2x}{x^2}\right)=+\infty$，所以直线 $x=0$ 为曲线的垂直渐近线.

（5）取辅助点 $\left(-3,\ \dfrac{25}{9}\right)$，$\left(-2,\ \dfrac{13}{4}\right)$，$(-1,\ 5)$，$\left(\dfrac{1}{2},\ 2\right)$，$\left(3,\ \dfrac{13}{9}\right)$，根据上述性态描述图，如图 3.6.2 所示.

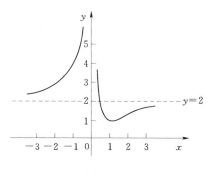

图 3.6.2

习 题 3.6

描绘下列各函数的图形：

(1) $f(x)=x^3-3x$

(2) $f(x)=\dfrac{\ln x}{x}$

(3) $f(x)=2x^3-9x^2+12x-3$

(4) $f(x)=x^2+\dfrac{1}{x}$

(5) $f(x)=\dfrac{x}{1+x^2}$

(6) $f(x)=x^4-6x^2+8$

3.7 导数在经济学中的应用

本节讨论导数概念在经济学中的两个应用——边际分析和弹性分析.

3.7.1 边际分析

在经济学中，习惯上用平均和边际这两个概念来描述一个经济变量 y 对于另一个经济变量 x 的变化.

设函数 $y=f(x)$ 可导，函数的增量与自变量增量的比值

$$\frac{\Delta y}{\Delta x}=\frac{f(x_0+\Delta x)-f(x_0)}{\Delta x}$$

表示 $f(x)$ 在 $(x_0+\Delta x,\ x_0)$ 内的平均变化率.

根据导数的定义，导数 $f'(x_0)$ 表示 $f(x)$ 在点 $x=x_0$ 处的变化率，在经济学中，称其为 $f'(x_0)$ 在点 $x=x_0$ 处的边际函数值. 其含义为，当 $x=x_0$ 时，x 改变一个单位，相应地 y 的改变量可近似地用 $f'(x_0)$ 来表示，在经济学中，解释边际函数值的具体意义时，通常略去"近似"二字.

实际上，$\Delta y\approx\mathrm{d}y=f'(x_0)\cdot\Delta x$，当 $\Delta x=1$ 时，$\Delta y\approx f'(x_0)$.

例如，函数 $y=\dfrac{1}{4}x^2+1$，$y'=\dfrac{1}{2}x$，在点 $x=10$ 处的边际函数值为 $y'(10)=5$，它表示当 $x=10$ 时，x 改变 1 个单位（增加或减小 1 个单位），y 改变 5 个单位（增加或减小 5 个单位）.

1. 边际成本与平均成本最小原理

平均成本是生产一定数量产品，平均每单位产品的成本.

边际成本是成本的变化率，即成本函数的导数.

在生产技术水平和生产要素的价格固定不变的条件下，产品的成本、平均成本、边际成本都是产量的函数.

设 C 为成本，C_0 为固定成本，C_1 为可变成本，$\overline{C}$ 为平均成本，C' 为边际成本，Q 为产量，则有：

成本函数 $\qquad\qquad C = C(Q) = C_0 + C_1(Q)$

边际成本函数 $\qquad C' = C'(Q)$，当 $Q = Q_0$ 时，$C'(Q_0)$ 表示第 $Q_0 + 1$ 件产品的成本

平均成本函数 $\qquad \overline{C} = \overline{C}(Q) = \dfrac{C(Q)}{Q} = \dfrac{C_0}{Q} + \dfrac{C_1(Q)}{Q}$

将平均成本对 Q 求导，得 $\overline{C}' = \overline{C}'(Q) = \dfrac{Q \cdot C'(Q) - C(Q)}{Q^2}$，令 $\overline{C}'(Q) = 0$，得

$$C'(Q) = \frac{C(Q)}{Q} = \overline{C}(Q)$$

如果边际成本小于平均成本，那么每增加一个单位产品，平均成本就比以前小一些，即平均成本是下降的；反之，如果边际成本大于平均成本，那么每增加一个单位产品，平均成本就比以前大一些，即平均成本是上升的. 因此，当边际成本等于平均成本时，平均成本达到最小，这就是**平均成本最小原理**.

例 3.7.1　已知某产品的成本函数为 $C = C(Q) = 3600 + 5Q + \dfrac{1}{4}Q^2$.

(1) 当 $Q = 100$ 时，求成本、平均成本及边际成本.

(2) 当产量 Q 为多少时，平均成本最小？

解　(1) 由 $C = C(Q) = 3600 + 5Q + \dfrac{1}{4}Q^2$，得

$$\overline{C} = \frac{3600}{Q} + 5 + \frac{1}{4}Q, \quad C' = 5 + \frac{1}{2}Q$$

当 $Q = 100$ 时，成本为 $C(100) = 6600$，平均成本为 $\overline{C}(100) = 66$，边际成本为 $C'(100) = 55$.

(2) $\overline{C}' = -\dfrac{3600}{Q^2} + \dfrac{1}{4}$，$\overline{C}'' = \dfrac{7200}{Q^3}$

令 $\overline{C}' = 0$，得 $Q^2 = 14400$，$Q = 120$（$Q = -120$ 舍去）.

因为 $\overline{C}''(120) = \dfrac{7200}{120^3} = \dfrac{1}{240} > 0$，所以当 $Q = 120$ 时，平均成本最小.

2. 边际收益

平均收益是生产者出售一定数量产品，平均每单位产品所得到的收入.

边际收益是收益的变化率，即收益函数的导数.

设 P 为商品价格，Q 为商品量，R 为收益，$\overline{R}$ 为平均收益，R' 为边际收益，则有：

需求函数 $\qquad\qquad Q = Q(P) \quad$ 或 $\quad P = P(Q)$

收益函数 $\qquad\qquad R = R(Q) = P(Q) \cdot Q$

平均收益函数 $$\overline{R}=\overline{R}(Q)=\frac{R(Q)}{Q}$$

边际收益函数 $R'=R'(Q)$ ，当 $Q=Q_0$ 时， $R'(Q_0)$ 表示售出第 Q_0+1 件产品的收益.

例 3.7.2 设某商品的需求函数为 $Q=120-6P$ ，求销售量为 60 时的收益、平均收益与边际收益.

解 由 $Q=120-6P$ ，即 $P=20-\dfrac{Q}{6}$ ，得

$$R=R(Q)=P\cdot Q=20Q-\frac{Q^2}{6}$$

$$\overline{R}=\frac{R(Q)}{Q}=P=20-\frac{Q}{6},R'(Q)=20-\frac{Q}{3}$$

当 $Q=60$ 时，收益为 $R(60)=600$ ，平均收益为 $\overline{R}(60)=10$ ，边际收益 $R'(60)=0$.

$R'(60)=0$ 表明当销售量为 60 时，再销售一个 1 个单位产品所得的收益为 0，此时不应再扩大销售量.

3. 边际利润与利润最大化原理

利润是收益与总成本的差值，设利润函数为 $L=L(Q)$ ，则

$$L=L(Q)=R(Q)-C(Q)$$

平均利润 $$L=\overline{L}(Q)=\frac{L(Q)}{Q}=\frac{R(Q)-C(Q)}{Q}$$

边际利润 $$L'(Q)=R'(Q)-C'(Q)$$

企业在生产经营中，常常需要确定在一定条件下，能使利润达到最大的生产规模，即产量为何值时，利润最大. 我们已经知道收益函数的变化率是边际收益，它表示增加一个单位的产量所带来的收益增加；成本函数的变化率是边际成本，它表示增加一个单位的产量所带来的成本增加. 因此，当边际收益大于边际成本时，增加产量将带来利润的增加，则说明还有潜在的利润空间，厂商将会继续增加产量；反之，当边际收益小于边际成本时，生产将使利润减小. 因此只有当边际收益等于边际成本时，即由 $L'(Q)=R'(Q)-C'(Q)=0$ 可得 $R'(Q)=C'(Q)$ 时，厂商可获得最大利润，这称为**利润最大化原理**.

例 3.7.3 设某商品的需求函数为 $P=20-\dfrac{Q}{6}$ ，成本函数为 $C=100+2Q$ ，问：产量为多少时利润最大？求出最大利润.

解 由 $P=20-\dfrac{Q}{6}$ ， $C=100+2Q$ 得

$$R(Q)=P\cdot Q=20Q-\frac{Q^2}{6}$$

$$L=L(Q)=R(Q)-C(Q)=18Q-\frac{Q^2}{6}-100$$

$$L'(Q)=R'(Q)-C'(Q)=18-\frac{Q}{3}$$

令 $L'(Q)=0$ ，即 $R'(Q)=C'(Q)$ ，得 $Q=54$. 因为 $L''(54)=-\dfrac{1}{3}<0$ ，所以当产量 $Q=54$ 时，利润最大，最大利润为 $L(54)=386$.

例 3.7.4　某工厂生产某种产品，固定成本为 20000 元，每生产 1 个单位产品，成本增加 100 元，已知收益 R（单位：元）是年产量 Q 的函数

$$R = R(Q) = \begin{cases} 400Q - \dfrac{1}{2}Q^2 & (0 < Q \leqslant 400) \\ 80000 & (Q > 400) \end{cases}$$

问每年生产多少单位产品时，利润最大？求出最大利润.

解　设年产量为 Q 个单位时，成本为 C 元，利润为 L 元，根据题意知成本函数为

$$C = C(Q) = 20000 + 100Q$$

从而可得利润函数为

$$L = L(Q) = R(Q) - C(Q) = \begin{cases} 300Q - \dfrac{Q^2}{2} - 20000 & (0 < Q \leqslant 400) \\ 60000 - 100Q & (Q > 400) \end{cases}$$

求导得

$$L'(Q) = \begin{cases} 300 - Q & (0 < Q < 400) \\ -100 & (Q = 400) \\ -100 & (Q > 400) \end{cases}$$

令 $L'(Q) = 0$，得 $Q = 300$，因为 $L''(300) = -1 < 0$，所以当 $Q = 300$ 时 L 最大，且 $L(300) = 25000$. 即当年产量为 300 个单位时，利润最大，最大利润为 25000 元.

3.7.2　弹性分析

1. 函数弹性概念

在边际分析中研究的是函数的绝对改变量与绝对变化率，经济学中常需研究一个变量对另一个变量的相对变化情况，为此引入下面的定义.

定义 3.7.1　设函数 $y = f(x)$ 可导，函数的相对改变量 $\dfrac{\Delta y}{y} = \dfrac{f(x + \Delta x) - f(x)}{f(x)}$ 与自变量的相改变量 $\dfrac{\Delta x}{x}$ 之比 $\dfrac{\Delta y / y}{\Delta x / x}$，称为函数 $f(x)$ 在 x 与 $x + \Delta x$ 两点间的弹性（或相对变化率）. 而极限 $\lim\limits_{\Delta x \to 0} \dfrac{\Delta y / y}{\Delta x / x}$，称为函数 $f(x)$ 在点 x 处的弹性（或相对变化率），记为 $\eta(x)$ 或 $\dfrac{Ey}{Ex}$，即

$$\eta(x) = \frac{Ey}{Ex} = \lim_{\Delta x \to 0} \frac{\Delta y / y}{\Delta x / x} = \frac{x}{y} \lim_{\Delta x \to 0} \frac{\Delta y}{\Delta x} = \frac{x}{y} \cdot y'$$

函数 $f(x)$ 在点 x 处的弹性 $\dfrac{Ey}{Ex}$ 反映随 x 的变化 $f(x)$ 变化幅度的大小，即 $f(x)$ 对 x 变化反应的强烈程度或灵敏度. 数值上，$\dfrac{Ey}{Ex}$ 表示 $f(x)$ 在点 x 处，当 x 发生 1% 的改变时，函数 $f(x)$ 近似地改变 $\dfrac{Ey}{Ex}$，在应用问题中解释弹性的具体意义时，通常略去"近似"二字.

例 3.7.5　求函数 $y = 100\mathrm{e}^{3x}$ 在点 $x = 2$ 处的弹性.

解 $y'=300e^{3x}$，$\dfrac{Ey}{Ex}=y'\dfrac{x}{y}=300e^{3x}\dfrac{x}{100e^{3x}}=3x$，$\dfrac{Ey}{Ex}\Big|_{x=2}=6$

2. 需求弹性与供给弹性

设某产品的需求函数为 $Q_d=Q_d(P)$，这里 P 表示产品的价格，则该产品在价格为 P 时的需求弹性为

$$\eta=\eta(P)=\lim_{\Delta P\to0}\dfrac{\Delta Q_d/Q_d}{\Delta P/P}=\dfrac{P}{Q_d}\lim_{\Delta P\to0}\dfrac{\Delta Q_d}{\Delta P}=\dfrac{P}{Q_d}\dfrac{dQ_d}{dP}$$

当 $|\Delta P|$ 很小时，有

$$\eta=\dfrac{P}{Q_d}\dfrac{dQ_d}{dP}\approx\dfrac{\Delta Q_d/Q_d}{\Delta P/P}$$

故需求弹性 η 近似地表示价格为 P 时，价格变动 1%，需求量将变化 $\eta\%$.

一般的，需求函数是单调减小函数，需求量随价格的提高而减小（当 $\Delta P>0$ 时，$\Delta Q_d<0$），所以需求弹性一般是负值，它反映产品需求量对价格变化反应的强烈程度（灵敏度）.

例 3.7.6 设某商品的需求量 Q 与价格 P 的关系为 $Q(P)=1200\left(\dfrac{1}{5}\right)^P$.

（1）求需求弹性 $\eta(P)$.

（2）当商品的价格 $P=10$ 时，若再提高 1%，求该商品需求量的变化情况.

解 （1）需求弹性为

$$\eta(P)=\dfrac{P}{Q}\dfrac{dQ}{dP}=P\dfrac{\left[1200\left(\frac{1}{5}\right)^P\right]'}{1200\left(\frac{1}{5}\right)^P}=P\dfrac{1200\left(\frac{1}{5}\right)^P\ln\frac{1}{5}}{1200\left(\frac{1}{5}\right)^P}=(-\ln5)P\approx-1.61P$$

（2）当价格 $P=10$ 时，$\eta(10)\approx-1.61\times10=-16.1$.

这表示当价格 $P=10$ 时，价格提高 1%，商品的需求量将减少 16.1%.

设某商品的供给函数为 $Q_s=Q_s(P)$，这里 P 是商品的价格，则商品在价格为 P 时的供给弹性为：

$$\eta=\eta(P)=\lim_{\Delta P\to0}\dfrac{\Delta Q_s/Q_s}{\Delta P/P}=\dfrac{P}{Q_s}\lim_{\Delta P\to0}\dfrac{\Delta Q_s}{\Delta P}=\dfrac{P}{Q_s}\dfrac{dQ_s}{dP}$$

当 $|\Delta P|$ 很小时，有

$$\eta=\dfrac{P}{Q_s}\dfrac{dQ_s}{dP}\approx\dfrac{\Delta Q_s/Q_s}{\Delta P/P}$$

故供给弹性 η 近似地表示价格为 P 时，价格变动 1%，供给量变化 $\eta\%$.

例 3.7.7 已知某商品的供给函数为 $Q=3P^{\frac{3}{2}}$，其中 P 为价格，试求供给弹性 $\eta(P)$.

解 $$\eta(P)=\dfrac{P}{Q}\dfrac{dQ}{dP}=\dfrac{P}{3P^{\frac{3}{2}}}\times\dfrac{9}{2}P^{\frac{1}{2}}=\dfrac{3}{2}$$

一般的，幂指数的弹性不变，不论在什么价位，其弹性一样.

3. 需求弹性对收益的影响

收益 R 是商品价格 P 与销售量 Q 的乘积，即

$$R=PQ=PQ(P)$$

由 $R' = Q(P) + P\dfrac{\mathrm{d}Q}{\mathrm{d}P} = Q(P)\left[1 + \dfrac{P}{Q(P)}\dfrac{\mathrm{d}Q}{\mathrm{d}P}\right] = Q(P)(1+\eta)$　知：

（1）当 $|\eta| < 1$，即需求变动的幅度小于价格变动的幅度时，有 $R' > 0$，R 递增，即价格上涨，收益增加；价格下跌，收益减少.

（2）当 $|\eta| > 1$，即需求变动的幅度大于价格变动的幅度时，有 $R' < 0$，R 递减，即价格上涨，收益减少；价格下跌，收益增加.

（3）当 $|\eta| = 1$，即需求变动的幅度等于价格变动的幅度时，有 $R' = 0$，R 取最大值.

综上所述，总收益的变化受需求弹性的制约，随商品需求弹性的变化而变化.

例 3.7.8　某商品的需求函数为 $Q = 75 - P^2$.

（1）求 $P = 4$ 时的边际需求，并说明其经济意义.

（2）求 $P = 4$ 时的需求弹性，并说明其经济意义.

（3）求 $P = 4$ 时，若价格上涨 1%，收益将变化百分之几？是增加还是减少？

（4）求 P 为何值时，收益最大？最大收益是多少？

解　（1）$P = 4$ 时的边际需求为
$$Q'(4) = -2P\big|_{P=4} = -8$$
它说明价格为 4 个单位时，再上涨 1 个单位，需求量将减少 8 个单位.

（2）需求弹性为
$$\eta(P) = \frac{P}{Q(P)}\frac{\mathrm{d}Q}{\mathrm{d}P} = \frac{P}{75 - P^2}(-2P) = -\frac{2P^2}{75 - P^2}$$

$P = 4$ 时的需求弹性为
$$\eta(4) = \frac{P}{Q(P)}\frac{\mathrm{d}Q}{\mathrm{d}P}\bigg|_{P=4} = \frac{4}{75 - 4^2} \times (-8) = -\frac{32}{59} \approx -0.54$$

说明当 $P = 4$ 时，价格上涨 1%，需求量将减少 0.54%.

（3）求收益 R 相对于价格变动的相对变化率，即求 R 的弹性.
$$R = PQ = P(75 - P^2) = 75P - P^3,\ R'(P) = 75 - 3P^2$$
当 $P = 4$ 时，$R(4) = 236$，$R'(4) = 27$，于是
$$\frac{ER}{EP}\bigg|_{P=4} = \frac{4}{R(4)}R'(4) = \frac{4}{236} \times 27 \approx 0.46$$

当 $P = 4$ 时，价格上涨 1%，收益将增加 0.46%.

（4）令 $|\eta(P)| = 1$，即 $\dfrac{2P^2}{75 - P^2} = 1$，得 $P = 5$（$P = -5$ 舍去）.

所以当 $P = 5$ 时，收益取最大值，最大收益为
$$R(5) = (75P - P^3)\big|_{P=5} = 250$$

习　题　3.7

1. 某产品的成本 C（单位：元）和产量 Q（单位：件）的函数关系式为：$C = 1000 + 5Q + 30\sqrt{Q}$，试求：

（1）生产 100 件产品时的成本和平均成本.

（2）产量从 100 件增加到 225 件成本的平均变化率.

（3）生产 100 件和 225 件产品时的边际成本.

2. 某产品的成本函数为 $C=15Q-6Q^2+Q^3$.

（1）生产量为多少时，可使平均成本最小？

（2）求出边际成本，并验证当平均成本最小时，边际成本等于平均成本.

3. 设某产品生产 Q 个单位的收益为 $R=R(Q)=200Q-0.01Q^2$，求：生产 50 个单位产品时的收益及单位产品的平均收益和边际收益.

4. 某产品的价格 P 与需求量 Q 的关系为 $P=10-\dfrac{Q}{5}$.

（1）求需求量为 20 及 30 时的收益 R，平均收益 $\overline{R}$ 及边际收益 R'.

（2）Q 为多少时收益最大？

5. 已知某种产品的需求函数为 $P=10-\dfrac{Q}{5}$，成本函数为 $C=50+2Q$，求产量为多少时利润 L 最大？求出最大利润.

6. 设某种商品的需求量 Q 是价格 P 的函数，$Q=1600e^{-1.2P}$，求价格增加 1% 时，需求量变动的百分数.

7. 某商品的需求函数为 $Q=Q(P)=75-P^2$.

（1）求 $P=6$ 时的需求弹性，并给以适当的解释.

（2）在 $P=4$ 时，若价格上涨 1%，收益增加还是减少？变化多少？

8. 设某商品的需求函数为 $Q=Q(P)=12-\dfrac{P^2}{4}$，问：

（1）当价格 $P=5$ 时，若价格上涨 1%，需求量变化的幅度是多少？收益是增加还是减少？

（2）价格 P 为何值时，收益最大？求出最大收益.

9. 设某商品的需求函数为 $Q=120-2P$，若固定成本为 10000 元，多生产 1 个产品，成本增加 200 元，且工厂自产自销，产销平衡，问如何定价，才能使工厂获利最大？求出最大利润.

总 习 题 三

一、选择题

1. 下列函数在给定的区间上满足罗尔定理三个条件的是（　　）.

(A) $f(x)=\begin{cases} x+1 & (x<5) \\ 1 & (x\geqslant 5) \end{cases}$，$[0,5]$ (B) $y=|x-1|$，$[0,2]$

(C) $y=xe^{-x}$，$[0,1]$ (D) $y=x^2-5x+6$，$[2,3]$

2. 下列极限中能用洛必达法则求解的是（　　）.

(A) $\lim\limits_{x\to 0}\dfrac{x^2\sin\dfrac{1}{x}}{\sin x}$ (B) $\lim\limits_{x\to +\infty}\dfrac{e^x-e^{-x}}{e^x+e^{-x}}$

(C) $\lim\limits_{x\to 0}\dfrac{x}{e^x}$ (D) $\lim\limits_{x\to 0}\dfrac{\ln\cos x}{x}$

3. 方程 $x^5+x^3+x+1=0$ 实根的个数是（　　）.

(A) 1 个 　　　　　　　　　　　　(B) 没有实根

(C) 3 个 　　　　　　　　　　　　(D) 5 个

4. 设函数 $f(x)$ 在 $(-\infty,+\infty)$ 内二阶可导，且 $f'(x_0)=0$，问 $f(x)$ 还满足一下哪个条件，则 $f(x_0)$ 必是 $f(x)$ 的最大值（　　）.

(A) $x=x_0$ 是 $f(x)$ 的唯一驻点

(B) $x=x_0$ 是 $f(x)$ 的极大值点

(C) $f''(x)$ 在 $(-\infty,+\infty)$ 恒为负值

(D) $f''(x_0)\neq 0$

5. 设 $f(x)=\dfrac{x}{3-x}$，则曲线 $y=f(x)$（　　）.

(A) 仅有水平渐近线 　　　　　　　(B) 仅有垂直渐近线

(C) 既有水平渐近线又有垂直渐近线 　(D) 无渐近线

6. 当 $f(x)=ax$ 时，$\dfrac{Ef(x)}{Ex}=$（　　）.

(A) 0 　　　　　(B) 1 　　　　　(C) a 　　　　　(D) x

二、填空题

1. 函数 $f(x)=x^3-2x+3$ 在区间 $[-2,0]$ 上满足拉格朗日定理的条件，定理中的 $\xi=$_____.

2. 函数 $f(x)=x^3+x+\sin x$ 在区间_____上单调增加.

3. 设曲线 $y=x^3+ax^2+bx+c$ 有拐点 $(1,-1)$，且在 $x=0$ 处有水平切线，则常数 $a=$_____，$b=$_____，$c=$_____.

三、设 $f(x)=(x-1)(x+1)(x+2)(x+3)$，问方程 $f'(x)=0$ 有几个实数根？并确定其所在区间.

四、1. 设 $\varphi(x)$ 在 $[0,1]$ 上可导，$f(x)=(x-1)\varphi(x)$，证明存在 $\xi\in(0,1)$，使 $f'(\xi)=\varphi(0)$.

2. 设 $f(x)$，$g(x)$ 均在 $[a,b]$ 上连续，在 (a,b) 内可导，并且满足 $f(a)=g(a)$，$f(b)=g(b)$，证明存在一点 $\xi\in(a,b)$，使 $f'(\xi)=g'(\xi)$.

3. 证明方程 $\sin x+x\cos x=0$ 在 $(0,\pi)$ 内必有实根.

五、证明 $2\arctan x+\arcsin\dfrac{2x}{1+x^2}=\pi$，其中 $x\geqslant 1$.

六、证明下列不等式

1. 当 $x>0$ 时，有 $\dfrac{1}{1+x}<\ln(1+x)-\ln x<\dfrac{1}{x}$.

2. $|\arctan a-\arctan b|\leqslant|a-b|$

3. 当 $x>0$ 时，有 $\sin x>x-\dfrac{x^2}{2}$.

4. $e^{-x^2}\leqslant\dfrac{1}{1+x^2}$

七、求下列极限

1. $\lim\limits_{x \to 0}\dfrac{e^x \sin x - x\ (1+x)}{x^3}$

2. $\lim\limits_{x \to 0}\dfrac{6x - \sin x - \sin 2x - \sin 3x}{x^3}$

3. $\lim\limits_{x \to 0^+}\dfrac{\ln\sin mx}{\ln\sin x}\ (m>0)$

4. $\lim\limits_{x \to 1}\left(\dfrac{x}{1-x} - \dfrac{1}{\ln x}\right)$

5. $\lim\limits_{x \to 1}\ (1-x)\ \tan\dfrac{\pi x}{2}$

6. $\lim\limits_{x \to \infty}\left(\cos\dfrac{1}{x}\right)^{x^2}$

7. $\lim\limits_{x \to 0^+}\ (\arcsin x)^{\tan x}$

8. $\lim\limits_{x \to 0}\left(\dfrac{3^x + 5^x}{2}\right)^{\frac{1}{x}}$

八、求下列函数的单调区间与极值

1. $f(x) = x(x-2)^{\frac{2}{3}}$

2. $f(x) = (x+1)(x-1)^3$

3. $f(x) = 2x^2 - \ln x$

4. $f(x) = 2x + \dfrac{2}{x}$

九、 某产品计划一个生产周期内总产量为 a 吨，分若干批生产，设每批产品需要投入固定费用 1000 元，而每批生产直接消耗的费用（不包括固定费用）与产量的立方成正比，其比例系数为 $\dfrac{1}{3}$. 问每批生产多少吨，才能使总费用最省？

十、确定下列曲线的凹凸区间与拐点

1. $y = x^3 - x^4$

2. $y = (2x-5)\cdot\sqrt[3]{x^2}$

十一、 1. 设 $f(x) = a\ln x + bx^2 + x$ 在 $x=1$ 与 $x=2$ 处有极值，试求 a 与 b 的值.

2. 试求当 a，b 为何值时，点 $(1, -2)$ 是曲线 $y = ax^3 + bx^2$ 的拐点.

3. 求曲线 $y = xe^{-x}$ 在拐点处的法线方程.

十二、 设某产品的成本函数为 $C = aQ^2 + bQ + c$，需求函数为 $Q = \dfrac{1}{e}(d-P)$，其中 C 为成本，Q 为需求量（即产量），P 为单价，a，b，c，d，e 都是正的常数，且 $d>b$. 求：

1. 利润最大时的产量及最大利润.

2. 需求对价格的弹性.

3. 需求对价格弹性的绝对值为 1 时的产量.

罗尔、拉格朗日与柯西

1. 罗尔（Rolle，1652—1719）

罗尔是法国数学家，出生于小店家庭，只受过初等教育，靠充当公证人与律师抄录员的微薄收入养家糊口，但他利用业余时间刻苦自学代数与丢番图的著作，并很有心得，1682 年，他解决了数学家奥扎南提出的一个数论难题，受到了学术界的好评，从而声名鹊起，也使他的生活有了转机，此后担任初等数学教师和陆军部行政官员．1685 年进入法国科学院，担任低级职务，到 1690 年才获得科学院发给的固定薪水．此后他一直在科学院供职，1719 年因中风去世．

罗尔在数学上的成就主要是在代数方面，专长于丢番图方程的研究．他于 1691 年在题为《任意次方程的一个解法的证明》的论文中指出：在多项式方程的两个相邻的实根之间，其导数方程至少有一个根。在一百多年后，1846 年贝拉维蒂斯（Giusto Bellavitis）将这一定理推广到可微函数，贝拉维蒂斯还把此定理命名为罗尔定理．

罗尔定理的诞生是十分有趣的，他只是做了一个小小的发现，而且并没有证明，但现在，他的定理却出现在很多微积分教材中．更有趣的是，他本人曾经是微积分的强烈攻击者．罗尔所处的时代正当微积分诞生不久，由于这一新生事物存在逻辑上的缺陷，从而遭受多方面的非议，其中，也包括罗尔，并且他是反对派中最直言不讳的一员．1700 年，在法国科学院发生了一场有关无穷小方法是否真实的论战。在这场论战中，罗尔认为无穷小方法由于缺乏理论基础将导致谬误，并说："微积分是巧妙的谬论的汇集"，他与瓦里格农、索弗尔等人之间，展开了异常激烈的争论．约翰·伯努利还讽刺罗尔不懂微积分．由于罗尔对此问题表现得异常激动，致使科学院不得不屡次出面干预，直到 1706 年秋天，罗尔向瓦里格农、索弗尔等人承认他已经放弃了自己的观点，并且充分认识到无穷小分析新方法的价值．

2. 拉格朗日（Lagrang，1736—1813）——18 世纪的伟大科学家

拉格朗日，法国数学家、力学家及天文学家．青年时代，在数学家雷维里（Revelli）指导下学习几何学后，萌发了他的数学天才．拉格朗日 17 岁开始转攻当时迅速发展的数学分析．他的学术生涯可分为 3 个时期：都灵时期（1766 年以前）、柏林时期（1766—1786）、巴黎时期（1787—1813）.

拉格朗日在数学、力学和天文学三个学科中都有重大历史性的贡献，他的全部著作、论文、学术报告记录、学术通讯超过 500 篇，拉格朗日的学术生涯主要在 18 世纪后半期，当时数学、物理学和天文学是自然科学的主体，数学的主流是由微积分发展起来的数学分析，以欧洲大陆为中心：物理学的主流是力学：天文学的主流是天体力学．数学分析发展使力学和天体力学深化，而力学和天体力学的课题又成为数学分析发展的动力，下面就拉格朗日的主要贡献介绍如下：

（1）数学分析的开拓者．

1）变分法．这是拉格朗日最早研究的领域，以欧拉的思路和结果为依据，但从纯分析方法出发，得到更完善的结果，他的第一篇论文"极大和极小的方法研究"是他研究变分法的序幕，1760 年发表的"关于确定不定积分式的极大和极小的一种新方法"是用分析方法建立变分法的代表作，发表前写信给欧拉，称此文中的方法为"变分方法"．欧拉肯定了，并在他自己的论文中正式将此方法命名为"变分方法"，变分法这个分支才真正建立起来．

2）微分方程．早在都灵时期，拉格朗日就对变系数微分方程的研究有了重大成果，他在降价过程中提出了以后所称的伴随方程，并证明了非齐次方程的奇解和特解作出历史性贡献，在 1774 年完成的"关于微分方程特解的研究"中系统地研究了奇解和通解的关系，明确提出由通解及其对积分常数的偏导数消去常数求出奇解的方法；还指出奇解为原方程积分曲线族的包络线，当然，他的奇解理论还不完善，现代奇解理论的形式由 J. G. 达布等人完成，除此之外，他还是一阶偏导微分方程理论的建立者.

3）方程论. 拉格朗日在柏林的前十年，大量时间花在代数方程和超越方程的解法上. 他把前人解三、四次代数方程的各种解法，总结为一套标准方法，而且还分析出一般三、四次方程能用代数方法解出的原因. 拉格朗日的想法已蕴含了置换群的概念，他的思想为后来的 N. H. 阿贝尔和 E. 迦罗瓦采用并发展，终于解决了高于四次的一般方程为何不能用代数方法求解的问题.

4）数论. 拉格朗日在 1772 年把欧拉 40 多年没有解决的费马猜想——"一个正整数能表示为最多四个平方数的和"证明出来. 后来还证明了著名的定理：n 是素数的充要条件为 $(n-1)! + 1$ 能被 n 整除.

5）函数和无穷级数. 同 18 世纪的其他数学家一样，拉格朗日也认为函数可以展开为无穷级数，而无穷级数是多项式的推广. 泰勒级数中的拉格朗日余项就是他在这方面的代表作之一.

（2）分析力学的创立者. 拉格朗日在这方面的最大贡献是把变分原理和最小作用原理具体化，而且用纯分析方法进行推理，称为拉格朗日方法.

（3）天体力学的奠基者. 首先在建立天体运动方程上，拉格朗日用他在分析力学中的原理，建立起各类天体的运动方程，其中特别是他根据微分方程解法中的常数变异法，建立了以天体椭圆轨道根数为基本变量的运动方程，现在仍称作拉格朗日行星运动方程，并在广泛作用中，在天体运动方程解法中，拉格朗日的重大历史性贡献是发现三体问题运动方程的五个特解.

总之，拉格朗日是 18 世纪的伟大科学家，在数学、力学和天文学三个学科中都有历史性的重大贡献. 但主要是数学家，他最突出的贡献是把数学分析的基础脱离几何与力学方面起了决定性的作用，使数学的独立性更为清楚，而不仅是其他学科的工具. 同时在使天文学力学化、力学分析上也起了历史性的作用，促使力学和天文学（天体力学）更深入发展，由于历史的局限，严密性不够妨碍着他取得更多成果.

3. 柯西（Cauchy，1789—1857）——业绩永存的数学大师

19 世纪初期，微积分已发展成为一个庞大的数学分支，内容丰富，应用非常广泛，与此同时，它的薄弱之处也就越来越显露出来，微积分的理论基础并不严密，为解决新问题并澄清微积分概念，数学家们展开了数学分析严谨化的工作，在分析基础的奠基工作中，作出卓越贡献的要推伟大的数学家柯西.

柯西 1789 年 8 月 21 日出生于巴黎，父亲是一位精通古典文学的律师，与当时法国的大数学家拉格朗日、拉普拉斯交往密切. 柯西少年时代的数学才华颇受这两位数学家的赞赏，他们预言柯西日后必成大器. 柯西毕业于法国著名大学法国综合工科学校，后成为这所大学的教授. 他的《代数分析教程》《无穷小分析讲义》和《无穷小计算在几何中的应用》是数学分析的发展史上具有里程碑意义的著作，这三部著作以分析严格化为目标，以极限和连续性为核心概念的极限理论作为分析严格化的基础，建立了现代分析体系.

在微积分中，准确定义和理解无穷小量是至为关键的. 柯西定义的无穷小量为：极限

为 0 的变量，从而极限概念就成了分析体系的出发点，因此，柯西首先定义了变量和极限．变量：依次取许多互不相同的值的量叫变量；极限：当同一变量逐次所取的值无限趋向一个固定的值，最终使它的值与该定值的差要多小就有多小，那么最后这个定值就称为这个变量的极限，这两个定义可以看成是算术化的，但是采用了描述性的表达式，柯西再用变量来拓展函数概念，用极限来定义函数的连续，进一步地，函数的导数、微分与积分等概念就展开了，在这些概念的基础上，柯西重建已知的事实和定理，补充定理的限制条件．

柯西在其他方面的研究成果也很丰富，复变函数的微积分理论就是由他创立的．在代数、理论物理、光学、弹性理论方面，也有突出贡献，柯西的数学成就不仅辉煌，而且数量惊人，柯西全集有 27 卷，其论著有 800 多篇，在数学史上是仅次于欧拉的多产数学家，他的光辉名字与许多定理、准则一起铭记在当今许多教材中．

作为一位学者，他的思路敏捷，功绩卓著，但他常忽视青年人的创造．例如，由于柯西"冷落"了才华出众的年轻数学家阿贝尔与伽罗瓦的开创性的论文手稿，造成群论晚问世约半个世纪．1857 年 5 月 23 日，柯西在巴黎病逝，他临终的一名名言"人总是要死，但是，他们的业绩永存"长久地叩击着一代又一代学子的心扉．

第4章 不 定 积 分

在第2章导数与微分中，我们讨论了求已知函数 $F(x)$ 的导数 $F'(x)$ ［或微分 $\mathrm{d}F(x)$］的问题．但是，在自然科学与实际问题中，往往需要解决相反的问题，比如：①已知曲线任意一点处切线的斜率，求该曲线的方程；②已知产品的边际成本函数，求生产该产品的成本函数．这一类实际问题都可以归结为已知函数的导数，求这个函数，这就是不定积分要完成的任务．

本章介绍不定积分的基本概念、性质与求不定积分的基本方法．

4.1 不定积分的概念与性质

4.1.1 原函数与不定积分的概念

为了解决求导的逆运算问题，我们引进原函数的概念．

定义 4.1.1 如果在区间 I 上，可导函数 $F(x)$ 的导函数为 $f(x)$，即对任一 $x\in I$ 都有

$$F'(x)=f(x)\text{ 或 }\mathrm{d}F(x)=f(x)\mathrm{d}x$$

那么函数 $F(x)$ 就称为 $f(x)$ 在区间 I 上的原函数．

例如，因为 $(\sin x)'=\cos x$，故 $\sin x$ 是 $\cos x$ 的原函数，又如当 $x\in(0,+\infty)$ 时，因为 $(\sqrt{x})'=\dfrac{1}{2\sqrt{x}}$，故 $\sqrt{x}$ 是 $\dfrac{1}{2\sqrt{x}}$ 的原函数．

那么 $\cos x$ 和 $\dfrac{1}{2\sqrt{x}}$ 还有其他原函数吗？

定理 4.1.1（原函数存在定理） 如果函数 $f(x)$ 在区间 I 上连续，那么在区间 I 上存在可导函数 $F(x)$，使对任一 $x\in I$ 都有

$$F'(x)=f(x)$$

简单地说，连续函数一定有原函数．

还需要说明两点：

(1) 如果函数 $f(x)$ 在区间 I 上有原函数 $F(x)$，那么 $f(x)$ 就有无限多个原函数．这是因为：若 $F'(x)=f(x)$，则对任一常数 C，

$$[F(x)+C]'=f(x)$$

(2) $f(x)$ 的任意两个原函数之间只差一个常数 C．

定理 4.1.2 设 $\Phi(x)$ 和 $F(x)$ 是函数 $f(x)$ 在区间 I 上两个不同的原函数，则它们之间只相差一个常数 C，即 $\Phi(x)=F(x)+C$．

证 由已知条件可得

$$\Phi'(x)=f(x),F'(x)=f(x),x\in I$$

于是有

$$[\Phi(x)-F(x)]'=\Phi'(x)-F'(x)=f(x)-f(x)=0$$

在第 3 章已证明导数恒为零的函数为常数，所以 $\Phi(x)=F(x)+C$.

此定理表明，若 $F(x)$ 是 $f(x)$ 在区间 I 上的一个原函数，则 $F(x)+C$ 是 $f(x)$ 在区间 I 上的所有原函数.

定义 4.1.2　若 $F(x)$ 是 $f(x)$ 在区间 I 上的一个原函数，则 $f(x)$ 在区间 I 上的所有原函数 $F(x)+C$ 称为 $f(x)$ 在区间 I 上的不定积分，记作

$$\int f(x)\mathrm{d}x = F(x)+C$$

式中　$\displaystyle\int$ —— 积分号；

　$f(x)$　——被积函数；

　$f(x)\mathrm{d}x$——被积表达式；

　　　x——积分变量.

注　在求函数不定积分 $\displaystyle\int f(x)\mathrm{d}x$ 时，只需要求出被积 函数 $f(x)$ 的一个原函数 $F(x)$，$f(x)$ 的所有原函数 $F(x)+C$ 即为 $f(x)$ 在区间 I 上的不定积分.

例 4.1.1　求 $\displaystyle\int \cos x\mathrm{d}x$.

解　因为 $\sin x$ 是 $\cos x$ 的一个原函数，所以

$$\int \cos x\mathrm{d}x = \sin x + C$$

例 4.1.2　求 $\displaystyle\int \frac{1}{2\sqrt{x}}\mathrm{d}x$.

解　因为 $\sqrt{x}$ 是 $\dfrac{1}{2\sqrt{x}}$ 的一个原函数，所以

$$\int \frac{1}{2\sqrt{x}}\mathrm{d}x = \sqrt{x} + C$$

例 4.1.3　求 $\displaystyle\int \frac{1}{x}\mathrm{d}x$.

解　当 $x>0$ 时，$(\ln x)'=\dfrac{1}{x}$，所以

$$\int \frac{1}{x}\mathrm{d}x = \ln x + C$$

当 $x<0$ 时，$[\ln(-x)]'=\dfrac{1}{-x}(-1)=\dfrac{1}{x}$，所以

$$\int \frac{1}{x}\mathrm{d}x = \ln(-x) + C \quad (x < 0)$$

故

$$\int \frac{1}{x}\mathrm{d}x = \ln |x| + C \quad (x \neq 0)$$

例 4.1.4　设曲线 $y = f(x)$ 通过点（1，2），且其上任一点 x 处的切线斜率为 $2x$，求此曲线的方程.

解　由题意可知

$$f'(x) = 2x$$

即 $f(x)$ 是 $2x$ 的一个原函数，从而

$$f(x) = \int 2x \mathrm{d}x = x^2 + C$$

故必有某个常数 C 使 $y = x^2 + C$，即曲线方程为 $y = x^2 + C$

因所求曲线通过点（1，2），故

$$2 = 1^2 + C, C = 1$$

于是所求曲线方程为 $y = x^2 + 1$.

函数 $f(x)$ 的原函数的图形称为 $f(x)$ 的积分曲线．本例是求函数 $y = 2x$ 的通过点（1，2）的积分曲线，如图 4.1.1 所示.

4.1.2　不定积分的性质

不定积分有下列基本性质：

性质 1　函数代数和的不定积分等于各个函数的不定积分的代数和，即

$$\int \left[f(x) \pm g(x) \right] \mathrm{d}x = \int f(x) \mathrm{d}x \pm \int g(x) \mathrm{d}x$$

性质 2　求不定积分时，被积函数中不为零的常数因子可以提到积分号外，即

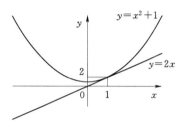

图 4.1.1

$$\int k f(x) \mathrm{d}x = k \int f(x) \mathrm{d}x \quad (k \neq 0, k \text{ 为常数})$$

性质 3　$\dfrac{\mathrm{d}}{\mathrm{d}x} \left[\int f(x) \mathrm{d}x \right] = f(x)$　　或　　$\mathrm{d}\left[\int f(x) \mathrm{d}x \right] = f(x) \mathrm{d}x$

证　由不定积分的定义，设 $F(x)$ 是 $f(x)$ 在区间 I 上的一个原函数，那么 $f(x)$ 在 I 上的不定积分为

$$\int f(x) \mathrm{d}x = F(x) + C$$

可得

$$\frac{\mathrm{d}}{\mathrm{d}x} \left[\int f(x) \mathrm{d}x \right] = \frac{\mathrm{d}}{\mathrm{d}x} [F(x) + C] = \frac{\mathrm{d}}{\mathrm{d}x} F(x) = f(x)$$

等式两边同乘 $\mathrm{d}x$，即得

$$\mathrm{d}\left[\int f(x) \mathrm{d}x \right] = f(x) \mathrm{d}x$$

性质 4　$\int F'(x) \mathrm{d}x = F(x) + C$　　或　　$\int \mathrm{d}F(x) = F(x) + C$

证　由于 $F(x)$ 是 $F'(x)$ 的原函数，所以

$$\int F'(x) \mathrm{d}x = F(x) + C \quad \text{或} \quad \int \mathrm{d}F(x) = F(x) + C$$

由此可见，微分运算（以记号 d 表示）与积分运算（以记号 $\int$ 表示）是互逆的，两个运算连在一起时，"d$\int$"完全抵消，"$\int$d"抵消后差一个常数。

4.1.3 基本积分公式

既然积分运算是求导运算的逆运算，因此由导数公式，可以直接得到相应的不定积分基本公式．这里列出基本积分如下，请读者务必熟记，因为这些公式是求不定积分的基础．

$(1)\displaystyle\int k\mathrm{d}x = kx + C(k\text{ 是常数})$	$(2)\displaystyle\int x^\mu \mathrm{d}x = \dfrac{1}{\mu+1}x^{\mu+1} + C(\mu \neq -1)$
$(3)\displaystyle\int \dfrac{1}{x}\mathrm{d}x = \ln|x| + C$	$(4)\displaystyle\int a^x\mathrm{d}x = \dfrac{a^x}{\ln a} + C, \int \mathrm{e}^x\mathrm{d}x = \mathrm{e}^x + C$
$(5)\displaystyle\int \cos x\mathrm{d}x = \sin x + C$	$(6)\displaystyle\int \sin x\mathrm{d}x = -\cos x + C$
$(7)\displaystyle\int \dfrac{1}{\cos^2 x}\mathrm{d}x = \int \sec^2 x\mathrm{d}x = \tan x + C$	$(8)\displaystyle\int \dfrac{1}{\sin^2 x}\mathrm{d}x = \int \csc^2 x\mathrm{d}x = -\cot x + C$
$(9)\displaystyle\int \sec x\tan x\mathrm{d}x = \sec x + C$	$(10)\displaystyle\int \csc x\cot \mathrm{d}x = -\csc x + C$
$(11)\displaystyle\int \dfrac{1}{1+x^2}\mathrm{d}x = \arctan x + C$	$(12)\displaystyle\int \dfrac{1}{\sqrt{1-x^2}}\mathrm{d}x = \arcsin x + C$

4.1.4 直接积分法

这里介绍一种利用不定积分的性质和基本积分公式表直接求出一些简单函数的不定积分的方法，即直接积分法．

例 4.1.5 求 $\displaystyle\int \sqrt{x}(x^2+5)\mathrm{d}x$.

解 利用不定积分的线性性质

$$\int \sqrt{x}(x^2+5)\mathrm{d}x = \int (x^{\frac{5}{2}} + 5x^{\frac{1}{2}})\mathrm{d}x$$

$$= \int x^{\frac{5}{2}}\,\mathrm{d}x + \int 5x^{\frac{1}{2}}\mathrm{d}x = \int x^{\frac{5}{2}}\,\mathrm{d}x + 5\int x^{\frac{1}{2}}\mathrm{d}x$$

$$= \frac{2}{7}x^{\frac{7}{2}} + 5 \times \frac{2}{3}x^{\frac{3}{2}} + C$$

求幂函数的不定积分，一般先将其写成 x^μ 的形式，再求之．

例 4.1.6 求 $\displaystyle\int x^2\sqrt{x}\,\mathrm{d}x$.

解 $\displaystyle\int x^2\sqrt{x}\,\mathrm{d}x = \int x^{\frac{5}{2}}\mathrm{d}x = \frac{1}{\frac{5}{2}+1}x^{\frac{5}{2}+1} + C = \frac{2}{7}x^{\frac{7}{2}} + C = \frac{2}{7}x^3\sqrt{x} + C$

例 4.1.7 求 $\displaystyle\int \dfrac{(x-1)^3}{x^3}\mathrm{d}x$.

解 $\displaystyle\int \frac{(x-1)^3}{x^3}\mathrm{d}x = \int \frac{x^3 - 3x^2 + 3x - 1}{x^3}\,\mathrm{d}x = \int \left(1 - \frac{3}{x} + \frac{3}{x^2} - \frac{1}{x^3}\right)\mathrm{d}x$

$$= \int 1\mathrm{d}x - 3\int \frac{1}{x}\mathrm{d}x + 3\int \frac{1}{x^2}\mathrm{d}x - \int \frac{1}{x^3}\,\mathrm{d}x$$

$$= x - 3\ln|x| - 3\frac{1}{x} + \frac{1}{2x^2} + C$$

例 4.1.8 求 $\int (\mathrm{e}^x + 3cosx)\mathrm{d}x$.

解 $\int (\mathrm{e}^x + 3\cos x)\mathrm{d}x = \int \mathrm{e}^x \mathrm{d}x + 3\int \cos x\mathrm{d}x = \mathrm{e}^x + 3\sin x + C$

例 4.1.9 求 $\int 3^x \mathrm{e}^x \,\mathrm{d}x$.

解 $\int 3^x \mathrm{e}^x \,\mathrm{d}x = \int (3\mathrm{e})^x \,\mathrm{d}x = \frac{(3\mathrm{e})^x}{\ln(3\mathrm{e})} + C = \frac{3^x \mathrm{e}^x}{1 + \ln 3} + C$

例 4.1.10 求 $\int \frac{1 + x + x^2}{x(1 + x^2)} \,\mathrm{d}x$.

解 $\int \frac{1 + x + x^2}{x(1 + x^2)} \,\mathrm{d}x = \int \frac{x + (1 + x^2)}{x(1 + x^2)} \,\mathrm{d}x = \int \left(\frac{1}{1 + x^2} + \frac{1}{x} \right)\mathrm{d}x$

$$= \int \frac{1}{1 + x^2}\mathrm{d}x + \int \frac{1}{x}\mathrm{d}x = \arctan x + \ln|x| + C$$

例 4.1.11 求 $\int \tan^2 x\mathrm{d}x$.

解 基本积分表中没有这种类型的积分，可利用三角关系式 $\tan^2 x = \sec^2 x - 1$ 化为

$$\int \tan^2 x\mathrm{d}x = \int (\sec^2 x - 1)\mathrm{d}x = \int \sec^2 x\mathrm{d}x - \int \mathrm{d}x$$

$$= \tan x - x + C$$

例 4.1.12 求 $\int \sin^2 \frac{x}{2}\mathrm{d}x$.

解 同上例，先利用三角恒等式进行恒等变换，再积分.

$$\int \sin^2 \frac{x}{2}\mathrm{d}x = \int \frac{1 - \cos x}{2}\mathrm{d}x = \frac{1}{2}\int (1 - \cos x)\mathrm{d}x$$

$$= \frac{1}{2}(x - \sin x) + C$$

习　题　4.1

1. 填空题

(1) 设 $F(x)$ 是函数 e^{-x^2} 的一个原函数，则 $\mathrm{d}F(\sqrt{x}) = $ _____ .

(2) $\left[\int f(\mathrm{e}^{-x})\mathrm{d}x \right]' = $ _____

$\int \frac{\mathrm{d}f(\mathrm{e}^{-x})}{\mathrm{d}x}\mathrm{d}x = $ _____

(3) $\mathrm{d}\int f(\ln x)\mathrm{d}x = $ _____

$\int \mathrm{d}f(\ln x) = $ _____

2. 求下列不定积分：

$(1) \displaystyle\int \left(1 - \frac{1}{x^2}\right)\sqrt{x}\ \mathrm{d}x$ 　　　　$(2) \displaystyle\int \mathrm{e}^x(3 - \mathrm{e}^{-x}\sin x)\mathrm{d}x$

$(3) \displaystyle\int \frac{\cos 2x}{\sin^2 x \cos^2 x}\mathrm{d}x$ 　　　　$(4) \displaystyle\int \cot^2 x\mathrm{d}x$

$(5) \displaystyle\int \frac{x^2}{1+x^2}\mathrm{d}x$ 　　　　$(6) \displaystyle\int \frac{1}{x(1+x^2)}\mathrm{d}x$

3. 已知一曲线过点 $(0，1)$，且其上任一点 x 处的切线斜率为 $3-2x$，求该曲线的方程.

4.2　求不定积分的几种方法

利用不定积分的性质和基本积分公式，只能计算一些很简单函数的不定积分. 因此，有必要进一步来研究不定积分的求法. 从本节开始，我们介绍三种求不定积分的常用方法.

4.2.1　凑微分法（第一类换元法）

有一些函数的不定积分，可以直接用基本积分公式计算. 而对于积分 $\displaystyle\int \mathrm{e}^{2x}\mathrm{d}x$，无法用直接积分法求解，但在基本积分表中有积分公式

$$\int \mathrm{e}^x\mathrm{d}x = \mathrm{e}^x + C$$

比较两个积分 $\displaystyle\int \mathrm{e}^x\mathrm{d}x$ 和 $\displaystyle\int \mathrm{e}^{2x}\mathrm{d}x$，我们不难发现，如果凑一个常数因子 2，使之成为

$$\int \mathrm{e}^{2x}\mathrm{d}x = \int \frac{\mathrm{e}^{2x}}{2}\mathrm{d}(2x)$$

再令 $u = 2x$，则上述积分变为

$$\int \mathrm{e}^{2x}\mathrm{d}x = \int \frac{\mathrm{e}^{2x}}{2}\mathrm{d}(2x) \xlongequal{u = 2x} \frac{1}{2}\int \mathrm{e}^u\mathrm{d}u$$

利用基本积分公式表，回代为原来的变量 x，可得

$$\int \mathrm{e}^{2x}\mathrm{d}x = \int \frac{\mathrm{e}^{2x}}{2}\mathrm{d}(2x) \xlongequal{u = 2x} \frac{1}{2}\int \mathrm{e}^u\mathrm{d}u = \frac{1}{2}\mathrm{e}^u + C \xlongequal{\text{回代}} \frac{1}{2}\mathrm{e}^{2x} + C$$

一般的，有如下定理：

定理 4.2.1　设 $u = \varphi(x)$ 可导，$f(u)$ 有原函数 $F(u)$，即

$$\int f(u)\mathrm{d}u = F(u) + C \tag{4.1}$$

则有

$$\int f[\varphi(x)]\varphi'(x)\mathrm{d}x = \int f[\varphi(x)]\mathrm{d}\varphi(x) = \int f(u)\mathrm{d}u = F(u) + C = F[\varphi(x)] + C$$

$$\tag{4.2}$$

证　由定理 4.2.1 得 $F'(u) = f(u)$，再由一阶微分形式的不变性，得
$$\mathrm{d}F[\varphi(x)] = F'[\varphi(x)]\mathrm{d}\varphi(x) = f[\varphi(x)]\varphi'(x)\mathrm{d}x$$

可见 $F[\varphi(x)]$ 是 $f[\varphi(x)]\varphi'(x)$ 的一个原函数，由不定积分定义，便得式（4.2）. 式（4.2）提供了一种不定积分的求解方法，称为第一类换元法，也称为"凑微分法".

在运用凑微分法求积分 $\int g(x)\mathrm{d}x$ 时关键在于将被积函数 $g(x)$ 可以化为 $g(x)=f'(x)$ 的形式，即

$$\int g(x)\mathrm{d}x = \int f[\varphi(x)]\varphi'(x)\mathrm{d}x = \left[\int f(u)\mathrm{d}u\right]_{u=\varphi(x)}$$

如果能求得 $f(u)$ 的原函数，那么也就得到了 $g(x)$ 的原函数.

例 4.2.1 求 $\int(3x+1)^8\mathrm{d}x$.

解 $\int(3x+1)^8\mathrm{d}x = \dfrac{1}{3}\int(3x+1)^8\mathrm{d}(3x+1)$

令 $u=3x+1$，得

$$\frac{1}{3}\int(3x+1)^8\mathrm{d}(3x+1)=\frac{1}{3}\int u^8\mathrm{d}u=\frac{u^9}{27}+C=\frac{(3x+1)^9}{27}+C$$

熟练后，例 4.2.1 可以写为

$$\int(3x+1)^8\mathrm{d}x=\frac{1}{3}\int(3x+1)^8\mathrm{d}(3x+1)=\frac{1}{3}\frac{(3x+1)^{8+1}}{8+1}+C=\frac{(3x+1)^9}{27}+C$$

在凑微分时，常用到 $1\mathrm{d}x=\dfrac{1}{a}\mathrm{d}(ax)$ $(a\neq0)$. 一般的，有

$$\int f(ax+b)\mathrm{d}x=\frac{1}{a}\int f(ax+b)\mathrm{d}(ax+b)\ (a\neq0)$$

例 4.2.2 求 $\int\dfrac{1}{5+2x}\mathrm{d}x$.

解 $\int\dfrac{1}{5+2x}\mathrm{d}x = \dfrac{1}{2}\int\dfrac{1}{5+2x}\mathrm{d}(5+2x)\xrightarrow{u=5+2x}\dfrac{1}{2}\int\dfrac{1}{u}\mathrm{d}x=\dfrac{1}{2}\ln|u|+C=$
$\dfrac{1}{2}\ln|5+2x|+C$

在凑微分时，常用到 $\dfrac{1}{x}\mathrm{d}x=\mathrm{d}\ln|x|$. 一般的，有 $\int f(\ln x)\dfrac{1}{x}\mathrm{d}x=\int f(\ln x)\mathrm{d}(\ln|x|)$.

例 4.2.3 求 $\int x\mathrm{e}^{x^2}\mathrm{d}x$.

解 $\int x\mathrm{e}^{x^2}\mathrm{d}x=\dfrac{1}{2}\int\mathrm{e}^{x^2}\mathrm{d}(x^2)\xrightarrow{u=x^2}\dfrac{1}{2}\int\mathrm{e}^u\mathrm{d}u=\dfrac{1}{2}\mathrm{e}^u+C=\dfrac{1}{2}\mathrm{e}^{x^2}+C$

在凑微分时，常用到 $x\mathrm{d}x=\dfrac{1}{2}\mathrm{d}x^2$. 一般的，有 $\int f(x^2)x\mathrm{d}x=\dfrac{1}{2}\int f(x^2)\mathrm{d}x^2$.

例 4.2.4 求 $\int\dfrac{\mathrm{e}^{2\sqrt{x}}}{\sqrt{x}}\mathrm{d}x$.

解 $\int\dfrac{\mathrm{e}^{2\sqrt{x}}}{\sqrt{x}}\mathrm{d}x=2\int\mathrm{e}^{2\sqrt{x}}\mathrm{d}\sqrt{x}=\dfrac{2}{2}\int\mathrm{e}^{2\sqrt{x}}\mathrm{d}2\sqrt{x}=\mathrm{e}^{2\sqrt{x}}+C$

在凑微分时，常用到 $\dfrac{\mathrm{d}x}{\sqrt{x}}=2\mathrm{d}\sqrt{x}$，一般的，有 $\int f(\sqrt{x})\dfrac{\mathrm{d}x}{\sqrt{x}}=2\int f(\sqrt{x})\mathrm{d}\sqrt{x}$.

例 4.2.5　求 $\displaystyle\int \frac{1}{a^2+x^2}\mathrm{d}x$.

解　$\displaystyle\int \frac{1}{a^2+x^2}\mathrm{d}x = \frac{1}{a^2}\int \frac{1}{1+\left(\dfrac{x}{a}\right)^2}\mathrm{d}x = \frac{1}{a}\int \frac{1}{1+\left(\dfrac{x}{a}\right)^2}\mathrm{d}\,\frac{x}{a} = \frac{1}{a}\arctan \frac{x}{a}+C$

在凑微分时，常用到 $\dfrac{\mathrm{d}x}{1+x^2}=\mathrm{d}\arctan x$.

例 4.2.6　当 $a>0$ 时，求 $\displaystyle\int \frac{1}{\sqrt{a^2-x^2}}\mathrm{d}x$.

解　$\displaystyle\int \frac{1}{\sqrt{a^2-x^2}}\mathrm{d}x = \frac{1}{a}\int \frac{1}{\sqrt{1-\left(\dfrac{x}{a}\right)^2}}\mathrm{d}x = \int \frac{1}{\sqrt{1-\left(\dfrac{x}{a}\right)^2}}\mathrm{d}\,\frac{x}{a} = \arcsin \frac{x}{a}+C$

例 4.2.7　求 $\displaystyle\int \frac{1}{x^2-a^2}\mathrm{d}x$.

解　$\displaystyle\int \frac{1}{x^2-a^2}\mathrm{d}x = \frac{1}{2a}\int \left(\frac{1}{x-a}-\frac{1}{x+a}\right)\mathrm{d}x = \frac{1}{2a}\left(\int \frac{1}{x-a}\mathrm{d}x - \int \frac{1}{x+a}\mathrm{d}x\right)$

$$= \frac{1}{2a}\left[\int \frac{1}{x-a}\mathrm{d}(x-a) - \int \frac{1}{x+a}\mathrm{d}(x+a)\right]$$

$$= \frac{1}{2a}\left[\ln|x-a|-\ln|x+a|\right]+C = \frac{1}{2a}\ln\left|\frac{x-a}{x+a}\right|+C$$

上述三个结果可以作为公式使用.

例 4.2.8　求 $\displaystyle\int \frac{1}{\sqrt{2x+3}+\sqrt{2x-1}}\mathrm{d}x$.

解　$\displaystyle\int \frac{1}{\sqrt{2x+3}+\sqrt{2x-1}}\mathrm{d}x = \int \frac{\sqrt{2x+3}-\sqrt{2x-1}}{(\sqrt{2x+3}+\sqrt{2x-1})(\sqrt{2x+3}-\sqrt{2x-1})}\mathrm{d}x$

$$= \frac{1}{4}\int \sqrt{2x+3}\,\mathrm{d}x - \frac{1}{4}\int \sqrt{2x-1}\,\mathrm{d}x$$

$$= \frac{1}{8}\int \sqrt{2x+3}\,\mathrm{d}(2x+3) - \frac{1}{8}\int \sqrt{2x-1}\,\mathrm{d}(2x-1)$$

$$= \frac{1}{12}(\sqrt{2x+3})^3 - \frac{1}{12}(\sqrt{2x-1})^3 + C$$

利用平方差公式进行根式有理化是化简积分计算的常用手段之一. 下面通过几个例子，讨论含三角函数的不定积分的求法.

例 4.2.9　求 $\displaystyle\int \tan x\,\mathrm{d}x$.

解　$\displaystyle\int \tan x\,\mathrm{d}x = \int \frac{\sin x}{\cos x}\mathrm{d}x = -\int \frac{1}{\cos x}\mathrm{d}\cos x$

$$\xlongequal{u=\cos x} -\int \frac{1}{u}\mathrm{d}u = -\ln|u|+C = -\ln|\cos x|+C$$

类似的，可得 $\displaystyle\int \cot x\,\mathrm{d}x = \ln|\sin x|+C$.

例 4.2.10　求 $\displaystyle\int \sin^3 x\,\mathrm{d}x$.

解
$$\int \sin^3 x \mathrm{d}x = \int \sin^2 x \cdot \sin x \mathrm{d}x = -\int (1 - \cos^2 x) \mathrm{d}\cos x$$
$$= -\int \mathrm{d}\cos x + \int \cos^2 x \mathrm{d}\cos x = -\cos x + \frac{1}{3}\cos^3 x + C$$

例 4.2.11 求 $\int \sin^2 x \cos^5 x \mathrm{d}x.$

解
$$\int \sin^2 x \cos^5 x \mathrm{d}x = \int \sin^2 x \cos^4 x \mathrm{d}\sin x = \int \sin^2 x (1 - \sin^2 x)^2 \mathrm{d}\sin x$$
$$= \int (\sin^2 x - 2\sin^4 x + \sin^6 x) \mathrm{d}\sin x$$
$$= \frac{1}{3}\sin^3 x - \frac{2}{5}\sin^5 x + \frac{1}{7}\sin^7 x + C$$

例 4.2.12 求 $\int \cos^2 x \mathrm{d}x.$

解
$$\int \cos^2 x \mathrm{d}x = \int \frac{1 + \cos 2x}{2} \mathrm{d}x = \frac{1}{2}\left(\int \mathrm{d}x + \int \cos 2x \mathrm{d}x\right)$$
$$= \frac{1}{2}\int \mathrm{d}x + \frac{1}{4}\int \cos 2x \mathrm{d}2x = \frac{1}{2}x + \frac{1}{4}\sin 2x + C$$

类似的，可得 $\int \sin^2 x \mathrm{d}x = \frac{1}{2}x - \frac{1}{4}\sin 2x + C.$

例 4.2.13 求 $\int \csc x \mathrm{d}x.$

解
$$\int \csc x \mathrm{d}x = \int \frac{1}{\sin x} \mathrm{d}x = \int \frac{1}{2\sin \frac{x}{2}\cos \frac{x}{2}} \mathrm{d}x$$
$$= \int \frac{\mathrm{d}\frac{x}{2}}{\tan \frac{x}{2}\cos^2 \frac{x}{2}} = \int \frac{\mathrm{d}\tan \frac{x}{2}}{\tan \frac{x}{2}} = \ln \mid \tan \frac{x}{2} \mid + C = \ln \mid \csc x - \cot x \mid + C$$

类似的，可得 $\int \sec x \mathrm{d}x = \ln \mid \sec x + \tan x \mid + C.$

例 4.2.14 求 $\int \sec^4 x \mathrm{d}x$

解
$$\int \sec^4 x \mathrm{d}x = \int \sec^2 x \sec^2 x \mathrm{d}x = \int \sec^2 x \mathrm{d}\tan x$$
$$= \int (1 + \tan^2 x) \mathrm{d}\tan x$$
$$= \int 1 \mathrm{d}\tan x + \int \tan^2 x \mathrm{d}\tan x$$
$$= \tan x + \frac{\tan^3 x}{3} + C$$

在凑微分时，常用到 $\sec^2 x \mathrm{d}x = \mathrm{d}\tan x.$ 一般的，有
$$\int f(\tan x)\sec^2 x \mathrm{d}x = \int f(\tan x)\mathrm{d}\tan x$$

凑微分法是最基本的积分方法，该方法具有较大的灵活性和技巧性，必须通过大量的

练习才能掌握. 下面的一些凑微分关系式 $\varphi'(x)\mathrm{d}x = \mathrm{d}\varphi(x)$，对熟练运用凑微分法是非常有帮助的.

(1) $1\mathrm{d}x = \dfrac{1}{a}\mathrm{d}(ax)(ax)(a\neq 0)$	(2) $\dfrac{1}{x}\mathrm{d}x = \mathrm{d}\ln\mid x\mid$
(3) $x\mathrm{d}x = \dfrac{1}{2}\mathrm{d}x^2$	(4) $\dfrac{\mathrm{d}x}{\sqrt{x}} = 2\mathrm{d}\sqrt{x}$
(5) $\dfrac{1}{x^2}\mathrm{d}x = \mathrm{d}\left(-\dfrac{1}{x}\right)$	(6) $\sin x\mathrm{d}x = -\mathrm{d}\cos x$
(7) $\cos x\mathrm{d}x = \mathrm{d}\sin x$	(8) $\mathrm{e}^x\mathrm{d}x = \mathrm{d}\mathrm{e}^x$
(9) $\dfrac{\mathrm{d}x}{1+x^2} = \mathrm{d}\arctan x$	(10) $\dfrac{\mathrm{d}x}{\sqrt{1-x^2}} = \mathrm{d}\arcsin x$
(11) $\sec^2 x\mathrm{d}x = \mathrm{d}\tan x$	

在本节例题中，有几个结果常常被当作公式来使用.

(1) $\displaystyle\int \dfrac{1}{a^2+x^2}\mathrm{d}x = \dfrac{1}{a}\arctan\dfrac{x}{a}+C$	(2) $\displaystyle\int \dfrac{1}{\sqrt{a^2-x^2}}\mathrm{d}x = \arcsin\dfrac{x}{a}+C$
(3) $\displaystyle\int \dfrac{1}{x^2-a^2}\mathrm{d}x = \dfrac{1}{2a}\ln\left\mid\dfrac{x-a}{x+a}\right\mid+C$	(4) $\displaystyle\int \tan x\mathrm{d}x = -\ln\mid\cos x\mid+C$
(5) $\displaystyle\int \cot x\mathrm{d}x = \ln\mid\sin x\mid+C$	(6) $\displaystyle\int \csc x\mathrm{d}x = \ln\mid\csc x-\cot x\mid+C$
(7) $\displaystyle\int \sec x\mathrm{d}x = \ln\mid\sec x+\tan x\mid+C$	

4.2.2　变量代换法（第二类换元法）

假设不定积分 $\displaystyle\int f(x)\,\mathrm{d}x$ 在基本积分表中没有这类积分，若适当地选取变量代换 $x = \varphi(t)$，化为积分 $\displaystyle\int f[\varphi(t)]\varphi'(t)\mathrm{d}t.$ 这就是另一种形式的变量代换，换元公式可表示为

$$\int f(x)\mathrm{d}x \xrightarrow{\ x\,=\,\varphi(t)\ } \int f[\varphi(t)]\varphi'(t)\mathrm{d}t$$

一般有如下定理：

定理 4.2.2　设 $x=\varphi(t)$ 是单调的、可导的函数且 $\varphi(t)\neq 0$，又设 $f[\varphi(t)]\varphi'(t)$ 具有原函数 $F(t)$，则有换元公式

$$\int f(x)\mathrm{d}x = \int f[\varphi(t)]\varphi'(t)\mathrm{d}t = F(t)+C = F[\varphi^{-1}(x)]+C$$

其中 $t=\varphi^{-1}(x)$ 是 $x=\varphi(t)$ 的反函数.

证　由复合函数及反函数的求导法则，得到

$$F'[\varphi^{-1}(x)] = \frac{\mathrm{d}F}{\mathrm{d}t}\frac{\mathrm{d}t}{\mathrm{d}x} = f[\varphi(t)]\varphi'(t)\frac{1}{\varphi'(t)} = f[\varphi(t)] = f(x)$$

上述定理提供了一种求不定积分的方法，称为**第二类换元法**. 此方法的关键是找到一

个"合适"的变量代换 $x = \varphi(t)$，将不定积分 $\int f(x) \, \mathrm{d}x$ 化为 $\int f[\varphi(t)] \varphi'(t) \mathrm{d}t$，若能求解 $\int f[\varphi(t)] \varphi'(t) \mathrm{d}t$，则可以解决 $\int f(x) \, \mathrm{d}x$ 的计算问题.

例 4.2.15 求 $\int \dfrac{1}{1+\sqrt{x}} \mathrm{d}x$.

解 被积函数含有根式 $\sqrt{x}$，凑微分不容易，考虑作变量代换令 $\sqrt{x} = t$，由变量代换得

$$x = t^2, \mathrm{d}x = \mathrm{d}t^2 = 2t\mathrm{d}t$$

代入原积分，得

$$
\begin{aligned}
\int \frac{1}{1+\sqrt{x}} \mathrm{d}x &= \int \frac{1}{1+t} 2t \mathrm{d}t = 2\int \frac{t}{1+t} \mathrm{d}t \\
&= 2\int \frac{t+1-1}{1+t} \mathrm{d}t = 2\int \left(1 + \frac{1}{1+t}\right) \mathrm{d}t \\
&= 2(t - \ln|t+1|) + C
\end{aligned}
$$

回代原变量，得

$$\int \frac{1}{1+\sqrt{x}} \mathrm{d}x = 2[\sqrt{x} - \ln(1+\sqrt{x})] + C$$

例 4.2.16 求 $\int \sqrt{a^2 - x^2} \mathrm{d}x \, (a > 0)$.

解法一 此题含根号 $\sqrt{a^2 - x^2}$，为了去掉根号，令 $x = a\sin t, t \in \left(-\dfrac{\pi}{2}, \dfrac{\pi}{2}\right)$，如图 4.2.1 所示，于是

$$\sqrt{a^2 - x^2} = \sqrt{a^2 - a^2\sin^2 t} = a|\cos t| = a\cos t, \mathrm{d}x = a\cos t\mathrm{d}t$$

所以

$$
\begin{aligned}
\int \sqrt{a^2 - x^2} \mathrm{d}x &= \int a\cos t \cdot a\cos t\mathrm{d}t \\
&= a^2 \int \cos^2 t\mathrm{d}t = a^2 \left(\frac{1}{2}t + \frac{1}{4}\sin 2t\right) + C
\end{aligned}
$$

回代原变量，因为 $t = \arcsin \dfrac{x}{a}$，$\sin 2t = 2\sin t\cos t = 2 \dfrac{x}{a} \cdot \dfrac{\sqrt{a^2 - x^2}}{a}$，故

$$\int \sqrt{a^2 - x^2} \mathrm{d}x = a^2 \left(\frac{1}{2}t + \frac{1}{4}\sin 2t\right) + C = \frac{a^2}{2}\arcsin \frac{x}{a} + \frac{1}{2}x \sqrt{a^2 - x^2} + C$$

解法二 方法同上，令 $x = a\cos t$，$t \in \left(-\dfrac{\pi}{2}, \dfrac{\pi}{2}\right)$，于是

$$\sqrt{a^2 - x^2} = \sqrt{a^2 - a^2\cos^2 t} = a|\sin t| = a\sin t, \mathrm{d}x = -a\sin t\mathrm{d}t$$

$$\int \sqrt{a^2 - x^2} \mathrm{d}x = \int a\sin t \cdot (-a\sin t)\mathrm{d}t$$

$$= -a^2 \int \sin^2 t\mathrm{d}t = a^2 \left(\frac{1}{2}t + \frac{1}{4}\sin 2t\right) + C = \frac{a^2}{2}\arcsin \frac{x}{a} + \frac{1}{2}x \sqrt{a^2 - x^2} + C$$

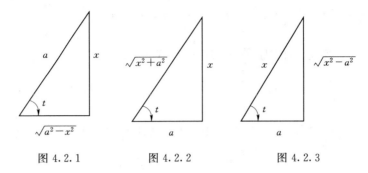

图 4.2.1　　　　图 4.2.2　　　　图 4.2.3

例 4.2.17　求 $\int \dfrac{\mathrm{d}x}{\sqrt{x^2+a^2}}$ $(a>0)$.

解　与上题类似，利用三角恒等式 $1+\tan^2 t=\sec^2 t$ 来去掉根号，设 $x=a\tan t$，$t\in\left(-\dfrac{\pi}{2},\dfrac{\pi}{2}\right)$，于是

$$\sqrt{x^2+a^2}=\sqrt{a^2+a^2\tan^2 t}=a\sqrt{1+\tan^2 t}=a\sec t,\mathrm{d}x=a\sec^2 t\mathrm{d}t$$

所以

$$\int \frac{\mathrm{d}x}{\sqrt{x^2+a^2}}=\int \frac{a\sec^2 t}{a\sec t}\mathrm{d}t=\int \sec t\mathrm{d}t\ (\ln|\sec t+\tan t|+C$$

回代变量，如图 4.2.2 所示作辅助三角形，根据三角关系式 $\sec t=\dfrac{\sqrt{x^2+a^2}}{a}$，$\tan t=\dfrac{x}{a}$，所以

$$\int \frac{\mathrm{d}x}{\sqrt{x^2+a^2}}=\ln|\sec t+\tan t|+C=\ln\left(\frac{x}{a}+\frac{\sqrt{x^2+a^2}}{a}\right)+C=\ln(x+\sqrt{x^2+a^2})+C_1$$

其中 $C_1=C-\ln a$.

例 4.2.18　求 $\int \dfrac{\mathrm{d}x}{\sqrt{x^2-a^2}}$ $(a>0)$.

解　利用三角恒等式 $\sec^2 t-1=\tan^2 t$ 来去掉根号．当 $x>a$ 时，设 $x=a\sec t$，$t\in\left(0,\dfrac{\pi}{2}\right)$，于是

$$\sqrt{x^2-a^2}=\sqrt{a^2\sec^2 t-a^2}=a\sqrt{\sec^2 t-1}=a\tan t,\mathrm{d}x=a\sec t\tan t\mathrm{d}t$$

所以

$$\int \frac{\mathrm{d}x}{\sqrt{x^2-a^2}}=\int \frac{a\sec t\tan t}{a\tan t}\mathrm{d}t=\int \sec t\mathrm{d}t$$

$$=\ln|\sec t+\tan t|+C$$

回代变量，如图 4.2.3 所示作辅助三角形，根据三角关系式 $\sec t=\dfrac{x}{a}$，$\tan t=\dfrac{\sqrt{x^2-a^2}}{a}$，所以

$$\int \frac{\mathrm{d}x}{\sqrt{x^2-a^2}}=\ln|\sec t+\tan t|+C=\ln\left|\frac{x}{a}+\frac{\sqrt{x^2-a^2}}{a}\right|+C=\ln|x+\sqrt{x^2-a^2}|+C_1$$

其中 $C_1 = C - \ln a$.

补充几个常用公式：

$$(8) \int \sqrt{a^2 - x^2}\, \mathrm{d}x = \frac{a^2}{2}\arcsin\frac{x}{a} + \frac{1}{2}x\sqrt{a^2 - x^2} + C$$

$$(9) \int \frac{\mathrm{d}x}{\sqrt{x^2 + a^2}} = \ln|x + \sqrt{x^2 + a^2}| + C$$

$$(10) \int \frac{\mathrm{d}x}{\sqrt{x^2 - a^2}} = \ln|x + \sqrt{x^2 - a^2}| + C$$

前面的例子所使用的均为三角代换，三角代换是第二类换元法的一种．第二类换元法可以用来解决一部分含根号的函数的不定积分，通过适当的变量代换，去掉根号，从而使积分变得简单．

当被积函数含有以下几种形式，常用第二类换元法计算不定积分．

(1) $\sqrt[n]{ax + b}$，令 $t = \sqrt[n]{ax + b}$

(2) $\sqrt{a^2 - x^2}$，令 $x = a\sin t$ 或 $x = a\cos t$

(3) $\sqrt{x^2 - a^2}$，令 $x = a\sec t$

(4) $\sqrt{x^2 + a^2}$，令 $x = a\tan t$

例 4.2.19 求 $\displaystyle\int \frac{1}{x(x^7 + 2)}\mathrm{d}x$.

解 令 $x = \dfrac{1}{t}$，则 $\mathrm{d}x = -\dfrac{1}{t^2}\mathrm{d}t$，于是

$$\int \frac{1}{x(x^7 + 2)}\mathrm{d}x = \int \frac{t}{\left(\dfrac{1}{t}\right)^7 + 2} \cdot \left(-\frac{1}{t^2}\right)\mathrm{d}t = -\int \frac{t^6}{1 + 2t^7}\mathrm{d}t$$

$$= -\frac{1}{14}\ln|1 + 2t^7| + C = -\frac{1}{14}\ln|2 + x^7| + \frac{1}{2}\ln|x| + C$$

当有理分式函数中分母的次数较高于分子的次数，常用倒代换，即 $x = \dfrac{1}{t}$，也是第二类换元法的一种．

4.2.3 分部积分法

我们在复合函数求导法则的基础上，得到了换元积分法，现在利用两个函数乘积的求导法则，来推导另一个求积分的基本方法——分部积分法．

设函数 $u = u(x)$ 及 $v = v(x)$ 具有连续导数. 利用两个函数乘积的求导公式 $(uv)' = u'v + uv'$，移项得

$$u'v = (uv)' - uv'$$

两边求不定积分，得

$$\int uv'\mathrm{d}x = uv - \int u'v\,\mathrm{d}x$$

即

$$\int u\mathrm{d}v = uv - \int v\mathrm{d}u$$

称为**分部积分公式**.

从分部积分公式可以看出，分部积分的关键是如何选择 u，v，使 $\int v\mathrm{d}u$ 比 $\int u\mathrm{d}v$ 容易积分. 有时两次或多次应用分部积分公式，可以导出一个容易计算的积分.

例 4. 2. 20　求 $\int x\cos x\mathrm{d}x$.

解　令 $u=x$，$\cos x\mathrm{d}x = \mathrm{d}\sin x = \mathrm{d}v$，则

$$\int x\cos x\mathrm{d}x = \int x\mathrm{d}\sin x = x\sin x - \int \sin x\mathrm{d}x = x\sin x + \cos x + C$$

对于 $\int x\sin x\mathrm{d}x$，显然也可以用类似的方法求解.

如果设令 $u=\cos x$，$x\mathrm{d}x = \mathrm{d}\left(\dfrac{x^2}{2}\right) = \mathrm{d}v$，则

$$\int x\cos x\mathrm{d}x = \int \cos x\mathrm{d}\left(\frac{x^2}{2}\right) = \frac{x^2}{2}\cos x + \int \frac{x^2}{2}\sin x\mathrm{d}x$$

上式右端的积分比原来的积分更难求得.

由此表明，如果 u 和 $\mathrm{d}v$ 选取不当，就求不出结果. 所以应用分部积分时，恰当选取 u 和 $v(v')$ 也是一个关键，选取 u 和 $v(v')$ 一般要考虑下面两点：

(1) v 要容易求得.

(2) $\int v\mathrm{d}u$ 要比 $\int u\mathrm{d}v$ 更容易积分.

例 4. 2. 21　求 $\int x\mathrm{e}^x\mathrm{d}x$.

解　$u=x$，$v=\mathrm{e}^x$，$\mathrm{d}v=\mathrm{d}\mathrm{e}^x$，有

$$\int x\mathrm{e}^x\mathrm{d}x = \int x\mathrm{d}\mathrm{e}^x = x\mathrm{e}^x - \int \mathrm{e}^x\mathrm{d}x = x\mathrm{e}^x - \mathrm{e}^x + C$$

例 4. 2. 22　求 $\int x^2\mathrm{e}^x\mathrm{d}x$.

解
$$\int x^2\mathrm{e}^x\mathrm{d}x = \int x^2\mathrm{d}\mathrm{e}^x = x^2\mathrm{e}^x - \int \mathrm{e}^x\mathrm{d}x^2$$

$$= x^2\mathrm{e}^x - 2\int x\mathrm{e}^x\mathrm{d}x = x^2\mathrm{e}^x - 2\int x\mathrm{d}\mathrm{e}^x = x^2\mathrm{e}^x - 2x\mathrm{e}^x + 2\int \mathrm{e}^x\mathrm{d}x$$

$$= x^2\mathrm{e}^x - 2x\mathrm{e}^x + 2\mathrm{e}^x + C = \mathrm{e}^x(x^2 - 2x + 2) + C$$

对于某些被积函数，需要连续多次使用分部积分才能把不定积分求出.

例 4. 2. 23　求 $\int x\ln x\mathrm{d}x$.

解
$$\int x\ln x\mathrm{d}x = \frac{1}{2}\int \ln x\mathrm{d}x^2 = \frac{1}{2}x^2\ln x - \frac{1}{2}\int x^2 \cdot \frac{1}{x}\mathrm{d}x$$

$$= \frac{1}{2}x^2\ln x - \frac{1}{2}\int x\mathrm{d}x = \frac{1}{2}x^2\ln x - \frac{1}{4}x^2 + C$$

例 4.2.24　求 $\int x \arctan x \mathrm{d}x$.

解
$$\int x \arctan x \mathrm{d}x = \frac{1}{2} \int \arctan x \mathrm{d}x^2$$
$$= \frac{1}{2} x^2 \arctan x - \frac{1}{2} \int x^2 \cdot \frac{1}{1+x^2} \mathrm{d}x$$
$$= \frac{1}{2} x^2 \arctan x - \frac{1}{2} \int \left(1 - \frac{1}{1+x^2}\right) \mathrm{d}x$$
$$= \frac{1}{2} x^2 \arctan x - \frac{1}{2} x + \frac{1}{2} \arctan x + C$$

由例 4.2.20～例 4.2.24 可以看出，如果 $p(x)$ 是多项式，则对如下被积函数，u 和 v' 的选择有一定规律.

(1) $\int p(x) \sin x \mathrm{d}x$，令 $p(x) = u, \sin x \mathrm{d}x = \mathrm{d}v(x)$

(2) $\int p(x) \cos x \mathrm{d}x$，令 $p(x) = u, \cos x \mathrm{d}x = \mathrm{d}v(x)$

(3) $\int p(x) \mathrm{e}^x \mathrm{d}x$，令 $p(x) = u, \mathrm{e}^x \mathrm{d}x = \mathrm{d}v(x)$

(4) $\int p(x) \ln x \mathrm{d}x$，令 $\ln x = u, p(x) \mathrm{d}x = \mathrm{d}v(x)$

(5) $\int p(x) \arcsin x \mathrm{d}x$，令 $\arcsin x = u, p(x) \mathrm{d}x = \mathrm{d}v(x)$

(6) $\int p(x) \arctan x \mathrm{d}x$，令 $\arctan x = u, p(x) \mathrm{d}x = \mathrm{d}v(x)$

例 4.2.25　求 $\int \mathrm{e}^x \sin x \mathrm{d}x$.

解　因为 $\int \mathrm{e}^x \sin x \mathrm{d}x = \int \sin x \mathrm{d}\mathrm{e}^x = \mathrm{e}^x \sin x - \int \mathrm{e}^x \mathrm{d}\sin x$
$$= \mathrm{e}^x \sin x - \int \mathrm{e}^x \cos x \mathrm{d}x = \mathrm{e}^x \sin x - \int \cos x \mathrm{d}\mathrm{e}^x$$
$$= \mathrm{e}^x \sin x - \mathrm{e}^x \cos x + \int \mathrm{e}^x \mathrm{d}\cos x$$
$$= \mathrm{e}^x \sin x - \mathrm{e}^x \cos x + \int \mathrm{e}^x \mathrm{d}\cos x$$
$$= \mathrm{e}^x \sin x - \mathrm{e}^x \cos x - \int \mathrm{e}^x \sin x \mathrm{d}x$$

所以，$\int \mathrm{e}^x \sin x \mathrm{d}x = \frac{1}{2} \mathrm{e}^x (\sin x - \cos x) + C$.

同理可得，$\int \mathrm{e}^x \cos x \mathrm{d}x = \frac{1}{2} \mathrm{e}^x (\sin x + \cos x) + C$（注意不要忘了加 C）.

若被积函数是指数函数与正（余）弦函数的乘积，u 和 $\mathrm{d}v$ 可随意选取，但在两次分部积分中，必须选用同类型的 u，以便经过两次分部积分后产生循环关系式，从而解出所求积分，不过一定不要忘记，积分完后右边要加上一个任意常数 "C".

例 4.2.26　求 $\int \sin(\ln x)\mathrm{d}x$.

解
$$
\begin{aligned}
\int \sin(\ln x)\mathrm{d}x &= x\sin(\ln x) - \int x\mathrm{d}\left[\sin(\ln x)\right]\\
&= x\sin(\ln x) - \int x\cos(\ln x)\cdot\frac{1}{x}\mathrm{d}x\\
&= x\sin(\ln x) - x\cos(\ln x) + \int x\,\mathrm{d}\left[\cos(\ln x)\right]\\
&= x\left[\sin(\ln x) - \cos(\ln x)\right] - \int \sin(\ln x)\mathrm{d}x
\end{aligned}
$$

所以
$$
\int \sin(\ln x)\mathrm{d}x = \frac{x}{2}\left[\sin(\ln x) - \cos(\ln x)\right] + C
$$

例 4.2.27　求 $\int \sec^3 x\mathrm{d}x$.

解
$$
\begin{aligned}
\int \sec^3 x\mathrm{d}x &= \int \sec x\cdot\sec^2 x\mathrm{d}x = \int \sec x\mathrm{d}\tan x\\
&= \sec x\tan x - \int \sec x\tan^2 x\mathrm{d}x\\
&= \sec x\tan x - \int \sec x(\sec^2 x - 1)\mathrm{d}x\\
&= \sec x\tan x - \int \sec^3 x\mathrm{d}x + \int \sec x\mathrm{d}x\\
&= \sec x\tan x + \ln|\sec x + \tan x| - \int \sec^3 x\mathrm{d}x
\end{aligned}
$$

所以
$$
\int \sec^3 x\mathrm{d}x = \frac{1}{2}(\sec x\tan x + \ln|\sec x + \tan x|) + C
$$

在求不定积分的过程中，有时要同时使用换元法和分部积分法，如例 4.2.28.

例 4.2.28　求 $\int \mathrm{e}^{\sqrt{x}}\,\mathrm{d}x$.

解　令 $x = t^2$，则 $\mathrm{d}x = 2t\mathrm{d}t$，于是
$$
\int \mathrm{e}^{\sqrt{x}}\,\mathrm{d}x = 2\int t\mathrm{e}^t\mathrm{d}t = 2\mathrm{e}^t(t-1) + C = 2\mathrm{e}^{\sqrt{x}}(\sqrt{x}-1) + C
$$

另解
$$
\begin{aligned}
\int \mathrm{e}^{\sqrt{x}}\,\mathrm{d}x &= \int \mathrm{e}^{\sqrt{x}}\mathrm{d}(\sqrt{x})^2 = 2\int \sqrt{x}\mathrm{e}^{\sqrt{x}}\,\mathrm{d}\sqrt{x}\\
&= 2\int \sqrt{x}\mathrm{d}\mathrm{e}^{\sqrt{x}} = 2\sqrt{x}\mathrm{e}^{\sqrt{x}} - 2\int \mathrm{e}^{\sqrt{x}}\mathrm{d}\sqrt{x}\\
&= 2\sqrt{x}\mathrm{e}^{\sqrt{x}} - 2\mathrm{e}^{\sqrt{x}} + C = 2\mathrm{e}^{\sqrt{x}}(\sqrt{x}-1) + C.
\end{aligned}
$$

以上给出了三种求不定积分的方法，这些方法必须通过大量的练习才能熟练掌握．求不定积分和求导不一样，对于给定的一个初等函数，我们总能通过导数基本公式及求导法则求得它的导数．但求不定积分就没有那么简单，虽然知道它的原函数是存在的，却不能用初等函数表示出来．例如：$\int \frac{\sin x}{x}\mathrm{d}x,\int \mathrm{e}^{x^2}\,\mathrm{d}x,\int \sin x^2\,\mathrm{d}x,\int \frac{\mathrm{d}x}{\ln x}$ 等．

习　题　4.2

1. 填空题

(1) $x\mathrm{d}x = \underline{\hspace{2cm}} \mathrm{d}(1-x^2)$

(2) $x^2\mathrm{d}x = \underline{\hspace{2cm}} \mathrm{d}(2x^3-2)$

(3) $\mathrm{e}^{-3x}\mathrm{d}x = \mathrm{d}(\mathrm{e}^{-3x}+1)$

(4) $\sin\dfrac{x}{2}\mathrm{d}x = \underline{\hspace{2cm}} \mathrm{d}\cos\dfrac{x}{2}$

(5) $\dfrac{\mathrm{d}x}{\sqrt{1-3x^2}} = \underline{\hspace{2cm}} \mathrm{d}\arcsin\sqrt{3}x$

(6) $\dfrac{3\mathrm{d}x}{9+x^2} = \underline{\hspace{2cm}} \mathrm{d}\arctan\dfrac{x}{3}$

(7) $x^2\mathrm{e}^{x^3}\mathrm{d}x = \underline{\hspace{2cm}} \mathrm{d}\mathrm{e}^{x^3}$

(8) $\dfrac{1}{x}\mathrm{d}x = \underline{\hspace{2cm}} \mathrm{d}(2-3\ln|x|)$

(9) $\dfrac{\mathrm{d}x}{\sqrt{x}\,(1+x)} = \mathrm{d}\underline{\hspace{2cm}}$

(10) $\dfrac{x}{\sqrt{1-x^2}}\mathrm{d}x = \mathrm{d}\underline{\hspace{2cm}}$

(11) 设 $\displaystyle\int f(x)\mathrm{d}x = \sin x^2 + C$，则 $\displaystyle\int \dfrac{xf(\sqrt{2x^2-1})}{\sqrt{2x^2-1}}\mathrm{d}x = \underline{\hspace{2cm}}$

(12) $\displaystyle\int \left(\dfrac{1}{\sin^2 x}+1\right)\cos x\mathrm{d}x = \underline{\hspace{2cm}}$

2. 利用凑微分法求下列不定积分

(1) $\displaystyle\int \dfrac{x}{\sqrt{1-2x^2}}\mathrm{d}x$

(2) $\displaystyle\int \dfrac{x\mathrm{d}x}{5x^2+1}$

(3) $\displaystyle\int x^{-\frac{1}{2}}\cos\sqrt{x}\mathrm{d}x$

(4) $\displaystyle\int \dfrac{x^3}{2-x^8}\mathrm{d}x$

(5) $\displaystyle\int \dfrac{1}{x^2}\mathrm{e}^{1-\frac{1}{x}}\mathrm{d}x$

(6) $\displaystyle\int \dfrac{1}{x\,\sqrt{1-\ln x}}\mathrm{d}x$

(7) $\displaystyle\int \dfrac{\mathrm{d}x}{x(1+\ln^2 x)}$

(8) $\displaystyle\int \dfrac{\mathrm{e}^x}{\sqrt{1-\mathrm{e}^{2x}}}\mathrm{d}x$

(9) $\displaystyle\int \dfrac{1}{1+\mathrm{e}^x}\mathrm{d}x$

(10) $\displaystyle\int \dfrac{\mathrm{d}x}{\mathrm{e}^x(1+\mathrm{e}^{2x})}$

(11) $\displaystyle\int \dfrac{x+1}{x^2+2x+2}\mathrm{d}x$

(12) $\displaystyle\int \dfrac{1-\sin x}{x+\cos x}\mathrm{d}x$

(13) $\displaystyle\int \cos^2 x\sin^3 x\mathrm{d}x$

(14) $\displaystyle\int \dfrac{\tan x}{\sqrt{\cos x}}\mathrm{d}x$

3. 利用变量代换法求下列不定积分

(1) $\displaystyle\int \dfrac{\mathrm{d}x}{x^2\,\sqrt{4-x^2}}$

(2) $\displaystyle\int \dfrac{x^3}{\sqrt{(a^2+x^2)^3}}\mathrm{d}x$

(3) $\displaystyle\int \dfrac{x^2}{(1+x^2)^2}\mathrm{d}x$

(4) $\displaystyle\int \dfrac{\sqrt{x^2-a^2}}{x}\mathrm{d}x$

(5) $\displaystyle\int \dfrac{\mathrm{d}x}{1+\sqrt[3]{x+2}}$

(6) $\displaystyle\int \dfrac{\mathrm{d}x}{(2-x)\,\sqrt{1-x}}$

4. 利用分部积分法求下列不定积分

(1) $\displaystyle\int x^3\mathrm{e}^{x^2}\mathrm{d}x$

(2) $\displaystyle\int \mathrm{e}^{\sqrt{2x-1}}\mathrm{d}x$

(3) $\displaystyle\int x\cos\frac{x}{2}\mathrm{d}x$　　　　(4) $\displaystyle\int x\sin^2 x\mathrm{d}x$

(5) $\displaystyle\int x\tan^2 x\mathrm{d}x$　　　　(6) $\displaystyle\int\frac{\arcsin\sqrt{x}}{\sqrt{x}}\mathrm{d}x$

4.3　几类特殊有理函数的积分

本节介绍几类特殊函数的不定积分，包括有理函数的积分以及一些可以转化为有理函数的积分.

4.3.1　有理函数的积分

有理函数是指由两个多项式的商所表示的函数，即具有如下形式的函数

$$\frac{P(x)}{Q(x)}=\frac{a_0 x^n+a_1 x^{n-1}+\cdots+a_{n-1}x+a_n}{b_0 x^m+b_1 x^{m-1}+\cdots+b_{m-1}x+b_m}$$

式中　m、n——正整数，$a_n\neq 0$，$b_m\neq 0$.

当 $n<m$ 时，上式称为有理函数真分式；而当 $n\geqslant m$ 时，称为有理函数假分式.

由多项式的除法，可将有理假分式化成一个多项式与一个有理真分式的和．例如

$$\frac{x^3+x+1}{x^2+1}=\frac{x(x^2+1)+1}{x^2+1}=x+\frac{1}{x^2+1}$$

由于多项式函数的积分容易计算，因此只需要研究有理真分式的积分.

一般有理真分式 $\dfrac{P(x)}{Q(x)}$ 的不定积分的计算可以分为下面三个步骤：

（1）根据多项式理论将 $Q(x)$ 在实数范围内分解为一次因式 $(x-a)^k$ 与二次因式 $(x^2+px+q)^l$ 的乘积，其中 $p^2-4q<0$，l 为正整数.

（2）根据 $Q(x)$ 的分解结果，将所给有理式拆分成若干个最简分式之和（这里所指的最简分式是分母为一次或二次因式的正整数次幂），具体做法如下.

若 $Q(x)$ 分母中含有因式 $(x-a)^k$，则分解后含有下列各最简分式之和：

$$\frac{A_1}{(x-a)^k}+\frac{A_2}{(x-a)^{k-1}}+\cdots+\frac{A_k}{x-a}$$

若 $Q(x)$ 分母中含有因式 $(x^2+px+q)^l$，则分解后含有下列各最简分式之和：

$$\frac{M_1 x+N_1}{(x^2+px+q)^l}+\frac{M_2 x+N_2}{(x^2+px+q)^{l-1}}+\cdots+\frac{M_l x+N_l}{x^2+px+q}$$

其 中 $A_i(i=1,2,\cdots,k)$，M_j、$N_j(j=1,2,\cdots,l)$ 均为待定常数，可通过待定系数法求得.

（3）最后求出各最简分式的原函数.

下面通过具体的例子来说明有理真分式分解成最简分式之和并求得各最简分式的积分.

例 4.3.1　求 $\displaystyle\int\frac{x+3}{x^2-5x+6}\mathrm{d}x$.

解　因为分母 $x^2-5x+6=(x-2)(x-3)$，所以设

$$\frac{x+3}{(x-2)(x-3)}=\frac{A}{x-3}+\frac{B}{x-2}$$

其中 A，B 为待定常数. 通分并消去分母得

$$x+3=A(x-2)+B(x-3)$$

比较上式两边同次幂的系数，从而有方程组 $A+B=1$，$-3A-2B=3$，解得 $A=6$，$B=-5$，所以

$$\int \frac{x+3}{x^2-5x+6}dx = \int \left(\frac{6}{x-3}-\frac{5}{x-2}\right)dx$$

$$= \int \frac{6}{x-3}dx - \int \frac{5}{x-2}dx = 6\ln|x-3|-5\ln|x-2|+C$$

上述确定系数 A，B 的方法称为待定系数法，如待定的系数较多时，用这种方法比较复杂，在方程组两边的 x 同时取任何实数都相等，从而较容易地求出待定系数的值，这种方法称为赋值法. 如在本例中，令 $x=3$，得 $A=6$，再令 $x=2$，得 $B=-5$.

例 4.3.2 求 $\displaystyle\int \frac{1}{x(x-1)^2}dx$.

解 令

$$\frac{1}{x(x-1)^2} = \frac{A}{x}+\frac{B}{x-1}+\frac{C}{(x-1)^2}$$

其中 A，B，C 为待定常数. 通分并消去分母得

$$1=A(x-1)^2+Bx(x-1)+Cx$$

比较上式两边同次幂的系数，从而有方程组 $A+B=0$，$2A-B+C=0$，$A=1$，解得 $A=1$，$B=-1$，$C=1$，所以

$$\int \frac{1}{x(x-1)^2}dx = \int \left[\frac{1}{x}-\frac{1}{x-1}+\frac{1}{(x-1)^2}\right]dx$$

$$= \int \frac{1}{x}dx - \int \frac{1}{x-1}dx + \int \frac{1}{(x-1)^2}dx$$

$$= \ln|x|-\ln|x-1|-\frac{1}{x-1}+C$$

利用待定系数法分解有理式是求有理式的不定积分的常用方法，但在对具体积分时，还应根据被积函数本身的特点，灵活选取各种求不定积分的计算方法.

例 4.3.3 求 $\displaystyle\int \frac{1}{x^3(1+x+x^2)}dx$.

解

$$\int \frac{1}{x^3(1+x+x^2)}dx = \int \frac{1-x^3+x^3}{x^3(1+x+x^2)}dx$$

$$= \int \frac{1-x^3}{x^3(1+x+x^2)}dx + \int \frac{x^3}{x^3(1+x+x^2)}dx$$

$$= \int \frac{1-x}{x^3}dx + \int \frac{x^3}{1+x+x^2}dx$$

$$= \int \frac{1}{x^3}dx - \int \frac{1}{x^2}dx + \int \frac{1}{\left(x+\frac{1}{2}\right)^2+\frac{3}{4}}dx$$

$$= -\frac{1}{2}x^2 + \frac{1}{x} + \frac{2}{\sqrt{3}}\arctan \frac{2\left(x+\frac{1}{2}\right)}{\sqrt{3}}+C$$

4.3.2 三角函数有理式的积分

三角函数有理式是指由三角函数 $\sin x$，$\cos x$ 和常数经过有限次四则运算所构成的函数，常记作 $R(\sin x, \cos x)$．对于三角函数有理式的积分

$$\int R(\sin x, \cos x)\,\mathrm{d}x$$

常用万能换元法，作变换 $u = \tan\dfrac{x}{2}$，即 $x = 2\arctan u$，则 $\mathrm{d}x = \dfrac{2}{1+u^2}\mathrm{d}u$.

$$\sin x = 2\sin\frac{x}{2}\cos\frac{x}{2} = \frac{2\tan\dfrac{x}{2}}{\sec^2\dfrac{x}{2}} = \frac{2\tan\dfrac{x}{2}}{1+\tan^2\dfrac{x}{2}} = \frac{2u}{1+u^2}$$

$$\cos x = \cos^2\frac{x}{2} - \sin^2\frac{x}{2} = \frac{1-\tan^2\dfrac{x}{2}}{\sec^2\dfrac{x}{2}} = \frac{1-u^2}{1+u^2}$$

于是

$$\int R(\sin x, \cos x)\mathrm{d}x = \int R\left(\frac{2u}{1+u^2}, \frac{1-u^2}{1+u^2}\right)\frac{2}{1+u^2}\mathrm{d}u$$

右端是以 u 为变量的有理函数的积分，因而三角函数有理式的原函数也是初等函数．

例 4.3.4 求 $\displaystyle\int\frac{1+\sin x}{\sin x(1+\cos x)}\mathrm{d}x$.

解 令 $u = \tan\dfrac{x}{2}$，则 $\sin x = \dfrac{2u}{1+u^2}$，$\cos x = \dfrac{1-u^2}{1+u^2}$，$x = 2\arctan u$，$\mathrm{d}x = \dfrac{2}{1+u^2}\mathrm{d}u$.

于是

$$\int\frac{1+\sin x}{\sin x(1+\cos x)}\mathrm{d}x = \int\frac{\left(1+\dfrac{2u}{1+u^2}\right)}{\dfrac{2u}{1+u^2}\left(1+\dfrac{1-u^2}{1+u^2}\right)}\frac{2}{1+u^2}\mathrm{d}u = \frac{1}{2}\int\left(u+2+\frac{1}{u}\right)\mathrm{d}u$$

$$= \frac{1}{2}\left(\frac{u^2}{2} + 2u + \ln|u|\right) + C = \frac{1}{4}\tan^2\frac{x}{2} + \tan\frac{x}{2} + \frac{1}{2}\ln\left|\tan\frac{x}{2}\right| + C$$

但并非所有的三角函数有理式的积分都要通过变换化为有理函数的积分．例如，

$$\int\frac{\sin x}{1-\cos x}\mathrm{d}x = \int\frac{1}{1-\cos x}\mathrm{d}(1-\cos x) = \ln(1-\cos x) + C$$

4.3.3 简单无理函数的积分

计算简单无理函数积分的基本思想是通过适当的变量代换，将无理函数转化为有理函数，然后再对有理函数进行积分．

例 4.3.5 求 $\displaystyle\int\frac{\mathrm{d}x}{1+\sqrt[3]{x+2}}$.

解 令 $\sqrt[3]{x+2} = u$，$x = u^3 - 2$，则 $\mathrm{d}x = 3u^2\mathrm{d}u$，从而

$$\int\frac{\mathrm{d}x}{1+\sqrt[3]{x+2}} = \int\frac{1}{1+u}\cdot 3u^2\mathrm{d}u = 3\int\frac{u^2-1+1}{1+u}\mathrm{d}u$$

$$= 3 \int \left(u - 1 + \frac{1}{1+u} \right) \mathrm{d}u = 3 \left(\frac{u^2}{2} - u + \ln |1+u| \right) + C$$

$$= \frac{3}{2} \sqrt[3]{(x+2)^2} - 3 \sqrt[3]{x+2} + \ln |1 + \sqrt[3]{x+2}| + C$$

例 4.3.6 求 $\int \frac{1}{x} \sqrt{\frac{1+x}{x}} \mathrm{d}x$.

解 设 $\sqrt{\frac{1+x}{x}} = t$，$x = \frac{1}{t^2 - 1}$，则 $\mathrm{d}x = \frac{-2t}{(t^2-1)^2} \mathrm{d}t$，从而

$$\int \frac{1}{x} \sqrt{\frac{1+x}{x}} \mathrm{d}x = \int (t^2 - 1) t \cdot \frac{-2t}{(t^2-1)^2} \mathrm{d}t$$

$$= -2 \int \frac{t^2}{t^2 - 1} \mathrm{d}t = -2 \int \left(1 + \frac{1}{t^2 - 1} \right) \mathrm{d}t$$

$$= -2t - \ln \left| \frac{t-1}{t+1} \right| + C = -2 \sqrt{\frac{1+x}{x}} - \ln \frac{\sqrt{1+x} - \sqrt{x}}{\sqrt{1+x} + \sqrt{x}} + C$$

习　题　4.3

求下列不定积分：

(1) $\int \frac{x+1}{x^2 - 2x + 2} \mathrm{d}x$ 　　　　　　(2) $\int \frac{x^3}{x+1} \mathrm{d}x$

(3) $\int \frac{1}{(1+x)(1+x^2)} \mathrm{d}x$ 　　　(4) $\int \frac{1}{x(1+x^8)} \mathrm{d}x$

(5) $\int \frac{1}{2 + \sin x} \mathrm{d}x$

总　习　题　四

一、选择题

1. 若 $F(x)$ 是 $f(x)$ 的一个原函数，C 是一个常数，则（　　）也是 $f(x)$ 的一个原函数．

(A) $F(Cx)$ 　　　　(B) $F\left(\frac{x}{C}\right)$ 　　　　(C) $CF(x)$ 　　　　(D) $F(x) + C$

2. 若 $\int f(x) \mathrm{d}x = x^2 + C$，则 $\int x f(1 - x^2) \mathrm{d}x = （\quad）$.

(A) $2(1-x^2)^2 + C$ 　　　　　　(B) $-2(1-x^2)^2 + C$

(C) $\frac{1}{2}(1-x^2)^2 + C$ 　　　　　　(D) $-\frac{1}{2}(1-x^2)^2 + C$

3. 下列各式中，不等于 $\int \sin 2x \mathrm{d}x$ 的是（　　）.

(A) $-\cos^2 x + C$ 　　(B) $-\sin^2 x + C$ 　　(C) $\sin^2 x + C$ 　　(D) $-\frac{1}{2}\cos 2x + C$

4. 设 $\frac{\ln x}{x}$ 是 $f(x)$ 的一个原函数，则 $\int x f'(x) \mathrm{d}x = （\quad）$.

(A) $\dfrac{\ln x}{x}+C$　　　　(B) $\dfrac{1+\ln x}{x^{2}}+C$　　(C) $\dfrac{1}{x}+C$　　　　(D) $\dfrac{1}{x}-\dfrac{2\ln x}{x}+C$

5. 设 $f(x)$ 的一个原函数为 $\cos x$，$g(x)$ 的一个原函数为 x^{2}，则 $f[g(x)]$ 的一个原函数为 (　　).

(A) $x+\sin x$　　　　(B) $x-\sin x$　　　　(C) $x+\cos x$　　　　(D) $x-\cos x$

二、填空题

1. 若 $\displaystyle\int f(x)\,\mathrm{d}x=\arccos 2x+C$，则 $f(x)=$ _____ .

2. 通过点 $\left(\dfrac{\pi}{6},\ 1\right)$ 的积分曲线 $y=\displaystyle\int \sin x\,\mathrm{d}x$ 是 _____ .

3. $f'(\ln x)=1+x$，则 $f(x)=$ _____ .

4. 若 $f'(x)=f(x)$，且 $f(0)=2$，则 $f(x)=$ _____ .

5. $\displaystyle\int x^{3}\mathrm{e}^{x^{2}}\,\mathrm{d}x=$ _____ .

6. 设 $f(x)$ 具有二阶连续导数，则 $\displaystyle\int xf''(x)\,\mathrm{d}x=$ _____ .

三、求下列不定积分

1. $\displaystyle\int \sqrt{1-\sin 2x}\,\mathrm{d}x$　　　　2. $\displaystyle\int \dfrac{x}{\sqrt{3-x}}\mathrm{d}x$

3. $\displaystyle\int \sec^{4}x\,\mathrm{d}x$　　　　4. $\displaystyle\int \dfrac{\arctan x}{x^{2}(1+x^{2})}\mathrm{d}x$

5. $\displaystyle\int \ln(1+x^{2})\,\mathrm{d}x$　　　　6. $\displaystyle\int \dfrac{x^{2}}{1+x^{2}}\arctan x\,\mathrm{d}x$

7. $\displaystyle\int \dfrac{\cot x}{\ln\sin x}\mathrm{d}x$　　　　8. $\displaystyle\int \dfrac{x}{(1+x)^{4}}\mathrm{d}x$

9. $\displaystyle\int \dfrac{x+1}{x(1+x\mathrm{e}^{x})}\mathrm{d}x$　　　　10. $\displaystyle\int \tan^{5}x\sec^{3}x\,\mathrm{d}x$

11. $\displaystyle\int \dfrac{\arctan\sqrt{x}}{\sqrt{x}(1+x)}$　　　　12. $\displaystyle\int x^{3}\sqrt{4-x^{2}}\,\mathrm{d}x$

四、设 $f(\ln x)=\dfrac{\ln(1+x)}{x}$，计算积分 $\displaystyle\int f(x)\,\mathrm{d}x$.

五、已知 $\dfrac{\sin x}{x}$ 是 $f(x)$ 的一个原函数，求 $\displaystyle\int x^{3}f'(x)\,\mathrm{d}x$.

六、设 $F(x)$ 是 $f(x)$ 的一个原函数，且 $F(x)f(x)=\dfrac{\ln\tan x}{\sin x\cos x}$，$F\left(\dfrac{\pi}{4}\right)=0$，$x\in\left(0,\ \dfrac{\pi}{2}\right)$，求 $f(x)$.

七、应用题

1. 已知一曲线通过点 $(\mathrm{e}^{2},\ 3)$，且在任一点处的切线的斜率等于该点横坐标的倒数，求该曲线的方程.

2. 一物体由静止开始运动，经 t 秒后的速度是 $3t^{2}$（m/s），问：①在 3s 后物体离开出发点的距离是多少？②物体走完 360m 需要多少时间？

八、证明题

设 $f'(\cos x)=\sin x(0<x<\pi)$，试证明：

$$f(x)=\frac{x}{2}\sqrt{1-x^2}+\frac{1}{2}arc\sin x+C$$

数学家简介——莱布尼茨

莱布尼茨（Gottfried Wilhelm Leibniz）（1626—1716）德国数学家、自然主义哲学家、自然科学家，1646 年 7 月 1 日出生于莱比锡，1716 年 11 月 14 日卒于汉诺威.

莱布尼茨的父亲是莱比锡大学的哲学教授，在莱布尼茨 6 岁时就去世了，留给他十分丰富的藏书，莱布尼茨自幼聪明好学，经常到父亲的书房里阅读各种不同学科的书籍，中小学的基础课程主要是自学完成的.16 岁进莱比锡大学学习法律，并专研哲学，广泛地阅读了培根、开普勒、伽利略等人的著作，并且对前人的著述进行深入地思考和评价.1663 年 5 月，他获得莱比锡大学学士学位.1664 年 1 月，他取得该校哲学学士学位.从 1665 年开始，莱比锡大学审查他提交的博士论文《论身份》，但 1666 年以他年轻（20 岁）为由，不授予他博士学位，对此他气愤地离开了莱比锡前往纽伦堡的阿尔特多夫大学，1667 年 2 月阿尔特多大大学授予他法学博士学位，该校要聘他为教授，被他谢绝了.1672—1676 年，任外交官并到欧洲各国游历，在此期间他结识了惠更斯等科学家，并在他们的影响下深入专研了笛卡尔、帕斯卡、巴罗等人的论著，并写下了很有见地的数学笔记.这些笔记显示出他的才智，从中可以看出莱布尼茨深刻的理解力和超人的创造力.1676 年，他到德国西部的汉诺威，担任腓特烈公爵（Duke John Frederick）的顾问及图书馆馆长近 40 年，这使他能利用空闲探讨自己喜爱的问题，撰写各种题材的论文，其论文之多浩如烟海.莱布尼茨 1673 年被选为英国皇家学会会员，1682 年创办《博学文摘》，1700 年被选为法国科学院院士，同年创建了柏林科学院，并担任第一任院长.

莱布尼茨在数学上最突出的成就是创建了微积分的方法.莱布尼茨的微积分思想的最早记录，是出现在他 1675 年的数学笔记中.莱布尼茨研究了巴罗的《几何讲义》之后，意识到微分与积分是互逆的关系，并得出了求曲线的切线依赖于在纵坐标与横坐标的差值（当这些差值变成无穷小时）之比；而求面积则依赖于在横坐标的无穷小区间上的纵坐标之和或无限窄矩形面积之和，并且这种求和与求差的运算是互逆的.即莱布尼茨的微分学是把微分之和的形式出现.莱布尼茨的第一篇微分学论文《一种求极大极小和切线的新方法，它也适用于分式和无理量，以及这种新方法的奇妙类型的计算》，于 1684 年发表在《博学文摘》上，这也是历史上最早公开发表的关于微分学的文献.文中介绍了微分的定义，并广泛采用了微分记号 $\mathrm{d}x$，$\mathrm{d}y$ 函数的和、差、积、商以及乘幂的微分法则，关于一阶微分不变形式的定理、关于二阶微分的概念以及微分学对于研究极值、作切线、求曲率及拐点的应用．他关于积分学的第一篇论文发表于 1686 年，其中首次引进了积分号 $\int$，并且初步论述了积分或求积问题与微分或求切线问题的互逆关系，该文的题目为《探奥几何与不可分量及无限的分析》．关于积分常数的论述发表于 1694 年，他得到的特殊积分法有：变量替换法、分部积分法、在积分号下对参变量的积分法、利用部分分式求有理式的积分方法等．他还给出了判断交错级数收敛性的准则．在常微分方程中，他研究了分离变量法，得出了一阶齐次方程通过用，$y=vx$ 的代换可使其变量分离，得出了如何求一阶线性方程的解的方法，他给出了用微积分求旋转体体积的公式等．

莱布尼茨是数学史上最伟大的符号学者，他在创建微积分的过程中，花了很多时间来选择精巧的符号．现在微积分学中的一些基本符号，例如，dx，dy，$\dfrac{dx}{dy}$，d^n，$\int$，$\log$ 等都是他创立的．他创立的优越的符号为以后分析学的发展带来了极大的方便．莱布尼茨和牛顿研究微积分的基础，都达到了同一个目的，但各自采用了不同的方法．莱布尼茨是作为哲学家和几何学家对这些问题产生兴趣的，而牛顿则主要是从研究物体运动的需要而提出这些问题的．他们都研究了导数、积分的概念和运算法则，阐明了求导数和求积分是互逆的两种运算，从而建立了微积分的重要基础．牛顿在时间上比莱布尼茨早 10 年，而莱布尼茨公开发表的时间却比牛顿早 3 年．

作为一个数学家，莱布尼茨的声望虽然是凭借他在微积分创建中树立起来的，但他对其他数学分支也是有重大贡献的．例如，对卡迪尔的解析几何，他就提出过不少改进意见，"坐标"及"纵坐标"等术语都是他给出的，他提出了行列式的某些理论，他为包络理论作了很多基础性工作，并给出了曲率中的密切圆的定义．莱布尼茨还是组合拓扑的先驱，也是数学逻辑学的鼻祖，他系统地阐述了二进制记数法．

莱布尼茨把一切邻域的知识作为自己追求的目标。他企图扬弃机械的近世纪哲学与目的论的中世纪哲学，调和新旧教派的纷争，并且为发展科学制定了世界科学院计划，还想建立通用符号、通用语言，以便统一一切科学，莱布尼茨的研究涉及数学、哲学、法学、力学、光学、流体静力学、气体学、海洋学、生物学、地质学、机械学、逻辑学、语言学、历史学、神学等 41 个范畴，他被誉为"17 世纪的亚里士多德""德国的百科全书式的天才"．他终生努力寻求的是一种普遍的方法，这种方法既是获得知识的方法，也是创造发明的方法．

莱布尼茨很重视和其他学者交流、探讨问题，他与多方面的人士保持通信和接触，最远的到达锡兰和中国，莱布尼茨十分爱好和重视中国的科学文化和哲学思想．他主张东西方应在文化、科学方面互相学习、平等交流．莱布尼茨虽然脾气急躁，但容易平息．他一生没有结婚，一生不愿进教堂，作为一位伟大的科学家和思想家，他把自己的一生奉献给了科学文化事业．

第5章 定积分及其应用

本章将讨论微积分学的另一个基本问题——定积分问题，我们先从几何学和经济学问题出发引入定积分的定义，然后介绍它的性质、计算方法以及定积分在几何学和经济学中的应用．这一章中我们将学到一个重要定理——微积分基本定理，即牛顿-莱布尼茨公式，这个公式建立了定积分与原函数的重要关系．

5.1 定积分的定义

5.1.1 引例

1. 曲边梯形的面积问题

我们已经会计算三角形、矩形、梯形这些以直线为边的规则平面图形的面积．但在实际应用中，常常需要计算以曲线为边的曲边图形的面积．

设函数 $y=f(x)$ 在区间 $[a,b]$ 上非负、连续．由直线 $x=a$，$x=b$，$y=0$ 及曲线 $y=f(x)$ 所围成的图形称为**曲边梯形**，其中曲线弧称为曲边，如图 5.1.1 所示．

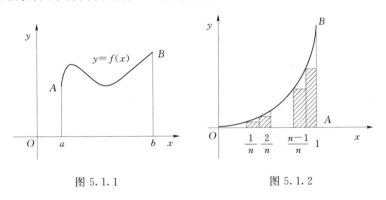

图 5.1.1   图 5.1.2

如何求曲边梯形的面积呢？下面通过一个引例来引出定积分的定义．

例 5.1.1 求由抛物线 $y=x^2$，直线 $x=1$ 和 x 轴所围曲边梯形 OAB 的面积，如图 5.1.2 所示．

解 根据极限的思想，采用下面的过程进行计算，即分割、取近似值、求和、取极限．

分割 在区间 $[0,1]$ 插入 $n-1$ 个分点，即 $0=x_0<x_1<x_2<\cdots<x_{n-1}<x_n=1$，把区间 $[0,1]$ 分成 n 等分，每个区间长度 $\Delta x=\dfrac{1}{n}$，$x_i=\dfrac{i}{n}(i=0,2,\cdots,n)$．

取近似 直线 $x=\dfrac{i}{n}(1,2,\cdots,n-1)$ 把图形分成个 n 小曲边梯形，我们把它们近似看

作矩形．如果取每个小区间的左端点为矩形的高，则它们的面积依次为

$$0,\frac{1}{n^3},\frac{2^2}{n^3},\frac{3^2}{n^3},\cdots,\frac{(n-1)^2}{n^3}$$

求和　对上面 n 个小曲边梯形进行求和

$$S_n=0+\frac{1}{n^3}+\frac{2^2}{n^3}+\frac{3^2}{n^3}+\cdots+\frac{(n-1)^2}{n^3}$$

$$=\frac{1}{n^3}\frac{(n-1)n(2n-1)}{6}$$

取极限　如果我们把曲边梯形无限细分，使得各曲边梯形的底边长趋于零，也就是当 $n\to\infty$ 时，各小曲边梯形面积之和 S_n 的极限

$$\lim_{n\to\infty}S_n=\lim_{n\to\infty}\frac{1}{n^3}\frac{(n-1)n(2n-1)}{6}=\frac{1}{3}$$

即为所求曲边梯形面积的精确值．

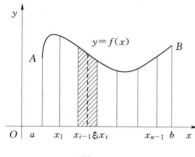

图 5.1.3

根据上面的分析，现在讨论由一般函数 $y=f(x)$ [$f(x)\geqslant0$ 且为连续函数]，$x=a$，$x=b$ 及 x 轴所围成的曲边梯形面积的求法，如图 5.1.3 所示，具体步骤如下：

分割　在区间 $[a,b]$ 插入 $n-1$ 个分点，即 $a=x_0<x_1<x_2<\cdots<x_{n-1}<x_n=b$，把区间 $[a,b]$ 分成 n 等分，记每个小区间 $[x_{i-1},x_i]$ 长度 $\Delta x_i=x_i-x_{i-1}(i=1,2,\cdots,n)$．用直线 $x=x_i$ 把曲边梯形分成 n 个小曲边梯形，记第 i 个小曲边梯形的面积为 $\Delta s_i(i=1,2,\cdots,n)$．

取近似　在每个小区间 $[x_{i-1},x_i]$ 上任取一点 ξ_i，以 $[x_{i-1},x_i]$ 为底，$f(\xi_i)$ 为高的小矩形的面积来近似代替第 i 个小曲边梯形的面积为 Δs_i，即

$$s_i\approx f(\xi_i)\Delta x_i,i=1,2,\cdots,n$$

求和　对这 n 小曲边梯形的面积求和，即得到曲边梯形面积的近似值

$$S=\sum_{i=1}^{n}\Delta s_i\approx\sum_{i=1}^{n}f(\xi_i)\Delta x_i$$

取极限　记 $\lambda=\max_{1\leqslant i\leqslant n}\{\Delta x_i\}$ 表示所有小区间长度的最大值，只要当 $\lambda\to0$ 时，求和的极限，便得到曲边梯形的面积

$$S=\lim_{\lambda\to0}\sum_{i=1}^{n}f(\xi_i)\Delta x_i$$

2. 由总产量变化率求总产量

设总产量变化率 p 为时间 t 的函数 $p=p(t)$，求在生产连续进行时，时间段 $[a,b]$ 内的总产量 Q．

分割　在时间区间 $[a,b]$ 插入 $n-1$ 个分点，即 $a=t_0<t_1<t_2<\cdots<t_{n-1}<t_n=b$，把 $[a,b]$ 分成 n 个小区间 $[t_{i-1},t_i]$，每个小区间长度 $\Delta t_i=t_i-t_{i-1}(i=1,2,\cdots,n)$．

取近似　当分割得足够细时，每个小区间 $[t_{i-1},t_i]$ 上产量的变化率可以近似认为

不变.若生产量的增加额为 ΔQ，任取 $\tau_i \in [t_{i-1}, t_i]$，则 $\Delta Q_i \approx p(\tau_i)\Delta t_i$.

求和　总产量的近似值为 $Q_n = \sum_{i=1}^{n} \Delta Q_i \approx \sum_{i=1}^{n} p(\tau_i)\Delta t_i$.

取极限　记 $\lambda = \max_{1 \leqslant i \leqslant n} \{\Delta t_i\}$，则总产量为

$$Q = \lim_{\lambda \to 0} Q_n = \lim_{n \to \infty} \sum_{i=1}^{n} p(\tau_i)\Delta t_i$$

以上我们讨论的两个实际问题，可以发现它们有如下共性：

（1）解题步骤相似：都包含分割、取近似、求和、取极限四个步骤.

（2）结果的形式一样，都具有相同结构式的极限.

在科学技术和经济领域里有大量的问题也可归结为此数学模型，为了研究上述问题，我们把它抽象为定积分的概念.

5.1.2　定积分的定义

定义 5.1.1　设函数 $y = f(x)$ 在 $[a, b]$ 上有定义且有界，在区间 $[a, b]$ 插入若干个分点

$$a = x_0 < x_1 < x_2 < \cdots < x_{n-1} < x_n = b$$

把区间 $[a, b]$ 分成 n 个小区间 $[x_{i-1}, x_i]$，记小区间长度为 $\Delta x_i = x_i - x_{i-1}$（$i = 1, 2, \cdots, n$）. 在每个小区间 $[x_{i-1}, x_i]$ 上任取一点 ξ_i，作乘积 $f(\xi_i)\Delta x_i$，并作和式

$$S_n = \sum_{i=1}^{n} f(\xi_i)\Delta x_i$$

记 $\lambda = \max_{1 \leqslant i \leqslant n} \{\Delta x_i\}$，如果当 $\lambda \to 0$（此时 $n \to \infty$）时，和 S_n 的极限 S，且 S 与区间 $[a, b]$ 的分法以及点 ξ_i 在区间 $[a, b]$ 内的取法无关，则称 $f(x)$ 在 $[a, b]$ 区间上可积，极限值称为函数 $f(x)$ 在区间 $[a, b]$ 上的定积分 $\int_a^b f(x)\mathrm{d}x$，即

$$\int_a^b f(x)\mathrm{d}x = \lim_{\lambda \to 0} \sum_{i=1}^{n} f(\xi_i)\Delta x_i$$

其中　$f(x)$ 称为**被积函数**，x 称为**积分变量**，$f(x)\mathrm{d}x$ 称为**被积表达式**，$[a, b]$ 称为**积分区间**，a 称为**积分下限**，b 称为**积分上限**，和式 $\sum_{i=1}^{n} f(\xi_i)\Delta x_i$ 称为**积分和**或**黎曼和**，因此定积分 $\int_a^b f(x)\mathrm{d}x$ 也称为**黎曼积分**.

根据上面定积分的定义，曲边梯形的面积用定积分可表示为 $S = \int_a^b f(x)\mathrm{d}x$，在时间 $[a, b]$ 内的生产的总产量可以表示为 $Q = \int_a^b p(t)\mathrm{d}t$.

关于定积分的定义，有下面几点说明：

（1）在定义中，与区间 $[a, b]$ 的分法和点 ξ_i 的取法必须是任意的.

（2）定积分 $\int_a^b f(x)\mathrm{d}x$ 的值只与被积函数、积分区间有关，与积分变量的符号无关，即

$$\int_a^b f(x)\mathrm{d}x = \int_a^b f(t)\mathrm{d}t = \int_a^b f(u)\mathrm{d}u$$

（3）定义中要求 $a<b$，若 $a>b$，$a=b$ 时有如下规定：

当 $a>b$ 时，$\displaystyle\int_a^b f(x)\mathrm{d}x = -\int_b^a f(x)\mathrm{d}x$；

当 $a=b$ 时，$\displaystyle\int_a^a f(x)\mathrm{d}x = 0$.

（4）如果函数 $f(x)$ 在 $[a,b]$ 上的定积分存在，我们就说 $f(x)$ 在区间 $[a,b]$ 上可积.

函数 $f(x)$ 在 $[a,b]$ 上满足什么条件时，$f(x)$ 在 $[a,b]$ 上可积呢？

定理 5.1.1　设 $f(x)$ 在区间 $[a,b]$ 上连续，则 $f(x)$ 在 $[a,b]$ 上可积.

定理 5.1.2　设 $f(x)$ 在区间 $[a,b]$ 上有界，且只有有限个间断点，则 $f(x)$ 在 $[a,b]$ 上可积.

5.1.3　定积分的几何意义

（1）当 $f(x) \geqslant 0$ 时，$\displaystyle\int_a^b f(x)\mathrm{d}x$ 表示由曲线 $y=f(x)$、直线 $x=a$，$x=b$ 及 x 轴所围成的曲边梯形的面积 $S = \displaystyle\int_a^b f(x)\mathrm{d}x$.

（2）当 $f(x) \leqslant 0$ 时，$\displaystyle\int_a^b f(x)\mathrm{d}x$ 表示曲边梯形面积的相反数，即

$$\int_a^b f(x)\mathrm{d}x = -S$$

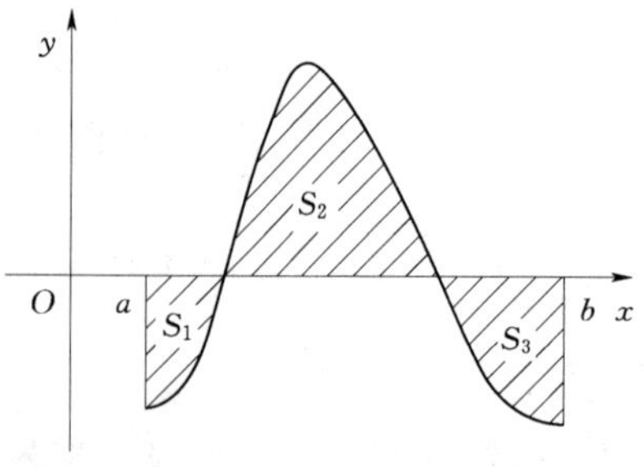

（3）当 $y=f(x)$ 在 $[a,b]$ 上既取得正值又取得负值时，定积分 $\displaystyle\int_a^b f(x)\mathrm{d}x$ 表示介于 x 轴、函数 $f(x)$ 的图形及直线 $x=a$，$x=b$ 之间的各部分面积的代数和，如图 5.1.4 所示.

$$\int_a^b f(x)\mathrm{d}x = -S_1 + S_2 - S_3$$

图 5.1.4

例 5.1.2　利用定积分的几何意义求下列定积分.

（1）$\displaystyle\int_{-1}^1 x\mathrm{d}x$　　　　（2）$\displaystyle\int_{-R}^R \sqrt{R^2-x^2}\mathrm{d}x$　　　　（3）$\displaystyle\int_0^{2\pi}\cos x\mathrm{d}x$

解　（1）由几何意义，$\displaystyle\int_{-1}^1 x\mathrm{d}x$ 表示由直线 $y=x$、直线 $x=-1$，$x=1$ 及 x 轴所围成的两个三角形面积的代数和，由图 5.1.5（a）所示，有

$$\int_{-1}^1 x\mathrm{d}x = (-A_1) + A_1 = 0$$

（2）$\displaystyle\int_{-R}^R \sqrt{R^2-x^2}\mathrm{d}x$ 表示以原点为中心，半径为 R 的二分之一圆的面积，如图 5.1.5（b）所示，有

$$\int_{-R}^R \sqrt{R^2-x^2}\mathrm{d}x = A_2 = \frac{\pi R^2}{2}$$

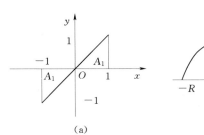
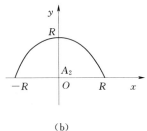
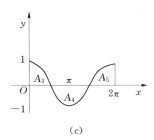

$$\text{(a)} \qquad\qquad \text{(b)} \qquad\qquad \text{(c)}$$

图 5.1.5

（3）如图 5.1.5（c）所示，$\int_0^{2\pi} \cos x \mathrm{d}x$ 表示由 $y = \cos x$，$x = 0$，$x = 2\pi$ 与 x 轴所围的曲边梯形的代数和，有

$$\int_0^{2\pi} \cos x \mathrm{d}x = A_3 + (-A_4) + A_5 = A_3 + A_5 + (-A_3 - A_5) = 0$$

5.1.4 定积分的基本性质

在下面的讨论中，我们总假定函数在所讨论的区间上是可积的.

性质 1
$$\int_a^b 1 \mathrm{d}x = \int_a^b \mathrm{d}x = b - a$$

线性性质：

性质 2 被积函数的常数因子可以提到积分号外面，即

$$\int_a^b k f(x) \mathrm{d}x = k \int_a^b f(x) \mathrm{d}x$$

性质 3 被积函数的和（差）的定积分等于它们的定积分的和（差），即

$$\int_a^b [f(x) \pm g(x)] \mathrm{d}x = \int_a^b f(x) \mathrm{d}x \pm \int_a^b g(x) \mathrm{d}x$$

这一结论可以推广到有线多个函数的情况. 性质 2 和 3 称为**线性性质**.

性质 4（区间可加性） 对任意常数 a，b，c，有

$$\int_a^b f(x) \mathrm{d}x = \int_a^c f(x) \mathrm{d}x + \int_c^b f(x) \mathrm{d}x$$

无论 $c \in [a, b]$ 还是 $c \notin [a, b]$，该性质均成立.

性质 5（不等式性质） 如果在区间 $[a, b]$ 上 $f(x) \leqslant g(x)$，则 $\int_a^b f(x) \mathrm{d}x \leqslant \int_a^b g(x) \mathrm{d}x$.

推论 1 若 $f(x) \geqslant 0$，则 $\int_a^b f(x) \mathrm{d}x \geqslant 0 (a < b)$.

推论 2 $\left| \int_a^b f(x) \mathrm{d}x \right| \leqslant \int_a^b |f(x)| \mathrm{d}x (a < b)$

证 由于 $-|f(x)| \leqslant f(x) \leqslant |f(x)|$，则

$$-\int_a^b |f(x)| \mathrm{d}x \leqslant \int_a^b f(x) \mathrm{d}x \leqslant \int_a^b |f(x)| \mathrm{d}x$$

即
$$\left| \int_a^b f(x) \mathrm{d}x \right| \leqslant \int_a^b |f(x)| \mathrm{d}x \Big|$$

例 5.1.3 比较下列积分的大小.

(1) $\int_0^1 x^2 \mathrm{d}x$ 与 $\int_0^1 x^3 \mathrm{d}x$　　　　(2) $\int_0^{-2} \mathrm{e}^x \mathrm{d}x$ 与 $\int_0^{-2} x \mathrm{d}x$

解 (1) 因为在 $[0,1]$ 上 $x^2 > x^3$,所以 $\int_0^1 x^2 \mathrm{d}x > \int_0^1 x^3 \mathrm{d}x$.

(2) 令 $f(x) = \mathrm{e}^x - x$,$x \in [-2,0]$,由于 $f'(x) = \mathrm{e}^x - 1 < 0$,故 $f(x)$ 在 $[-2,0]$ 上单调递增,又 $f(0) = 1$,则当 $x \in [-2,0]$,$f(x) > 0$,从而 $\int_{-2}^0 (\mathrm{e}^x - x)\mathrm{d}x > 0$,移项得 $\int_{-2}^0 \mathrm{e}^x \mathrm{d}x > \int_{-2}^0 x \mathrm{d}x$,即 $\int_0^{-2} \mathrm{e}^x \mathrm{d}x < \int_0^{-2} x \mathrm{d}x$.

性质 6(估值不等式) 设 M 及 m 分别是 $f(x)$ 在区间 $[a,b]$ 上的最大值及最小值,则

$$m(b-a) \leqslant \int_a^b f(x)\mathrm{d}x \leqslant M(b-a)(a < b)$$

证 由 $m \leqslant f(x) \leqslant M$ 和性质 5,有

$$\int_a^b m\mathrm{d}x \leqslant \int_a^b f(x)\mathrm{d}x \leqslant \int_a^b M\mathrm{d}x$$

即

$$m(b-a) \leqslant \int_a^b f(x)\mathrm{d}x \leqslant M(b-a)$$

例 5.1.4 估计定积分 $\int_0^\pi \dfrac{1}{2 + \sin^3 x} \mathrm{d}x$ 的值.

解 $f(x) = \dfrac{1}{3 + \sin^3 x}$,$x \in [0,\pi]$,由于 $0 \leqslant \sin^3 x \leqslant 1$,故 $\dfrac{1}{3} \leqslant \dfrac{1}{2 + \sin^3 x} \leqslant \dfrac{1}{2}$,$\int_0^\pi \dfrac{1}{3}\mathrm{d}x \leqslant \int_0^\pi \dfrac{1}{2 + \sin^3 x}\mathrm{d}x \leqslant \int_0^\pi \dfrac{1}{2}\mathrm{d}x$,于是 $\dfrac{\pi}{3} \leqslant \int_0^\pi \dfrac{1}{2 + \sin^3 x}\mathrm{d}x \leqslant \dfrac{\pi}{2}$.

性质 7(积分中值定理) 如果函数 $f(x)$ 在闭区间 $[a,b]$ 上连续,则在区间 $[a,b]$ 上至少存在一个点 ξ,使得

$$\int_a^b f(x)\mathrm{d}x = f(\xi)(b-a)$$

证 $f(x)$ 在闭区间 $[a,b]$ 上连续,则 $f(x)$ 在区间 $[a,b]$ 上的最大值 M 和最小值 m,再由性质 6,可得

$$m(b-a) \leqslant \int_a^b f(x)\mathrm{d}x \leqslant M(b-a)$$

即

$$m \leqslant \dfrac{1}{b-a}\int_a^b f(x)\mathrm{d}x \leqslant M$$

再由连续函数的介值定理,在 $[a,b]$ 上至少存在一点 ξ,使

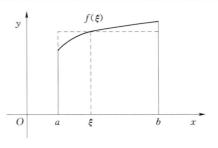

$$f(\xi) = \frac{1}{b-a}\int_a^b f(x)\mathrm{d}x$$

即

$$\int_a^b f(x)\mathrm{d}x = f(\xi)(b-a)$$

几何解释，设 $f(x) \geqslant 0$，则由曲线 $y = f(x)$、直线 $x = a$，$x = b$ 及 x 轴所围成的曲边梯形面积等于以区间 $[a,b]$ 为底，以 $f(\xi)$ 为高的矩形的面

图 5.1.6

积，如图 5.1.6 所示. 我们称 $f(\xi) = \dfrac{1}{b-a}\displaystyle\int_a^b f(x)\mathrm{d}x$ 为 $f(x)$ 在区间 $[a,b]$ 上的平均值.

习　题　5.1

1. 选择题

(1) 设 $f(x)$ 是连续函数，下列各式中不成立的是 (　　).

(A) $\displaystyle\int f'(x)\mathrm{d}x = f(x) + C$　　　　(B) $\dfrac{\mathrm{d}}{\mathrm{d}x}\displaystyle\int f(x)\mathrm{d}x = f(x)$

(C) $\dfrac{d}{\mathrm{d}x}\displaystyle\int_a^b f(x)\mathrm{d}x = f(x)$　　　　(D) $\left[\displaystyle\int_a^x f(x)\mathrm{d}x\right]' = f(x)$

(2) 利用定积分的几何意义，判别下列各式中正确的是 (　　).

(A) $\displaystyle\int_{-\pi}^{\pi} |\sin x|\mathrm{d}x = \displaystyle\int_{-\pi}^{\pi} \sin|x|\mathrm{d}x$　　　　(B) $\displaystyle\int_{-\pi}^{\pi} |\sin x|\mathrm{d}x = \left|\displaystyle\int_{-\pi}^{\pi} \sin x\mathrm{d}x\right|$

(C) $\displaystyle\int_{-\pi}^{\pi} \sin|x|\mathrm{d}x = \displaystyle\int_{-\pi}^{\pi} \sin x\mathrm{d}x$　　　　(D) $\displaystyle\int_{-\pi}^{\pi} \sin|x|\mathrm{d}x = \left|\displaystyle\int_{-\pi}^{\pi} \sin x\mathrm{d}x\right|$

(3) 设 $N = \displaystyle\int_{-a}^{a} x^2\sin^3 x\mathrm{d}x$，$P = \displaystyle\int_{-a}^{a}(x^3 e^{x^2} - 1)\mathrm{d}x$，$Q = \displaystyle\int_{-a}^{a}\cos^2 x^3\mathrm{d}x(a > 0)$，则(　　)成立.

(A) $N \leqslant P \leqslant Q$　　　(B) $N \leqslant Q \leqslant P$　　　(C) $Q \leqslant P \leqslant N$　　　(D) $P \leqslant N \leqslant Q$

(4) 设 $I = \displaystyle\int_0^1 e^{x^2}\mathrm{d}x$. 则积分 I 的值的范围是 (　　).

(A) $-1 \leqslant I \leqslant 0$　　　(B) $0 \leqslant I \leqslant 1$　　　(C) $1 \leqslant I \leqslant 2$　　　(D) $1 \leqslant I \leqslant e$

2. 填空题

(1) 设函数 $f(x)$ 在 $[0,1]$ 上连续，则 $\displaystyle\int_0^1 f(x)\mathrm{d}x - \displaystyle\int_0^1 f(t)\mathrm{d}t = $ _____.

(2) 由曲线 $y = \cos x$，$y = 0$，$x = 0$，$x = \pi$ 所围平面图形的面积的定积分表达式为_____.

5.2　微积分基本定理

5.2.1　积分上限函数及原函数存在定理

设函数 $f(x)$ 在区间 $[a,b]$ 上连续，x 为区间 $[a,b]$ 上的任意一点，则 $f(x)$ 在

区间 $[a, x]$ 上的定积分 $\int_a^x f(x)\mathrm{d}x$ 存在. 当 x 在区间 $[a, b]$ 上变化时, $\int_a^x f(x)\mathrm{d}x$ 是 x 上限的函数, 称为**积分上限函数或变上限积分**, 记作 $\Phi(x)$. 因为定积分与积分变量无关, 为了避免混淆, 将积分变量用 t 表示, 即

$$\Phi(x) = \int_a^x f(t)\mathrm{d}t, x \in [a, b]$$

积分上限函数有如下重要定理:

定理 5.2.1　如果函数 $f(x)$ 在区间 $[a, b]$ 上连续, 则积分上限函数

$$\Phi(x) = \int_a^x f(x)\mathrm{d}x$$

在 $[a, b]$ 上可导, 且有

$$\Phi'(x) = \frac{\mathrm{d}}{\mathrm{d}x}\int_a^x f(t)\mathrm{d}t = f(x), x \in [a, b]$$

证　设 $x \in (a, b)$, $\Delta x \neq 0$, 且 $x + \Delta x \in (a, b)$, 则有

$$\Delta\Phi = \Phi(x + \Delta x) - \Phi(x) = \int_a^{x+\Delta x} f(t)\mathrm{d}t - \int_a^x f(t)\mathrm{d}t$$

$$= \int_a^x f(t)\mathrm{d}t + \int_x^{x+\Delta x} f(t)\mathrm{d}t - \int_a^x f(t)\mathrm{d}t$$

$$= \int_x^{x+\Delta x} f(t)\mathrm{d}t$$

由积分中值定理, 存在 ξ 在 x 与 $x + \Delta x$ 之间, 使

$$\Delta\Phi = f(\xi)(x + \Delta x - x) = f(\xi)\Delta x$$

从而

$$\Phi'(x) = \lim_{\Delta x \to 0} \frac{\Delta\Phi}{\Delta x} = \lim_{\xi \to x} f(\xi) = f(x)$$

由定理 5.2.1 的结论, 让我们联想到原函数的定义, 从而可以得到下面的重要定理——原函数存在定理.

定理 5.2.2（原函数存在定理）　如果函数 $f(x)$ 在区间 $[a, b]$ 上连续, 则函数

$$\Phi(x) = \int_a^x f(x)\mathrm{d}x$$

是 $f(x)$ 在区间 $[a, b]$ 上的一个原函数.

这个定理既肯定了连续函数的原函数是存在的, 又初步地揭示了积分学中的定积分与原函数之间的联系.

例 5.2.1　求 $\dfrac{\mathrm{d}}{\mathrm{d}x}\left[\int_0^x \sin^2 t\mathrm{d}t\right]$.

解　由积分上限函数的性质, $\dfrac{\mathrm{d}}{\mathrm{d}x}\left[\int_0^x \sin^2 t\mathrm{d}t\right] = \sin^2 x$.

例 5.2.2　求 $\dfrac{\mathrm{d}}{\mathrm{d}x}\left[\int_1^{x^3} \mathrm{e}^t\mathrm{d}t\right]$.

解　这里 $\int_1^{x^3} \mathrm{e}^t\mathrm{d}t$ 是 x^3 的函数, 因而是 x 的复合函数, 令 $x^3 = u$, 则 $\Phi(u) = \int_1^u \mathrm{e}^t\mathrm{d}t$, 根据复合函数求导公式, 有

$$\frac{d}{dx}\left[\int_1^{x^3} e^t dt\right] = \frac{d}{du}\left[\int_1^u e^t dt\right] \cdot \frac{du}{dx} = \Phi'(u) \cdot 3x^2 = e^u \cdot 3x^2 = 3x^2 e^{x^3}$$

一般对积分上限函数的导数有如下结论：

若 $u(x)$，$v(x)$ 可导，$f(x)$ 为连续函数，则

$$\frac{d}{dx}\int_{v(x)}^{u(x)} f(t)dt = f[u(x)]u'(x) - f[v(x)]v'(x)$$

例 5.2.3 设 $f(x)$ 是连续函数，试求以下函数的导数.

(1) $\Phi(x) = \int_{x^2}^{\sin x} e^{-t^2} dt$

(2) $\Phi(x) = \int_x^{-2} \sqrt{1+t^4} dt$

(3) $\Phi(x) = \int_{-x^2}^0 f(t^2) dt$

解 (1) $\Phi'(x) = e^{-\sin^2 x}\cos x - e^{-x^2} \cdot 1 = e^{-\sin^2 x}\cos x - e^{-x^2}$

(2) $\Phi'(x) = -\int_{-2}^x \sqrt{1+t^4} dt = -\sqrt{1+x^4}$

(3) $\Phi'(x) = -\frac{d}{dx}\int_0^{-x^2} f(t) dt = -f(-x^2)$

例 5.2.4 设函数 $y = f(x)$ 由方程 $\int_0^{y^2} e^{t^2} dt + \int_x^0 \sin t dt = 0$ 所确定，求 $\frac{dy}{dx}$.

解 在方程两边同时对 x 求导

$$\frac{d}{dx}\left(\int_0^{y^2} e^{t^2} dt\right) + \frac{d}{dx}\left(\int_x^0 \sin t dt\right) = 0$$

于是

$$\frac{d}{dy}\left(\int_0^{y^2} e^{t^2} dt\right) \cdot \frac{dy}{dx} + \frac{d}{dx}\left(\int_x^0 \sin t dt\right) = 0$$

即 $e^{y^4} \cdot 2y \cdot \frac{dy}{dx} + (-\sin x) = 0$，故 $\frac{dy}{dx} = \frac{\sin x}{2y e^{y^4}}$.

例 5.2.5 求 $\lim\limits_{x \to 0} \dfrac{\int_{\cos x}^0 e^{-t^2} dt}{1 - \cos x}$.

解 这是 $\dfrac{0}{0}$ 型的未定式，应用洛必达法则，得：

$$\frac{d}{dx}\int_{\cos x}^1 e^{-t^2} dt = -\frac{d}{dx}\int_1^{\cos x} e^{-t^2} dt = -\frac{d}{du}\int_1^u e^{-t^2} dt \bigg|_{u=\cos x} \cdot (\cos x)'$$

$$= -e^{-\cos^2 x} \cdot (\cos x)' = \sin x \cdot e^{-\cos^2 x}$$

故 $\lim\limits_{x \to 0} \dfrac{\int_{\cos x}^0 e^{-t^2} dt}{1 - \cos x} = \lim\limits_{x \to 0} \dfrac{\int_{\cos x}^1 e^{-t^2} dt}{\dfrac{1}{2}x^2} = \lim\limits_{x \to 0} \dfrac{\sin x \cdot e^{-\cos^2 x}}{x} = \dfrac{1}{e}$.

5.2.2 牛顿-莱布尼茨公式

下面我们利用定理 5.2.2 来证明一个重要定理，它给出了利用原函数计算定积分的公式——牛顿-莱布尼茨公式.

定理 5.2.3 如果函数 $F(x)$ 是连续函数 $f(x)$ 在区间 $[a,b]$ 上的一个原函数，则

$$\int_a^b f(x)\mathrm{d}x = F(b) - F(a)$$

证 已知函数 $F(x)$ 是连续函数 $f(x)$ 的一个原函数．又根据定理 5.2.2 可知，积分上限函数

$$\Phi(x) = \int_a^x f(t)\mathrm{d}t$$

也是 $f(x)$ 的一个原函数．于是有一常数 C，使

$$F(x) = \Phi(x) + C, x \in [a,b]$$

即

$$F(x) = \int_a^x f(x)\mathrm{d}x + C$$

上式中令 $x=a$，有 $F(a) = \int_a^a f(x)\mathrm{d}x + C$，因而 $C = F(a)$．故

$$F(x) = \int_a^x f(x)\mathrm{d}x + F(a)$$

再令 $x=b$，即得 $\int_a^b f(x)\mathrm{d}x = F(b) - F(a)$．

为了方便起见，可把 $F(b) - F(a)$ 记成 $F(x)\big|_a^b$，于是

$$\int_a^b f(x)\mathrm{d}x = F(x)\big|_a^b = F(b) - F(a)$$

定理 5.2.3 的公式称为**牛顿-莱布尼茨（Newton‐Leibniz）公式**，也称为**微积分基本公式**．

下面利用微积分基本公式来求解定积分．

例 5.2.6 计算 $\int_0^1 x^2 \mathrm{d}x$．

解 由于 $\frac{1}{3}x^3$ 是 x^2 的一个原函数，所以

$$\int_0^1 x^2 \mathrm{d}x = \frac{1}{3}x^3 \bigg|_0^1 = \frac{1}{3} \cdot 1^3 - \frac{1}{3} \cdot 0^3 = \frac{1}{3}$$

在第一节中我们按照定义计算过这个积分，现在又用牛顿-莱布尼茨公式重新计算，两个方法相比较，发现用微积分基本公式计算更简单．

例 5.2.7 计算 $\int_1^{\sqrt{3}} \frac{\mathrm{d}x}{1+x^2}$．

解 由于 $\arctan x$ 是 $\frac{1}{1+x^2}$ 的一个原函数，所以

$$\int_1^{\sqrt{3}} \frac{\mathrm{d}x}{1+x^2} = \arctan x \big|_1^{\sqrt{3}} = \arctan\sqrt{3} - \arctan 1 = \frac{\pi}{3} - \left(\frac{\pi}{4}\right) = \frac{\pi}{12}$$

例 5.2.8 计算 $\int_{\frac{\pi}{3}}^{\frac{\pi}{2}} \sin x \mathrm{d}x$．

解 由于 $-\cos x$ 是 $\sin x$ 的一个原函数，所以

$$\int_{\frac{\pi}{3}}^{\frac{\pi}{2}} \sin x \mathrm{d}x = -\cos x \big|_{\frac{\pi}{3}}^{\frac{\pi}{2}} = -\left[\cos\left(\frac{\pi}{2}\right) - \cos\left(\frac{\pi}{3}\right)\right] = -\left(0 - \frac{1}{2}\right) = \frac{1}{2}$$

例 5.2.9 设 $f(x) = \begin{cases} 3x, & 0 \leqslant x \leqslant 1 \\ 4, & 1 < x \leqslant 2 \end{cases}$，求 $\int_0^2 f(x)\mathrm{d}x$.

解 由定积分性质 4 得

$$\int_0^2 f(x)\mathrm{d}x = \int_0^1 f(x)\mathrm{d}x + \int_1^2 f(x)\mathrm{d}x = \int_0^1 3x\mathrm{d}x + \int_1^2 4\mathrm{d}x = 6$$

例 5.2.10 计算 $\int_0^1 |2x-1|\mathrm{d}x$.

解 函数 $|2x-1| = \begin{cases} 1-2x, & x \leqslant \dfrac{1}{2} \\ 2x-1, & x > \dfrac{1}{2} \end{cases}$ 在 $[0,1]$ 上连续，由定积分性质 4，得

$$\int_0^1 |2x-1|\mathrm{d}x = \int_1^{\frac{1}{2}} (1-2x)\mathrm{d}x + \int_{\frac{1}{2}}^1 (2x-1)\mathrm{d}x = (x-x^2)\Big|_0^{\frac{1}{2}} + (x^2-x)\Big|_{\frac{1}{2}}^0 = \frac{1}{2}$$

例 5.2.11 求定积分 $\int_{-\frac{\pi}{2}}^{\frac{\pi}{3}} \sqrt{1-\cos^2 x}\,\mathrm{d}x$.

解
$$\int_{-\frac{\pi}{2}}^{\frac{\pi}{3}} \sqrt{1-\cos^2 x}\,\mathrm{d}x = \int_{-\frac{\pi}{2}}^{\frac{\pi}{3}} \sqrt{\sin^2 x}\,\mathrm{d}x = \int_{-\frac{\pi}{2}}^{\frac{\pi}{3}} |\sin x|\,\mathrm{d}x$$

$$= -\int_{-\frac{\pi}{2}}^0 \sin x\,\mathrm{d}x + \int_0^{\frac{\pi}{3}} \sin x\,\mathrm{d}x = \cos x\Big|_{-\frac{\pi}{2}}^0 - \cos x\Big|_0^{\frac{\pi}{3}} = \frac{3}{2}$$

本题若遗漏绝对值，将导致结果出现错误答案：

$$\int_{-\frac{\pi}{2}}^{\frac{\pi}{3}} \sqrt{1-\cos^2 x}\,\mathrm{d}x = \int_{-\frac{\pi}{2}}^{\frac{\pi}{3}} \sqrt{\sin^2 x}\,\mathrm{d}x = \int_{-\frac{\pi}{2}}^{\frac{\pi}{3}} \sin x\,\mathrm{d}x = -\cos x\Big|_{-\frac{\pi}{2}}^{\frac{\pi}{3}} = -\left(\frac{1}{2} - 0\right) = -\frac{1}{2}$$

习　题　5.2

1. 填空题

(1) $\dfrac{\mathrm{d}}{\mathrm{d}x}\left(\displaystyle\int_0^{x^2} \sin t^2\,\mathrm{d}t\right) = $ _____ .

(2) 设 $\displaystyle\int_1^{x+1} f(x)\mathrm{d}x = x\mathrm{e}^{x+1}$，则 $f(x) = $ _____ .

(3) 设 $\displaystyle\int_0^{x^3-1} f(t)\mathrm{d}t = x$，则 $f(7) = $ _____ .

(4) 设由方程 $\displaystyle\int_0^y \mathrm{e}^t\,\mathrm{d}t + \int_0^x \cos t\,\mathrm{d}t = 0$ 确定函数 $y = y(x)$，则 $\dfrac{\mathrm{d}y}{\mathrm{d}x} = $ _____ .

2. 计算题

(1) 求极限 $\displaystyle\lim_{x \to 0} \frac{\displaystyle\int_0^x (\tan t - \sin t)\mathrm{d}t}{\sqrt{1+x^2}\displaystyle\int_0^{\sin x} t^3\,\mathrm{d}t}$.

(2) 设 $\begin{cases} x = \displaystyle\int_0^t \sin u^2\,\mathrm{d}u \\ y = \cos t^2 \end{cases}$，求 $\dfrac{\mathrm{d}y}{\mathrm{d}x}, \dfrac{\mathrm{d}^2 y}{\mathrm{d}x^2}$.

(3) 求曲线 $y = \int_0^x (t-1)(t-2)\mathrm{d}t$ 在 $x = 0$ 处的切线方程.

(4) 设函数 $f(x) = \begin{cases} 1 + \sin x & 0 \leqslant x \leqslant \pi \\ 0 & x > \pi \end{cases}$，求 $\int_0^{2\pi} f(x)\mathrm{d}x$.

(5) 求积分 $\int_a^b |2x - a - b|\mathrm{d}x$，其中 $0 < a < b$.

5.3　定 积 分 的 计 算

5.3.1　定积分的凑微分法

将不定积分的凑微分法直接用到定积分中来，得到定积分的凑微分法.

设 $F(u)$ 是 $f(u)$ 的一个原函数，则

$$\int_a^b f[\varphi(x)]\varphi'(x)\mathrm{d}x = \int_a^b f[\varphi(x)]\mathrm{d}\varphi(x) = F[\varphi(b)] - F[\varphi(a)] \tag{5.1}$$

式（5.1）称为定积分的**凑微分公式**.

例 5.3.1　求定积分 $\int_0^1 x\mathrm{e}^{x^2}\mathrm{d}x$.

解
$$\int_0^1 x\mathrm{e}^{x^2}\mathrm{d}x = \frac{1}{2}\int_0^1 \mathrm{e}^{x^2}\mathrm{d}x^2 = \frac{1}{2}\mathrm{e}^{x^2}\Big|_0^1 = \frac{1}{2}(\mathrm{e} - 1)$$

例 5.3.2　求定积分 $\int_0^1 \dfrac{\arctan x + 1}{1 + x^2}\mathrm{d}x$.

解
$$\begin{aligned}
\int_0^1 \frac{\arctan x + 1}{1 + x^2}\mathrm{d}x &= \int_0^1 (\arctan x + 1)\mathrm{d}\arctan x \\
&= \left(\frac{1}{2}(\arctan x)^2 + \arctan x\right)\Big|_0^1 \\
&= \frac{1}{2}\left(\frac{\pi}{4}\right)^2 + \frac{\pi}{4}
\end{aligned}$$

例 5.3.3　求定积分 $\int_e^{e^2} \dfrac{1}{x\ln^2 x}\mathrm{d}x$.

解
$$\int_e^{e^2} \frac{1}{x\ln^2 x}\mathrm{d}x = \int_e^{e^2} \frac{1}{\ln^2 x}\mathrm{d}\ln x = \frac{(\ln x)^{-2+1}}{-2+1}\Big|_e^{e^2} = \frac{1}{2}$$

5.3.2　定积分的换元法

由上节微积分学的基本公式可知，求定积分 $\int_a^b f(x)\mathrm{d}x$ 的问题可以转化为求被积函数 $f(x)$ 在区间 $[a,b]$ 上的增量问题. 从而把不定积分的换元法和分部积分法直接移到定积分的计算上来. 请读者注意其与不定积分的差异.

定理 5.3.1（定积分的换元法）　设函数 $f(x)$ 在闭区间 $[a, b]$ 上连续，单值函数 $x = \varphi(t)$ 满足：

(1) $\varphi(\alpha) = a, \varphi(\beta) = b$，且 $a \leqslant \varphi(t) \leqslant b$.

(2) $\varphi(t)$ 在 $[\alpha, \beta]$（或 $[\beta, \alpha]$）上具有连续导数，则有

$$\int_a^b f(x)\mathrm{d}x = \int_\alpha^\beta f[\varphi(t)]\varphi'(t)\mathrm{d}t \tag{5.2}$$

式（5.2）称为定积分的**换元公式**.

定积分的换元公式与不定积分的换元公式类似，它们的区别是：

（1）用 $x=\varphi(t)$ 把变量 x 换成新变量 t 时，积分限也要换成相应于新变量 t 的积分限，且上限对应于上限，下限对应于下限.

（2）求出 $f[\varphi(t)]\varphi'(t)$ 的一个原函数 $\Phi(t)$ 后，不必像计算不定积分那样再把 $\Phi(t)$ 变换成原变量 x 的函数，而只要把新变量 t 的上、下限分别代入 $\Phi(t)$ 然后相减就行了.

例 5.3.4 求定积分 $\displaystyle\int_0^{\frac{\pi}{2}}\cos^5 x\sin x\mathrm{d}x$.

解 令 $t=\cos x$，则 $\mathrm{d}t=-\sin x\mathrm{d}x$，$x=\dfrac{\pi}{2}\Rightarrow t=0$，$x=0\Rightarrow t=1$

$$\int_0^{\frac{\pi}{2}}\cos^5 x\sin x\mathrm{d}x=-\int_1^0 t^5\mathrm{d}t=\int_0^1 t^5\mathrm{d}t=\frac{t^6}{6}\bigg|_0^1=\frac{1}{6}$$

注 本例中，如果不明显写出新变量 t，则定积分的上、下限就不要变，重新计算如下：

$$\int_0^{\frac{\pi}{2}}\cos^5 x\sin x\mathrm{d}x=-\int_0^{\frac{\pi}{2}}\cos^5 x\mathrm{d}(\cos x)=-\frac{\cos^6 x}{6}\bigg|_0^{\frac{\pi}{2}}=-\left(0-\frac{1}{6}\right)=\frac{1}{6}$$

例 5.3.5 求定积分 $\displaystyle\int_0^2\sqrt{4-x^2}\mathrm{d}x$.

解 令 $x=2\sin t$，则 $\mathrm{d}x=2\cos t\mathrm{d}t$. 且 $x=0$ 时，$t=0$；$x=2$ 时，$t=\dfrac{\pi}{2}$.

$$\sqrt{4-x^2}=2\sqrt{1-\sin^2 t}=2|\cos t|=2\cos t$$

由换元积分公式得

$$\int_0^2\sqrt{4-x^2}\mathrm{d}x=4\int_0^{\frac{\pi}{2}}\cos^2 t\mathrm{d}t=4\int_0^{\frac{\pi}{2}}\frac{1+\cos 2t}{2}\mathrm{d}t=2\int_0^{\frac{\pi}{2}}(1+\cos 2t)\mathrm{d}t$$

$$=2\left(t+\frac{1}{2}\sin 2t\right)\bigg|_0^{\frac{\pi}{2}}=\pi$$

注 本题若用定积分的几何意义求解更简单.

例 5.3.6 求定积分 $\displaystyle\int_0^4\frac{x+2}{\sqrt{2x+1}}\mathrm{d}x$.

解 令 $t=\sqrt{2x+1}$，则 $x=\dfrac{t^2-1}{2}$，$\mathrm{d}x=t\mathrm{d}t$，当 $x=0$ 时，$t=1$，当 $x=4$ 时，$t=3$，从而

$$\int_0^4\frac{x+2}{\sqrt{2x+1}}\mathrm{d}x=\int_1^3\frac{\dfrac{t^2-1}{2}+2}{t}t\mathrm{d}t=\frac{1}{2}\int_1^3(t^2+3)\mathrm{d}t$$

$$=\frac{1}{2}\left(\frac{1}{3}t^3+3t\right)\bigg|_1^3=\frac{1}{2}\left[\left(\frac{27}{3}+9\right)-\left(\frac{1}{3}+3\right)\right]=\frac{22}{3}$$

例 5.3.7 当 $f(x)$ 在 $[-a,a]$ 上可积，则

（1）当 $f(x)$ 为偶函数，有 $\displaystyle\int_{-a}^a f(x)\mathrm{d}x=2\int_0^a f(x)\mathrm{d}x$.

(2) 当 $f(x)$ 为奇函数，有 $\int_{-a}^{a} f(x)\mathrm{d}x = 0$.

证　$\int_{-a}^{a} f(x)\mathrm{d}x = \int_{-a}^{0} f(x)\mathrm{d}x + \int_{0}^{a} f(x)\mathrm{d}x$，在上式右端第一项中令 $x = -t$，则

$$\int_{-a}^{0} f(x)\mathrm{d}x = -\int_{a}^{0} f(-t)\mathrm{d}t = \int_{0}^{a} f(-t)\mathrm{d}t = \int_{0}^{a} f(-x)\mathrm{d}x$$

当 $f(x)$ 为偶函数，即 $f(-x) = f(x)$，$\int_{-a}^{a} f(x)\mathrm{d}x = \int_{-a}^{0} f(x)\mathrm{d}x + \int_{0}^{a} f(x)\mathrm{d}x = 2\int_{0}^{a} f(x)\mathrm{d}x$.

当 $f(x)$ 为奇函数，即 $f(-x) = -f(x)$，$\int_{-a}^{a} f(x)\mathrm{d}x = \int_{-a}^{0} f(x)\mathrm{d}x + \int_{0}^{a} f(x)\mathrm{d}x = 0$.

例 5.3.8　计算 $\int_{-1}^{1} (|x| + \sin x) x^2 \mathrm{d}x$.

解　因为积分区间对称于原点，且 $|x| x^2$ 为偶函数，$\sin x \cdot x^2$ 为奇函数，所以

$$\int_{-1}^{1} (|x| + \sin x) x^2 \mathrm{d}x = \int_{-1}^{1} |x| x^2 \mathrm{d}x = 2\int_{0}^{1} x^3 \mathrm{d}x = 2 \cdot \frac{x^4}{4}\Big|_{0}^{1} = \frac{1}{2}$$

例 5.3.9　计算 $\int_{-1}^{1} \dfrac{2x^2 + x\cos x}{1 + \sqrt{1-x^2}} \mathrm{d}x$.

解　原式 $= \int_{-1}^{1} \dfrac{2x^2}{1 + \sqrt{1-x^2}}\mathrm{d}x + \int_{-1}^{1} \dfrac{x\cos x}{1 + \sqrt{1-x^2}}\mathrm{d}x$

$$= 4\int_{0}^{1} \frac{x^2}{1 + \sqrt{1-x^2}}\mathrm{d}x = 4\int_{0}^{1} \frac{x^2(1 - \sqrt{1-x^2})}{1 - (1-x^2)}\mathrm{d}x = 4\int_{0}^{1} (1 - \sqrt{1-x^2})\mathrm{d}x$$

$$= 4 - 4\int_{0}^{1} \sqrt{1-x^2}\mathrm{d}x = 4 - \pi$$

5.3.3　定积分的分部积分法

定理 5.3.2（定积分的分部积分法）　设函数 $u = u(x), v = v(x)$ 在 $[a,b]$ 上有连续导数，则

$$\int_{a}^{b} u\,\mathrm{d}v = [uv]_{a}^{b} - \int_{a}^{b} v\,\mathrm{d}u \quad \text{或} \quad \int_{a}^{b} uv'\mathrm{d}x = [uv]_{a}^{b} - \int_{a}^{b} vu'\mathrm{d}x$$

例 5.3.10　计算 $\int_{0}^{1} \arcsin x\,\mathrm{d}x$.

解　令 $u = \arcsin x$，$\mathrm{d}v = \mathrm{d}x$，则 $\mathrm{d}u = \dfrac{\mathrm{d}x}{\sqrt{1-x^2}}$，$v = x$，

$$\int_{0}^{1} \arcsin x\,\mathrm{d}x = [x\arcsin x]_{0}^{1} - \int_{0}^{1} \frac{x\,\mathrm{d}x}{\sqrt{1-x^2}} = \frac{\pi}{2} + \frac{1}{2}\int_{0}^{1} \frac{1}{\sqrt{1-x^2}}\mathrm{d}(1-x^2)$$

$$= \frac{\pi}{2} + \left[\sqrt{1-x^2}\right]_{0}^{1} = \frac{\pi}{2} - 1$$

例 5.3.11　计算定积分 $\int_{\frac{1}{2}}^{1} \mathrm{e}^{\sqrt{2x-1}}\mathrm{d}x$.

解　令 $t = \sqrt{2x-1}$，则 $t\,\mathrm{d}t = \mathrm{d}x$，当 $x = \dfrac{1}{2}$ 时，$t = 0$；当 $x = 1$ 时，$t = 1$.

于是 有 $\int_{\frac{1}{2}}^{1} e^{\sqrt{2x-1}} dx = \int_{0}^{1} t e^{t} dt$，再使用分部积分法，令 $u = t$，$dv = e^{t} dt$，则 $du = dt$，$v = e^{t}$. 从而

$$\int_{0}^{1} t e^{t} dt = t e^{t} \Big|_{0}^{1} - \int_{0}^{1} e^{t} dt = e + e^{t} \Big|_{0}^{1} = 2e - 1$$

习 题 5.3

1. 填空题

（1）积分 $\int_{0}^{\frac{\pi}{3}} \sin^{3} x \, dx = $ _____ .

（2）设 $k \int_{0}^{1} x f(2x) dx = \int_{0}^{2} x f(x) dx$ ，则 $k = $ _____ .

（3）设 $h(x)$ 是区间 $[-10, 10]$ 上的奇函数，且 $\int_{0}^{5} h(x) dx = 3$ ，则 $\int_{-5}^{0} h(x) dx = $ _____ .

（4）积分 $\int_{-1}^{1} \dfrac{x \ln(1+x^2) + 1}{1 + x^2} dx = $ _____ .

2. 求下列定积分：

（1）$\int_{0}^{4} \dfrac{dx}{1 + \sqrt{x}}$ （2）$\int_{-\frac{\pi}{2}}^{\frac{\pi}{2}} \sqrt{\cos x - \cos^3 x} \, dx$

（3）$\int_{0}^{\sqrt{2}} x^2 \sqrt{2 - x^2} \, dx$ （4）$\int_{\frac{1}{\sqrt{2}}}^{1} \dfrac{\sqrt{1 - x^2}}{x^2} dx$

（5）$\int_{-1}^{1} \left(e^{|x|} \sin x + \dfrac{x^4}{\sqrt{1 - x^2}} \right) dx$ （6）$\int_{0}^{1} (\arcsin x)^2 \, dx$

（7）$\int_{1}^{2} \dfrac{\ln x}{(3 - x)^2} dx$ （8）$\int_{0}^{1} \ln(1 + x^2) dx$

3. 已知 $\int_{x}^{2\ln 2} \dfrac{dt}{\sqrt{e^t - 1}} = \dfrac{\pi}{6}$ ，求 x.

4. 已知 $f(x)$ 满足方程 $f(x) = 3x - \sqrt{1 - x^2} \int_{0}^{1} f^2(x) dx$ ，求 $f(x)$.

5. 设 $f''(x)$ 在 $[0, 1]$ 上连续，且 $f(0) = 1$，$f(2) = 3$，$f'(2) = 5$，求 $\int_{0}^{1} x f''(2x) dx$.

6. 证明题

（1）$\int_{a}^{b} f(x) dx = \int_{a}^{b} f(a + b - x) dx$

（2）$\int_{x}^{1} \dfrac{1}{1 + x^2} dx = \int_{1}^{\frac{1}{x}} \dfrac{1}{1 + x^2} dx$

5.4 定 积 分 的 应 用

5.4.1 平面图形的面积

根据定积分的定义可知，若 $f(x)$ 在区间 $[a, b]$ 上连续，由 $x = a$、$x = b$、x 轴及

159

$f(x)\left[f(x)\geqslant0\right]$ 所围成的曲边梯形面积可表示为

$$S = \int_a^b f(x)\mathrm{d}x$$

对于一般平面图形面积的计算，可归结为计算若干曲边梯形的面积，下面分三种情形分别讨论.

情形 1　由曲线 $y=f(x)$，直线 $x=a$、$x=b$ 及 x 轴所围成的平面图形面积为

$$S = \int_a^b \left| f(x) \right| \mathrm{d}x$$

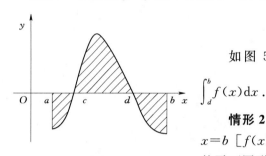

如图 5.4.1 所示，$S = \int_a^c f(x)\mathrm{d}x - \int_c^d f(x)\mathrm{d}x - \int_d^b f(x)\mathrm{d}x$.

图 5.4.1

情形 2　由曲线 $y=f(x)$、$y=g(x)$ 和直线 $x=a$、$x=b$ $\left[f(x)，g(x)\right.$ 是 $\left[a，b\right]$ 上的连续函数$\left.\right]$ 所围成的平面图形面积为

$$S = \int_a^b \left| f(x) - g(x) \right| \mathrm{d}x$$

在图 5.4.2 (a) 中，$S = \int_a^b \left[f(x) - g(x)\right]\mathrm{d}x$.

在图 5.4.2 (b) 中，$S = \int_a^c \left[f(x) - g(x)\right]\mathrm{d}x + \int_c^b \left[f(x) - g(x)\right]\mathrm{d}x$.

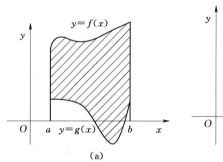
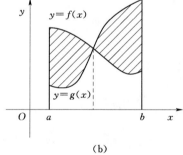

(a)　　　　　　　　　　(b)

图 5.4.2

情形 3　如图 5.4.3 所示，由曲线 $x=\varphi(y)$、$x=\psi(y)$、直线 $y=c$、$y=d$ 所围成的平面图形面积为

$$S = \int_c^d \left| \varphi(y) - \psi(y) \right| \mathrm{d}y$$

例 5.4.1　求由 $y^2=x$ 和 $y=x^2$ 所围成的平面图形的面积.

解　由 $\begin{cases} y^2=x \\ y=x^2 \end{cases}$ 得交点 $(0，0)$ 和 $(1，1)$，如图 5.4.4 所示.

$$S = \int_0^1 (\sqrt{x} - x^2)\mathrm{d}x = \left[\frac{2}{3}x^{\frac{3}{2}} - \frac{x^3}{3}\right]\Bigg|_0^1 = \frac{1}{3}$$

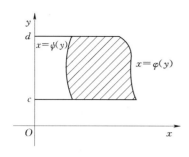

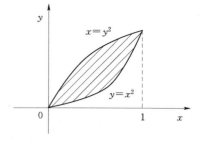

图 5.4.3　　　　　　　　　　　　图 5.4.4

例 5.4.2 求由 $y=\sin x\left(0\leqslant x\leqslant\dfrac{3\pi}{2}\right)$ 与坐标轴所围成的面积.

解 $y=\sin x$ 在 $\left[0,\dfrac{3\pi}{2}\right]$ 内与 x 轴的交点坐标为 $(\pi,0)$，如图 5.4.5 所示.

$$S=\int_0^{\frac{3\pi}{2}}|\sin x|\,\mathrm{d}x=\int_0^\pi\sin x\mathrm{d}x-\int_\pi^{\frac{3\pi}{2}}\sin x\mathrm{d}x$$

$$=-\cos x\Big|_0^\pi+\cos x\Big|_\pi^{\frac{3\pi}{2}}=2+1=3$$

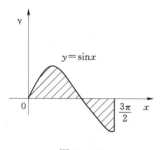

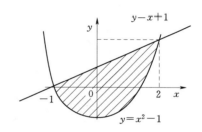

图 5.4.5　　　　　　　　　　　　图 5.4.6

例 5.4.3 求由抛物线 $y+1=x^2$ 与直线 $y=1+x$ 所围成的面积.

解 如图 5.4.6 所示，由方程组 $\begin{cases}y+1=x^2\\ y=1+x\end{cases}$ 解得它们的交点为 $(-1,0)$，$(2,3)$.

把 x 看作积分变量，则 x 的变化范围是 $[-1,2]$，从而所求面积为

$$S=\int_{-1}^2\left[(1+x)-(x^2-1)\right]\mathrm{d}x=\frac{9}{2}$$

例 5.4.4 求由 $y^2=2x$ 和 $y=4-x$ 所围成的图形的面积.

解法一 由 $\begin{cases}y^2=2x\\ y=4-x\end{cases}$ 得交点 $(2,2)$ 和 $(8,-4)$，如图 5.4.7 所示.

把 y 看作积分变量，则 y 的变化范围是 $[-4,2]$，所求面积为

$$S=\int_{-4}^2\left(4-y-\frac{y^2}{2}\right)\mathrm{d}y=\left[4y-\frac{y^2}{2}-\frac{y^3}{6}\right]\Bigg|_{-4}^2=18$$

解法二 用直线 $x=2$ 将所求面积分成两部分，所求面积为

$$S=\int_0^2\left[\sqrt{2x}-(-\sqrt{2x})\right]\mathrm{d}x+\int_2^8(4-x)\mathrm{d}x$$

161

$$= \frac{4\sqrt{2}}{3}x^{\frac{3}{2}}\bigg|_0^2 + 4x - \frac{x^2}{2}\bigg|_2^8 = \frac{16}{3} + \frac{38}{3} = 18$$

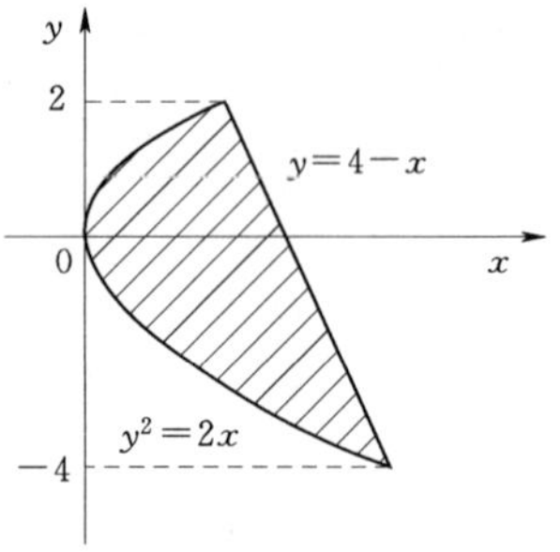

例 5.4.5 求椭圆 $\dfrac{x^2}{a^2} + \dfrac{y^2}{b^2} = 1$ 所围成的面积.

解
$$S = 4\int_0^a y\mathrm{d}x = 4\int_{\frac{\pi}{2}}^0 b\sin t\,\mathrm{d}(a\cos t)$$
$$= 4ab\int_0^{\frac{\pi}{2}} \sin^2 t\mathrm{d}t = 4ab\int_0^{\frac{\pi}{2}} \frac{2-\cos 2t}{2}\mathrm{d}t = \pi ab$$

特别的，当 $a = b$，椭圆的面积即为圆的面积 πa^2.

图 5.4.7

5.4.2 立体的体积

用定积分求立体的体积，我们考虑下面两种情形.

1. 已知截面面积求体积

设空间某立体，如图 5.4.8 所示，由位于垂直于 x 轴的
两平面 $x = a$、$x = b$ 围成，如果该立体被垂直于 x 轴的平面截立体所得的截面面积 $S(x)$
是已知的连续函数，则立体的体积为

$$V = \int_a^b S(x)\mathrm{d}x$$

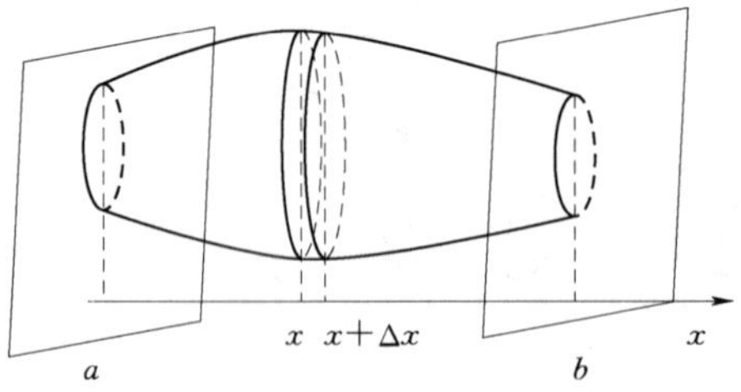

图 5.4.8

设 U 是一个总量，并且它是一些部分量 ΔU 的和，在用定积分求时，通常采用"微元法"，具体做法是：选取一个积分变量，例如 x 为积分变量，并确定它的变化区间 $[a, b]$，任取 $[a, b]$ 的一个区间微元 $[x, x+\mathrm{d}x]$，求出相应于这个区间微元上部分量 ΔU 的近似值，即求出所求总量 U 的微元

$$\mathrm{d}U = f(x)\mathrm{d}x$$

因此，所求的总量 U 就是微元 $\mathrm{d}U$ 在 $[a, b]$ 上的定积分

$$U = \int_a^b \mathrm{d}U = \int_a^b f(x)\mathrm{d}x$$

微元法在几何学、物理学、经济学、社会学等应用领域中具有广泛的应用.

2. 旋转体体积

旋转体是以连续曲线 $f(x)$、直线 $x = a$、$x = b$ 及 x 轴所围成的平面图形绕 x 轴旋转
而成的立体，它是一类特殊的平行截面面积已知的立体. 如图 5.4.9 所示，因为这个旋转
体垂直于 x 轴的截面面积为

$$S(x) = \pi \cdot y^2 = \pi \cdot f^2(x)$$

所以
$$V_x = \pi\int_a^b [f(x)]^2\mathrm{d}x$$

同理，由 $x = \varphi(y)$、$y = c$、$y = d(c < d)$ 及 y
轴所围成的平面图形绕 y 轴而成立体的体积

$$V_y = \pi\int_c^d [\varphi(y)]^2\mathrm{d}y$$

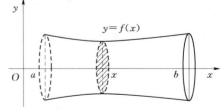

图 5.4.9

曲线 $y=f_1(x)$、$y=f_2(x)[0 \leqslant f_1(x) \leqslant f_2(x)]$ 及 $x=a$、$x=b(a<b)$ 所围成的平面图形绕 x 轴旋转一周而成的旋转体的体积

$$V_x = \pi \int_a^b [f_2^2(x) - f_1^2(x)] dx$$

同样，由曲线 $x=\varphi_1(y)$，$x=\varphi_2(y)[0 \leqslant \varphi_1(y) \leqslant \varphi_2(y)]$ 及 $y=c$、$y=d$（$c<d$）围成的平面图形绕 y 轴旋转一周而成的旋转体的体积

$$V_y = \pi \int_c^d [\varphi_2^2(y) - \varphi_1^2(y)] dy$$

例 5.4.6 求连接坐标原点 O 及点 $P(h,r)$ 的直线、直线 $x=h$ 及 x 轴围成的平面图形绕 x 轴旋转而成的立体的体积.

解 连接原点 O 与点 $P(h,r)$ 的直线方程为 $y=\dfrac{r}{h}x$，由体积计算公式，得

$$V = \int_0^h \pi \left(\frac{r}{h}x\right)^2 dx = \frac{\pi r^2}{h^2} \left[\frac{x^3}{3}\right]_0^h = \frac{\pi h r^2}{3}$$

另解 由题意可知，这个旋转体是一个底半径为 r，高为 h 的圆锥体，根据圆锥体的体积公式，也有 $V=\dfrac{Sh}{3}=\dfrac{\pi r^2 h}{3}$.

例 5.4.7 计算由椭圆 $\dfrac{x^2}{a^2}+\dfrac{y^2}{b^2}=1$ 围成的平面图形绕 x 轴旋转而成的旋转椭球体的体积.

解 该旋转体可视为由上半椭圆 $y=\dfrac{b}{a}\sqrt{a^2-x^2}$ 及 x 轴所围成的图形绕 x 轴旋转而成的立体. 取 x 为自变量，积分区间为 $[-a,a]$，所求旋转体的体积为

$$V_x = \int_{-a}^a \pi \frac{b^2}{a^2}(a^2-x^2) dx = 2\pi \frac{b^2}{a^2} \int_0^a (a^2-x^2) dx = 2\pi \frac{b^2}{a^2} \left(a^2 x - \frac{x^3}{3}\right)\Big|_0^a = \frac{4}{3}\pi ab^2$$

特别地，当 $a=b=R$ 时，得到半径为 R 的球的体积 $V=\dfrac{4}{3}\pi R^3$.

5.4.3 定积分在经济中的应用

我们在前面学习导数的时候，知道对于已知的经济函数 $F(x)$（如需求函数、成本函数、收入函数和利润函数等），它们的边际函数就是它们的导数 $F'(x)$. 反过来，若已知边际函数，也可以根据定积分来求原经济函数.

1. 由经济中的边际函数，求经济函数在区间上的增量

根据边际成本、边际收入、边际利润在产量 x 的变动区间 $[a,b]$ 上的改变量（增量）就等于它们各自边际函数在区间 $[a,b]$ 上的定积分：

$$R(b) - R(a) = \int_a^b R'(x) dx$$

$$C(b) - C(a) = \int_a^b C'(x) dx$$

$$L(b) - L(a) = \int_a^b L'(x) dx$$

例 5.4.8 已知某商品边际收入为 $-0.08x+25$（万元/t），边际成本为 5（万元/t），

求产量 x 从 250t 增加到 300t 时销售收入 $R(x)$，总成本 $C(x)$，利润 $L(x)$ 的改变量（增量）。

解　先求边际利润
$$L'(x)=R'(x)-C'(x)=-0.08x+25-5=-0.08x+20$$

可得
$$R(300)-R(250)=\int_{250}^{300}R'(x)\mathrm{d}x=\int_{250}^{300}(-0.08x+25)\mathrm{d}x=150（万元）$$

$$C(300)-C(250)=\int_{250}^{300}C'(x)\mathrm{d}x=\int_{250}^{300}5\mathrm{d}x=250（万元）$$

$$L(300)-L(250)=\int_{250}^{300}L'(x)\mathrm{d}x=\int_{250}^{300}(-0.08x+20)\mathrm{d}x=-100（万元）$$

2. 由经济函数的变化率，求经济函数在区间上的平均变化率

设某经济函数的变化率为 $f(t)$，则称
$$\frac{\int_{t_1}^{t_2}f(t)\mathrm{d}t}{t_2-t_1}$$

为该经济函数在时间间隔 $[t_1,t_2]$ 内的平均变化率.

例 5.4.9　已知某产品总产量的变化率是时间 t（单位：年）的函数，$f(t)=3t+6\geqslant 0$ $(t\geqslant 0)$，求第一个五年和第二个五年的总产量各为多少？

解　因为总产量 $P(t)$ 是它的变化率 $f(t)$ 的原函数，所以第一个五年的总产量为
$$\int_0^5 f(t)\mathrm{d}t=\int_0^5(3t+6)\mathrm{d}t=\left(\frac{3}{2}t^2+6t\right)\Big|_0^5=67.5$$

第二个五年的总产量为
$$\int_5^{10}f(t)\mathrm{d}t=\int_5^{10}(3t+6)\mathrm{d}t=\left(\frac{3}{2}t^2+6t\right)\Big|_5^{10}=142.5$$

例 5.4.10　设某产品的总成本 C（单位：万元）的变化率是产量 x（单位：百台）的函数 $C'(x)=4+\dfrac{x}{4}$. 总收益 R（单位：万元）的变化率是产量 x 的函数 $R'(x)=8-x$.

(1) 求产量由 1 百台增加到 5 百台时总成本与总收益各增加多少？

(2) 求产量为多少时，总利润 L 最大.

(3) 已知固定成本 $C(0)=1$ 万元，分别求出总成本、总利润与总产量的函数关系式.

(4) 求总利润最大时的总利润、总成本与总收益.

解　(1) 产量由 1 百台增加到 5 百台时总成本与总收益分别为
$$C=\int_1^5\left(4+\frac{x}{4}\right)\mathrm{d}x=\left(4x+\frac{x^2}{8}\right)\Big|_1^5=19（万元）$$

$$R=\int_1^5(8-x)\mathrm{d}x=\left(8x-\frac{1}{2}x^2\right)\Big|_1^5=20（万元）$$

(2) 由于总利润　$L(x)=R(x)-C(x)$，故
$$L'(x)=R'(x)-C'(x)=(8-x)-\left(4+\frac{x}{4}\right)=4-\frac{5}{4}x$$

令 $L'(x)=0$，得 $x=3.2$（百台）．由 $L''(x)=-\dfrac{5}{4}<0$，所以产量为 3.2 百台时总利润最大．

（3）因为总成本是固定成本与可变成本之和，故

$$C(x)=C(0)+\int_0^x C'(x)\mathrm{d}x=C(0)+\int_0^x C'(t)\mathrm{d}t$$

所以总成本函数为

$$C(x)=1+\int_0^x\left(4+\frac{t}{4}\right)\mathrm{d}t=1+4x+\frac{x^2}{8}$$

由 $L(x)=R(x)-C(x)$ 及 $R(x)=\int_0^x(8-t)\mathrm{d}t=8x-\dfrac{1}{2}x^2$，得总利润函数

$$L(x)=\left(8x-\frac{x^2}{2}\right)-\left(1+4x+\frac{x^2}{8}\right)=-1+4x-\frac{5}{8}x^2$$

（4）$L(3.2)=-1+4\times3.2-\dfrac{5}{8}\times3.2^2=5.4$（万元）

$$C(3.2)=1+4\times3.2+\frac{1}{8}\times3.2^2=15.08\text{（万元）}$$

$$R(3.2)=8\times3.2-\frac{1}{2}\times3.2^2=20.48\text{（万元）}$$

习 题 5.4

1. 求由曲线 $y^2=2x$ 与直线 $y=x-4$ 所围成的图形面积．

2. 求由曲线 $y=\ln x$ 与两直线 $y=(\mathrm{e}+1)-x$ 及 $y=0$ 所围成的平面图形的面积．

3. 求由曲线 $xy=1$ 及直线 $y=x$、$y=3$ 所围成的平面图形的面积．

4. 求由抛物线 $y=\dfrac{x^2}{10}$、$y=\dfrac{x^2}{10}+1$ 与直线 $y=10$ 围成的图形，绕 y 轴旋转而成的旋转体的体积．

5. 求曲线 $xy=a(a>0)$ 与直线 $x=a$、$x=2a$ 及 $y=0$ 所围的图形绕 x 轴旋转所产生的旋转体的体积．

6. 求由 $y=x^{\frac{3}{2}}$ 与直线 $x=4$、x 轴所围成的图形的面积和该平面图形绕 y 轴旋转所得到的旋转体的体积．

7. 已知曲边三角形由抛物线 $y^2=2x$ 及直线 $x=0$、$y=1$ 所围成，求：

（1）曲边三角形的面积．

（2）该曲边三角形绕 y 轴旋转所得的旋转体的体积．

8. 某商品的边际成本 $C'(x)=3-x$ 且固定成本 2，边际收益 $R'(x)=30-4x$（万元/台），求（1）总成本函数．

（2）收益函数．

（3）生产量为多少台式，总利润最大？

9. 已知某产品总产量的变化率是时间 t 的函数，$f(t)=100+12t-0.6t^2$（单位：小时），求从 $t=2$ 到 $t=4$ 这两小时的总产量，及总产量函数 $Q(t)$．

5.5 反　常　积　分

前面我们讨论的定积分是在有限区间上有界函数的积分，但在实际问题中，常常会碰到在无穷区间上的积分，称为无穷积分，或无界函数在有限区间的积分，称为瑕积分，无穷积分和瑕积分统称为反常积分．

5.5.1　无穷区间上的反常积分

引例　求曲线 $y=\dfrac{1}{x^2}$、x 轴及直线 $x=1$ 所围成的位于直线 $x=1$ 右方的"无穷曲边梯形"的面积．

解　先 $A>1$ 取任意常数，计算如图 5.5.1 所示阴影部分的面积

$$S(A) = \int_1^A \frac{1}{x^2}\mathrm{d}x = -\frac{1}{x}\Big|_1^A = 1 - \frac{1}{A}$$

有 $\lim\limits_{A\to\infty}S(A)=1$，从而 1 就是所求的"无穷曲边梯形"的面积．

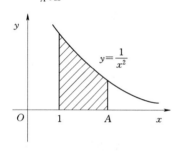

图 5.5.1

由此引入：

定义 5.5.1　设函数 $f(x)$ 在区间 $[a,+\infty)$ 上连续，取 $t>a$，若 $\lim\limits_{t\to+\infty}\int_a^t f(x)\mathrm{d}x$ 存在，则称此极限为函数 $f(x)$ 在无穷区间上的反常积分，记作 $\int_a^{+\infty}f(x)\mathrm{d}x$，即

$$\int_a^{+\infty}f(x)\mathrm{d}x = \lim_{t\to+\infty}\int_a^t f(x)\mathrm{d}x$$

这时称反常积分 $\int_a^{+\infty}f(x)\mathrm{d}x$ 收敛．

如果上述极限不存在，函数 $f(x)$ 在无穷区间 $[a,+\infty)$ 上的反常积分 $\int_a^{+\infty}f(x)\mathrm{d}x$ 就没有意义，此时称反常积分 $\int_a^{+\infty}f(x)\mathrm{d}x$ 发散．

同样可以定义积分区间 $(-\infty,b)$ 和 $(-\infty,+\infty)$ 上的反常积分．

$\int_{-\infty}^b f(x)\mathrm{d}x = \lim\limits_{a\to-\infty}\int_a^b f(x)\mathrm{d}x$，若极限存在，称反常积分 $\int_{-\infty}^b f(x)\mathrm{d}x$ 收敛，否则称为发散．

$$\int_{-\infty}^{+\infty}f(x)\mathrm{d}x = \int_{-\infty}^c f(x)\mathrm{d}x + \int_c^{+\infty}f(x)\mathrm{d}x, c\in(-\infty,+\infty)$$

若上式右端两个反常积分同时收敛，称反常积分 $\int_{-\infty}^{+\infty}f(x)\mathrm{d}x$ 收敛，否则称反常积分 $\int_{-\infty}^{+\infty}f(x)\mathrm{d}x$ 发散．

例 5.5.1　计算反常积分 $\int_{-\infty}^0 \dfrac{1}{1+x^2}\mathrm{d}x,\int_0^{+\infty}\dfrac{1}{1+x^2}\mathrm{d}x,\int_{-\infty}^{+\infty}\dfrac{1}{1+x^2}\mathrm{d}x$．

解　$\displaystyle\int_{-\infty}^0 \frac{1}{1+x^2}\mathrm{d}x = \arctan x\big|_{-\infty}^0 = 0 - \lim_{x\to-\infty}\arctan x = 0 - \left(-\frac{\pi}{2}\right) = \frac{\pi}{2}$

同样 $\displaystyle\int_0^{+\infty}\frac{1}{1+x^2}\mathrm{d}x=\arctan x\,\Big|_0^{+\infty}=\lim_{x\to+\infty}\arctan x-0=\frac{\pi}{2}-0=\frac{\pi}{2}$

所以 $\displaystyle\int_{-\infty}^{+\infty}\frac{1}{1+x^2}\mathrm{d}x=\int_{-\infty}^0\frac{1}{1+x^2}\mathrm{d}x+\int_0^{+\infty}\frac{1}{1+x^2}\mathrm{d}x=\frac{\pi}{2}+\frac{\pi}{2}=\pi$

注 在计算反常积分时，由于极限书写麻烦，若 $F(x)$ 是 $f(x)$ 的一个原函数，记

$$F(+\infty)=\lim_{x\to+\infty}F(x),F(-\infty)=\lim_{x\to-\infty}F(x)$$

可采用如下简记形式（若极限存在）

$$\int_a^{+\infty}f(x)\mathrm{d}x=\big[F(x)\big]_a^{+\infty}=\lim_{x\to+\infty}F(x)-F(a)$$

$$\int_{-\infty}^b f(x)\mathrm{d}x=\big[F(x)\big]_{-\infty}^b=F(b)-\lim_{x\to-\infty}F(x)$$

$$\int_{-\infty}^{+\infty}f(x)\mathrm{d}x=\big[F(x)\big]_{-\infty}^{+\infty}=\lim_{x\to+\infty}F(x)-\lim_{x\to-\infty}F(x)$$

例 5.5.2 计算反常积分 $\displaystyle\int_0^{+\infty}\mathrm{e}^{-3x}\mathrm{d}x$.

解 $\displaystyle\int_0^{+\infty}\mathrm{e}^{-3x}\mathrm{d}x=-\frac{1}{3}\mathrm{e}^{-3x}\,\Big|_0^{+\infty}=0-\left(-\frac{1}{3}\right)=\frac{1}{3}$

例 5.5.3 计算反常积分 $\displaystyle\int_0^{+\infty}t\mathrm{e}^{-pt}\mathrm{d}t$（$p$ 是常数，且 $p>0$）.

解 $\displaystyle\int_0^{+\infty}t\mathrm{e}^{-pt}\mathrm{d}t=\left[\int t\mathrm{e}^{-pt}\mathrm{d}t\right]_0^{+\infty}=\left[-\frac{1}{p}\int t\mathrm{d}\mathrm{e}^{-pt}\right]_0^{+\infty}$

$\displaystyle\qquad\qquad=\left[-\frac{1}{p}t\mathrm{e}^{-pt}+\frac{1}{p}\int\mathrm{e}^{-pt}\mathrm{d}t\right]_0^{+\infty}=\left[-\frac{1}{p}t\mathrm{e}^{-pt}-\frac{1}{p^2}\mathrm{e}^{-pt}\right]_0^{+\infty}$

$\displaystyle\qquad\qquad=\lim_{t\to+\infty}\left[-\frac{1}{p}t\mathrm{e}^{-pt}-\frac{1}{p^2}\mathrm{e}^{-pt}\right]+\frac{1}{p^2}=\frac{1}{p^2}$

注 $\displaystyle\lim_{t\to+\infty}t\mathrm{e}^{-pt}=\lim_{t\to+\infty}\frac{t}{\mathrm{e}^{pt}}=\lim_{t\to+\infty}\frac{1}{p\mathrm{e}^{pt}}=0$

例 5.5.4 讨论反常积分 $\displaystyle\int_a^{+\infty}\frac{1}{x^p}\mathrm{d}x(a>0)$ 的敛散性

解 当 $p=1$ 时，$\displaystyle\int_a^{+\infty}\frac{1}{x^p}\mathrm{d}x=\int_a^{+\infty}\frac{1}{x}\mathrm{d}x=\ln x\,\Big|_a^{+\infty}=+\infty$

当 $p<1$ 时，$\displaystyle\int_a^{+\infty}\frac{1}{x^p}\mathrm{d}x=\frac{1}{1-p}x^{1-p}\,\Big|_a^{+\infty}=+\infty$

当 $p>1$ 时，$\displaystyle\int_a^{+\infty}\frac{1}{x^p}\mathrm{d}x=\frac{1}{1-p}x^{1-p}\,\Big|_a^{+\infty}=\frac{a^{1-p}}{p-1}$

因此，当 $p>1$ 时，此反常积分收敛，其值为 $\dfrac{a^{1-p}}{p-1}$；当 $p\leqslant1$ 时，此反常积分发散.

5.5.2 无界函数的反常积分

定义 5.5.2 设函数 $f(x)$ 在区间 $(a,b]$ 上连续，且 $\lim\limits_{x\to a^+}f(x)=\infty$，称 a 为函数 $f(x)$ 的瑕点，取 $\varepsilon>0$，且 $\lim\limits_{\varepsilon\to0^+}\displaystyle\int_{a+\varepsilon}^b f(x)\mathrm{d}x$ 存在，称此极限为函数 $f(x)$ 在 $(a,b]$ 上的反常积分，又称为瑕积分，仍记作 $\displaystyle\int_a^b f(x)\mathrm{d}x$，即

$$\int_a^b f(x)\mathrm{d}x = \lim_{\varepsilon \to 0^+}\int_{a+\varepsilon}^b f(x)\mathrm{d}x$$

这时 称反常积分 $\int_a^b f(x)\mathrm{d}x$ 收敛，否则称反常积分 $\int_a^b f(x)\mathrm{d}x$ 发散．

类似可定义无界函数 $f(x)$ 在区间 $[a，b)$ 上的反常积分，此时 $f(x)$ 在点 b 的左邻域内无界

$$\int_a^b f(x)\mathrm{d}x = \lim_{\varepsilon \to 0^-}\int_a^{b-\varepsilon} f(x)\mathrm{d}x$$

定义在 $[a，b]$ 上的反常积分，此时 $f(x)$ 在点 c 的邻域内无界，$a<c<b$

$$\int_a^b f(x)\mathrm{d}x = \int_a^c f(x)\mathrm{d}x + \int_c^b f(x)\mathrm{d}x$$

若上式右端两个反常积分同时收敛，称 反常积分 $\int_a^b f(x)\mathrm{d}x$ 收 敛，否则称反常积分发散．

例 5.5.5　计算反常积分 $\int_0^1 \dfrac{1}{\sqrt{1-x^2}}\mathrm{d}x$．

解　因为 $\lim\limits_{x\to 1^-}\dfrac{1}{\sqrt{1-x^2}}=+\infty$，所以点 1 为被积函数的瑕点．

$$\int_0^1 \frac{1}{\sqrt{1-x^2}}\mathrm{d}x = \arcsin x\,\big|_0^1 = \lim_{x\to 1^-}\arcsin x - 0 = \frac{\pi}{2}$$

例 5.5.6　讨论反常积分 $\int_{-1}^1 \dfrac{1}{x^2}\mathrm{d}x$ 的收敛性．

解　因为 $\lim\limits_{x\to 0}\dfrac{1}{x^2}=\infty$，所以 $x=0$ 为瑕点．

$$\int_{-1}^1 \frac{1}{x^2}\mathrm{d}x = \int_{-1}^0 \frac{1}{x^2}\mathrm{d}x + \int_0^1 \frac{1}{x^2}\mathrm{d}x$$

由于 $\int_{-1}^0 \dfrac{1}{x^2}\mathrm{d}x = -\dfrac{1}{x}\,\Big|_{-1}^0 = \lim\limits_{x\to 0^-}\left(-\dfrac{1}{x}\right) - 1 = +\infty$，即 $\int_{-1}^0 \dfrac{1}{x^2}\mathrm{d}x$ 发散，所以反常积分 $\int_{-1}^1 \dfrac{1}{x^2}\mathrm{d}x$ 发散．

例 5.5.7　讨论反常积分 $\int_1^3 \dfrac{1}{\sqrt{x-1}}\mathrm{d}x$ 的收敛性．

解　因为 $\lim\limits_{x\to 1^+}\dfrac{1}{\sqrt{x-1}}=\infty$，所以 $x=1$ 为瑕点．

$$\int_1^3 \frac{1}{\sqrt{x-1}}\mathrm{d}x = 2\sqrt{x-1}\,\big|_1^3 = 2\sqrt{2}$$

习　题　5.5

1. 求下列反常积分

(1) $\displaystyle\int_1^{+\infty} \frac{\mathrm{d}x}{x+x^2}$

(2) $\displaystyle\int_2^{+\infty} \frac{\mathrm{d}x}{(x+7)\sqrt{x-2}}$

(3) $\displaystyle\int_0^{+\infty} \frac{x\mathrm{e}^x\,\mathrm{d}x}{(1+\mathrm{e}^x)^2}$ (4) $\displaystyle\int_0^1 \frac{\mathrm{d}x}{\sqrt{2x-x^2}}$

(5) $\displaystyle\int_0^2 \frac{\mathrm{d}x}{x^2-4x+3}$ (6) $\displaystyle\int_0^{+\infty} \frac{\mathrm{d}x}{\sqrt{x}\,(1+x)}$

2. 设 $\displaystyle\lim_{x\to\infty}\left(\frac{x+a}{x-a}\right)^{\frac{x}{2}}=\int_{-\infty}^a t\mathrm{e}^t\,\mathrm{d}t$，求常数 a 的值.

总 习 题 五

一、选择题

1. 当 $x\to 0$ 时，$1-\cos x$ 为 $\displaystyle\int_0^x(\mathrm{e}^t+\mathrm{e}^{-t}-2)\mathrm{d}t$ 的 （　　）.

(A) 等价无穷小   (B) 同阶无穷小，但非等价

(C) 高阶无穷小   (D) 低阶无穷小

2. $\left[\displaystyle\int_a^x xf(t)\mathrm{d}t\right]' = $ （　　）.

(A) $xf(x)$ (B) $xf(x-a)$ (C) $af(t)$ (D) $\displaystyle\int_a^x f(t)\mathrm{d}t+xf(x)$

3. 定积分 $\displaystyle\int_0^{\frac{3\pi}{4}}|\sin 2x|\,\mathrm{d}x$ 的值是 （　　）.

(A) $\dfrac{1}{2}$ (B) $-\dfrac{1}{2}$ (C) $\dfrac{3}{2}$ (D) $-\dfrac{3}{2}$

4. 设 $N=\displaystyle\int_{-a}^a x^2\sin^3 x\,\mathrm{d}x$，$P=\displaystyle\int_{-a}^a(x^3\mathrm{e}^{x^2}-1)\mathrm{d}x$，$Q=\displaystyle\int_{-a}^a\cos^2 x^3\,\mathrm{d}x\,(a>0)$，则 （　　）

成立.

(A) $N\leqslant P\leqslant Q$ (B) $N\leqslant Q\leqslant P$ (C) $Q\leqslant P\leqslant N$ (D) $P\leqslant N\leqslant Q$

5. 设 $F(x)=\displaystyle\int_a^x f(t)\mathrm{d}t$，则 $\Delta F(x)=$ （　　）.

(A) $\displaystyle\int_a^x[f(t+\Delta t)-f(t)]\mathrm{d}t$ (B) $\displaystyle\int_a^{x+\Delta x}f(t)\mathrm{d}t$

(C) $f(x)\Delta x$ (D) $\displaystyle\int_x^{x+\Delta x}f(t)\mathrm{d}t$

6. 下列反常积分发散的是 （　　）.

(A) $\displaystyle\int_{-1}^1\frac{\mathrm{d}x}{\sin x}$ (B) $\displaystyle\int_{-1}^1\frac{\mathrm{d}x}{\sqrt{1-x^2}}$ (C) $\displaystyle\int_0^{+\infty}\mathrm{e}^{-x}\mathrm{d}x$ (D) $\displaystyle\int_{\mathrm{e}}^{+\infty}\frac{\mathrm{d}x}{x\ln^2 x}$

二、填空题

1. 设 $\displaystyle\int_1^{x+1}f(x)\mathrm{d}x=x\mathrm{e}^{x+1}$，则 $f(x)=$＿＿＿＿＿＿，$f'(x)=$＿＿＿＿＿＿.

2. 设 $h(x)$ 是区间 $[-10,10]$ 上的奇函数，且 $\displaystyle\int_0^5 h(x)\mathrm{d}x=3$，则 $\displaystyle\int_{-5}^0 h(x)\mathrm{d}x=$

_____.

3. 设函数 $f(x) = \dfrac{1}{1+x^2} + \sqrt{1-x^2}\displaystyle\int_0^1 f(x)\mathrm{d}x$ ，则 $\displaystyle\int_0^1 f(x)\mathrm{d}x =$ _____.

4. 设 $\displaystyle\int_0^\pi [f(x) + f''(x)]\sin x\,\mathrm{d}x = 5$ ，$f(\pi) = 2$ ，则 $f(0) =$ _____.

5. 设 $f(x)$ 连续，且 $\displaystyle\int_0^{x^2-1} f(t)\mathrm{d}t = x^4$ ，则当 $x > 0$ 时，$f(8) =$ _____.

6. $\displaystyle\int_1^\infty \dfrac{\mathrm{d}x}{\mathrm{e}^x + \mathrm{e}^{2-x}} =$ _____.

7. 反常积分 $\displaystyle\int_0^1 \dfrac{1}{x^{2p-1}}\mathrm{d}x$ ，当 p 满足 _____ 条件时收敛.

三、求下列极限

1. 求 $\displaystyle\lim_{x\to+\infty} \dfrac{\displaystyle\int_0^x (\arctan t)^2\,\mathrm{d}t}{\sqrt{1+x^2}}$ ；

2. 求 $\displaystyle\lim_{x\to 0^+} \dfrac{\displaystyle\int_0^{x^2} t^{\frac{3}{2}}\,\mathrm{d}t}{\displaystyle\int_0^x t(t - \sin t)\,\mathrm{d}t}$.

四、求下列定积分

1. $\displaystyle\int_1^5 \dfrac{\mathrm{d}x}{1 + \sqrt{x-1}}$

2. $\displaystyle\int_{-1}^1 \dfrac{\mathrm{e}^x}{\mathrm{e}^x + 1}\mathrm{d}x$

3. $\displaystyle\int_1^4 \dfrac{\ln x}{\sqrt{x}}\mathrm{d}x$

4. $\displaystyle\int_0^1 x^2\sqrt{1-x^2}\,\mathrm{d}x$

5. $\displaystyle\int_0^{+\infty} \dfrac{x\mathrm{e}^{-x}}{(1+\mathrm{e}^{-x})^2}\mathrm{d}x$

6. $\displaystyle\int_{-1}^1 (x + \sqrt{1-x^2})^2\,\mathrm{d}x$

7. $\displaystyle\int_2^{+\infty} \dfrac{\mathrm{d}x}{(x+7)\sqrt{x-2}}$

8. $\displaystyle\int_2^3 \dfrac{\mathrm{d}x}{\sqrt[3]{x-2}}$

五、设 y 是由方程 $\displaystyle\int_0^y \mathrm{e}^{t^2}\mathrm{d}t = \int_0^{x^2} \cos t\,\mathrm{d}t$ 确定的 x 的隐函数，求 $\dfrac{\mathrm{d}y}{\mathrm{d}x}$.

六、设 $f(x)$ 是连续函数，且 $f(x) = x\mathrm{e}^{-x} + 2\displaystyle\int_0^1 f(t)\mathrm{d}t$ ，求 $f(x)$.

七、设 $f(x)$ 在区间 $[a,b]$ 上连续，$f(a) = f(b) = 0$ ，且 $\displaystyle\int_a^b f^2(x)\mathrm{d}x = 1$ ，求 $\displaystyle\int_a^b x f(x) f'(x)\mathrm{d}x$.

八、证明题

1. $\displaystyle\int_x^1 \dfrac{1}{1+x^2}\mathrm{d}x = \int_1^{\frac{1}{x}} \dfrac{1}{1+x^2}\mathrm{d}x$

2. $\displaystyle\int_{-a}^a f(x)\mathrm{d}x = \int_0^a [f(x) + f(-x)]\mathrm{d}x$ ，并利用结论计算 $\displaystyle\int_{-\frac{\pi}{4}}^{\frac{\pi}{4}} \dfrac{\mathrm{d}x}{1+\sin x}$.

数 学 与 经 济

1. 数学与经济关系概述

数学与经济的关系在今天可以说是息息相关，任何一项经济学的研究、决策，几乎都不能离开数学的应用，比如，在宏观经济中的综合指标控制、价格控制，都有数学问题，在微观经济中，数理统计的"实验设计""质量控制（QC）""多元分析"等对提高产品的质量往往能起到重要作用，当代西方经济学认为：经济学的基本方法是分析经济变量之间的函数关系，建立经济模型，从中引申出经济原则和理论，进行决策和预测．

当今在经济学中使用数学方法的趋势越来越明显，领域越来越广泛，经济学中的许多研究方法都依赖于数学思维，许多重要的结论也来源于数学的推导，这些可从诺贝尔经济学奖的授予情况略见一斑．自从 1969 年诺贝尔经济学奖创设以来，利用数学工具分析经济问题的理论成果获奖不断．事实上，从 1969—1998 年的 30 年中，有 19 位诺贝尔经济学奖的获得者是以数学作为主要研究方法，占总人数的 63.3%，而几乎所有的获奖者都运用数学方法来研究经济理论．

2. 经济学中使用数学的发展过程

（1）第一时期是经济学与数学结合的萌芽时期．这一时期大致是从 17 世纪中叶至 19 世纪 20 年代．17 世纪中叶英国古典政治经济学家配第在他所著的《政治算术》中首次把数学方法引进经济学研究，这被公认为是在经济学中系统运用数学方法的最早例子．法国重农主义的主要代表人物魁奈也在其《经济表》中，通过锯齿形运用算术级数来反映国民生产总值的生产、流通和分配．虽然这一时期数学方法的运用还仅限于政治经济学领域，还很简单，采用的是初等数学，但却开创了在经济学中使用数学方法的先河．

（2）第二时期是经济学与数学结合的形成时期．这一时期主要从 19 世纪 20 年代至 20 世纪 50 年代，随着近代数学的大力发展，经济学与数学真正紧密联系起来．

1838 年，数学家拉普拉斯和泊松的学生古诺（研究概率论）发表了一本题为《财富理论的数学原理的研究》的经济学著作，著作中充满了数学符号．例如，其中记市场需求为 d，市场价格为 p，需求作为价格的函数记为 $d=f(p)$．

19 世纪中叶之后，瓦尔拉斯和杰文斯提出名为"边际效用理论"的经济学（杰文斯称其为"最后效用"）．戈森和门格尔也是这一理论的奠基者，戈森的数学极好．后来的经济学家们发现，这一理论中的"边际"原来就是数学中的"导数"或"偏导数"，因此，这一理论的出现意味着微分学和其他高等数学已经进入经济学领域，虽然门格尔并不清楚二百年前牛顿、莱布尼茨已建立了微积分学．

瓦尔拉斯还于 1874 年前后提出了另一种颇有影响的"一般均衡理论"．瓦尔拉斯用联立方程组来表达一般均衡理论，但是他的数学论证是不可靠的，严格证明一般均衡理论的数学工作一直到 20 世纪才完成．1954 年，一般均衡模型的严格数学论证才由阿罗和德布鲁利用不动点定理完成．特别引人注意的是，阿罗是一位于 1949 年获得数学博士学位的数学家，德布鲁则是由布尔巴基学派（以严谨著称，此乃其精神之一）培养出来的数学家．1959 年，德布鲁发表了他的著作《价值理论：对经济均衡的公理分析》，这标志着运用数学公理化方法的数学经济学的诞生．他于 1983 年获诺贝尔经济学奖．

这一时期，微积分、概率论以及线性代数等在经济学的许多领域得以广泛运用，并促进了新学科（如数理经济学）的产生．

（3）第三时期是数学与经济学结合的全面发展时期．这一时期从 20 世纪 40 年代开始一直延续到现在．美国数学家诺伊曼和经济学家莫根斯特恩在 1944 年合著的《博弈论与经济行为》一书，运用对策论研究了在经济竞争中制胜对方的最优策略的存在性以及策略的选择．美国经济学家萨廖尔森在 1947 年出版的《经济分析基础》中以有约束的最大化作为一般原则，对生产者行为、消费者行为、国际贸易、公共财政等方面从体系有解、函数可导、偏导数矩阵可逆的假定出发，由逆函数定理推导出体系隐含均衡条件的局部唯一解．从 80 年代起，一些经济学家开始引入简单的混沌模型来讨论经济学的理论问题，替代凯恩斯学派和货币学派在解释经济波动时建立的线性随机方程．这一时期，数学方法的应用渗透至经济学各个领域，并在众多研究方法中占据主导地位．

3. 经济学数学模型的含义及其构建

数学模型是数学思想精华的具体体现．所谓经济学数学建模就是运用数学方法建立经济学模型，利用模型分析、处理经济数据，并从中获取经济信息，寻求经济管理的最优方案．在经济过程中组织、调度、控制生产过程，使企业于最佳状态下运作，获得更多利润，争取更大的生存空间，这就是数学在经济学中应用的意义，经济学数学模型的构建与一般数学模型的构建类似，主要包含以下步骤：

（1）模型准备：了解经济问题的实际背景，明确其实际意义，掌握研究的经济对象的各种信息，用数学语言描述该经济问题．

（2）模型假设：根据所研究的经济对象的实际特征和研究目的，对问题进行必要的简化，提出一些合理的经济假设．

（3）模型建立：在假设的基础上，选择合适的数学工具来刻画各经济变量之间的数学关系，建立数学模型，建模时应遵循"用简单的方法解决复杂的问题"或者"解决复杂的问题，方法越简单越好"的原则．

（4）模型求解：利用获取的经济数据，运用各种数学方法、软件及计算机技术对所建经济数学模型进行求解．

（5）模型分析：对所得结果进行数学上的分析，包括误差分析、统计分析、灵敏度分析以及模型对数据的稳定性分析．

（6）模型检验：将模型所得结果与实际经济问题作比较，以此来验证所建经济模型的正确性、合理性和适应性。如果模型结果与实际情形相吻合，则说明所建经济模型是正确合理的，此时还需对模型结果进行经济学上的解释说明．若模型结果与实际不相吻合，则应检查、修改假设，再次重复建模过程．

（7）模型应用：利用所构建的模型处理解决实际经济问题．应用方式因经济问题和建模目的而不同.

4. 数学在经济学中应用的局限性

在数学与经济紧密联系的同时，也要注意两者的区别，看到数学在经济学中应用的局限性，经济学毕竟不是数学，也不是所有的经济问题都可以运用数学方法来处理的．经济学研究中重要的是经济思想，而数学方法则是对经济思想解释、分析、论证的一种工具，只有在合理的经济理论框架中数学才能真正发挥作用．若在经济学研究中，过度依赖数学，不加限制地"数学化"，则会损害经济思想，甚至会误入歧途．因此，在经济学研究中运用数学方法，应以客观经济实际为基础，遵循"用简单的方法解决复杂的问题"原则建立经济数学模型，研究处理经济问题.

参 考 文 献

［1］ 吴传生．经济数学——微积分 ［M］. 北京：高等教育出版社，2009.

［2］ 吴传生．经济数学——微积分（第二版）学习辅导与习题选讲 ［M］. 北京：高等教育出版社，2009.

［3］ 同济大学应用数学系．高等数学 ［M］. 北京：高等教育出版社，2002.

［4］ 张彤，等．微积分 ［M］. 北京：高等教育出版社，2011.

［5］ 苏德旷，等．微积分 ［M］. 北京：高等教育出版社，2008.

［6］ 胡桂华，吴明华．微积分 ［M］. 北京：高等教育出版社，2011.

［7］ 朱来义．微积分 ［M］. 北京：高等教育出版社，2010.

［8］ 陆少华．微积分 ［M］. 上海：上海交通大学出版社，2002.

［9］ 张志军，熊德之，杨雪帆．经济数学基础——微积分 ［M］. 北京：科学出版社，2011.

［10］ 欧阳隆．高等数学 ［M］. 武汉：武汉大学出版社，2008.

［11］ 杜忠复．大学数学——微积分 ［M］. 北京：高等教育出版社，2004.

［12］ 赵利彬．高等数学 ［M］. 上海：同济大学出版社，2007.

［13］ 龚德恩，范培华．经济应用数学基础（一）微积分 ［M］. 北京：高等教育出版社，2008.

［14］ 龚德恩，范培华．微积分 ［M］. 北京：高等教育出版社，2008.

［15］ 黄玉娟等．经济数学——微积分 ［M］. 北京：中国水利水电出版社，2014.

［16］ 吴赣昌．微积分（经管类）［M］. 4 版．北京：中国人民大学出版社，2011.